わかり

振動工学の基礎

青木 繁・著

日本工業出版

まえがき

振動は機械構造物だけでなく，多くの構造物に見られる現象である．地震のように規模の大きな振動もあり，機械が運転されるときに起こされる振動や精密機械で発生する微小な振動もある．振動がゆっくりと作用する力と異なることは，振動の大きさだけでなく振動の速さを表す振動数も問題となることにある．そのために，振動の大きさを表す振幅と振動の速さを表す振動数の両方を考慮に入れてその影響を見なければならない．

本書は振動を伴う現象を理論的に解明するための基礎的な事項についてまとめたものである．振動を理論的に考える場合に，その動きを表す微分方程式である運動方程式を解かなければならない．その答えを得るための方法やそこで得られた答えが，一見複雑に見えるために，多くの学生が躓(つまず)きを感じることが多いことも事実である．本書は高等専門学校や大学の学生が手にすることを前提に，このようなことがないように，数学的な準備から始まり，途中の式の展開もできるだけ詳しく記述した．例題や各章末の問題にもできるだけ詳しい解答を付けた．振動は奥が深い領域である．本書で扱った領域でもひとつの章で1冊の本ができる領域もある．本書で学んで得られた基礎力を持って，さらに深い領域へ進んでいただければ幸いである．

本書は13章から構成されている．第1章は数学的な基礎について述べている．2章から先で式の導き方などがわからない場合に，必要に応じて第1章に戻って復習するようになっている．第2章の1自由度系の自由振動，第3章の1自由度系の強制振動，第4章の衝撃振動は，振動の基礎であるので，これらの章に記述されていることは必ず理解しなければならない．第5章の2自由度系の振動，第6章の多自由度系の振動，第7章の連続体の振動は，やや複雑な振動を求める際に必要となる事項をまとめた．第8章は回転体の振動であり，回転に伴って発生する振動の計算法および振動を止めるための釣合せについてまとめた．第9章の非線形振動は広い分野の振動現象を解明する上での基礎的なことについて記述した．第10章のフーリエ級数を用いた振動解析では，正弦波や余弦波では表せない周期的な運動をフーリエ級数を用いて解析する方法について述べた．第11章の不規則振動は，時間の関数で表しにくい不規則振動の統計的な計算法についてまとめた．第12章のラプラス変換を用いた振動解析では，ラプラス変換を用いて微分方程式を比較的簡単に解く方法について述べた．第13章のエネルギーを用いた振動解析では，運動エネルギーおよびポテンシャルエネルギーを用いて固有振動数を求め，運動方程式を導く方法について述べた．

上記のように，第2章から第4章までは振動を学ぶ上での基礎であるので，これらの章に記述されていることについては必ず理解してほしい．5章から先は必ずしも順番通りに進めなくてもいいように記述した．読者の関心のある部分から理解するような進め方をしてもよい．また，必要に応じて必要な章に取り組んでもよい．

本書を出版するにあたり，日本理工出版会編集部浜元貴徳氏に大変お世話になった．ここに謝意を表する．

2008年1月

著者しるす

※本書は，2022年7月の㈱日本理工出版会解散に伴い，
発行元は日本工業出版㈱になりました．

目　次

第1章　はじめに

第2章　1自由度系の自由振動

第3章　1自由度系の強制振動

第 4 章　衝撃応答

第 5 章　2 自由度系の振動

第 6 章　多自由度系の振動

第 7 章　連続体の振動

第8章　回転体の振動

第9章　非線形振動

第10章　フーリエ級数を用いた振動解析

第 11 章　不規則振動

第 12 章　ラプラス変換を用いた振動解析

第 13 章　エネルギーを用いた振動解析

第 1 章

はじめに

振動工学では，物体の振動を求める．物体の振動は実験で求めることもできる．実験は実物の振動を求める上で大変重要な方法である．一方，物体の振動を計算で求めることができれば，その都度実験をしなくてもすむ．本書では，物体の振動を計算で求める方法を中心にまとめる．

1.1　振動工学で使う記号

振動を計算で求めるためには，数学を使う．その際に，数学を使いやすいように，物体の挙動を表す力学モデルを構築する．このことをモデル化という．力学モデルを表すために用いる主な記号を図 1.1 に示す．

質点は質量が集中していると考えられる点である．ばねは通常のコイルばねだけでなく，変形を与えれば元に戻ろうとする性質をもつものである．ダッシュポットはエネルギーを吸収する働きをするものである．変位は質点などが動いた長さを表すが，ここでは質点などが動く方向を示す．

1.2　振動工学で使う数学の基礎

振動工学で使う数学として，微分方程式，行列，行列式，複素数について述べる．

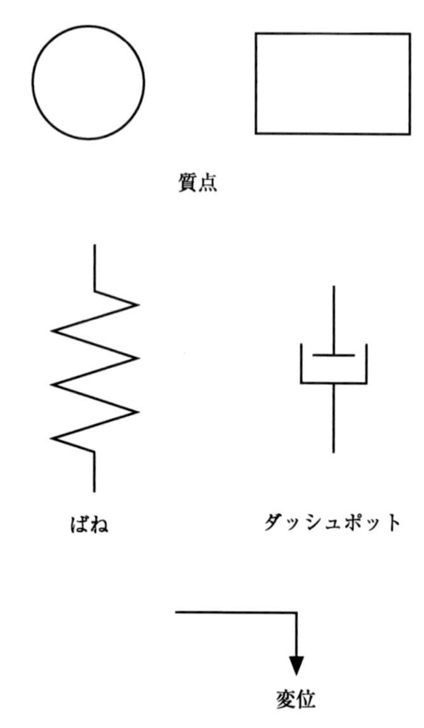

図 1.1　力学モデルで用いる記号

1.2.1　微分方程式

振動工学で用いる微分方程式 (differential equation) は主に 2 階の微分方程式である．2 階の線形微分方程式で右辺が 0 である次の微分方程式を考える．

$$a\frac{d^2x}{dt^2}+b\frac{dx}{dt}+cx=0 \tag{1.1}$$

$x=e^{\lambda t}$ とおくと，

$$\frac{dx}{dt}=\lambda e^{\lambda t},\quad \frac{d^2x}{dt^2}=\lambda^2 e^{\lambda t} \tag{1.2}$$

これらを式 (1.1) に代入すると，

$$(a\lambda^2+b\lambda+c)e^{\lambda t}=0 \tag{1.3}$$

両辺を $e^{\lambda t}$ で割ると，

$$a\lambda^2+b\lambda+c=0 \tag{1.4}$$

式 (1.4) を特性方程式 (characteristic equation) とよぶ．この 2 次方程式の解によって，微分方程式の解が**表 1.1** のようになる．

表 1.1　微分方程式 (1.1) の解

式 (1.4) の解	式 (1.1) の解
異なる 2 実根 λ_1 と λ_2	$x=C_1e^{\lambda_1 t}+C_2e^{\lambda_2 t}$
重根 λ	$x=(C_1+C_2t)e^{\lambda t}$
虚根 $\lambda_1=\alpha+\beta i$ と $\lambda_2=\alpha-\beta i$	$x=e^{\alpha t}(C_1\cos\beta t+C_2\sin\beta t)$

※虚根 λ の α, β はそれぞれ，

$$\alpha=-\frac{b}{2a},\ \beta=\frac{\sqrt{4ac-b^2}}{2a}$$

例題 1.1　次の微分方程式を解け．

(1)　$2\dfrac{d^2x}{dt^2}+7\dfrac{dx}{dt}+3x=0$

(2)　$4\dfrac{d^2x}{dt^2}+12\dfrac{dx}{dt}+9x=0$

(3)　$\dfrac{d^2x}{dt^2}+\dfrac{dx}{dt}+x=0$

解

$x=e^{\lambda t}$, $\dfrac{dx}{dt}=\lambda e^{\lambda t}$, $\dfrac{d^2x}{dt^2}=\lambda^2e^{\lambda t}$ をそれぞれの式に代入する．

(1)　$(2\lambda^2+7\lambda+3)e^{\lambda t}=0$

両辺を $e^{\lambda t}$ で割ると，

$$2\lambda^2+7\lambda+3=0$$

解は，

$$2\lambda^2+7\lambda+3=(2\lambda+1)(\lambda+3)=0$$

したがって，

$$\lambda_1=-\frac{1}{2},\ \lambda_2=-3$$

異なる2実根であるので，表1.1から，

$$x = C_1 e^{-\frac{1}{2}t} + C_2 e^{-3t}$$

(注意)　$\lambda_1 = -3,\ \lambda_2 = -\dfrac{1}{2}$としてもよい．

(2)　$(4\lambda^2 + 12\lambda + 9)e^{\lambda t} = 0$

両辺を$e^{\lambda t}$で割ると，

$$4\lambda^2 + 12\lambda + 9 = 0$$

解は，

$$4\lambda^2 + 12\lambda + 9 = (2\lambda + 3)^2 = 0$$

したがって，

$$\lambda = -\frac{3}{2}$$

重根であるので，表1.1から，

$$x = (C_1 + C_2 t)e^{-\frac{3}{2}t}$$

(3)　$(\lambda^2 + \lambda + 1)e^{\lambda t} = 0$

両辺を$e^{\lambda t}$で割ると，

$$\lambda^2 + \lambda + 1 = 0$$

解は，

$$\lambda = \frac{-1 \pm \sqrt{3}\,i}{2}$$

したがって，

$$\lambda_1 = -\frac{1}{2} + \frac{\sqrt{3}}{2}i,\ \lambda_2 = -\frac{1}{2} - \frac{\sqrt{3}}{2}i$$

虚根であるので，表1.1から，

$$x = e^{-\frac{1}{2}t}\left(C_1 \cos\frac{\sqrt{3}}{2}t + C_2 \sin\frac{\sqrt{3}}{2}t\right)$$

1.2.2　行　　列

次のように数字を並べたものを行列（matrix）とよぶ．

$$\boldsymbol{A} = \begin{bmatrix} a_{11} & a_{12} & \cdots & a_{1n} \\ a_{21} & a_{22} & \cdots & a_{2n} \\ \vdots & \vdots & \ddots & \vdots \\ a_{m1} & a_{m2} & \cdots & a_{mn} \end{bmatrix} \tag{1.5}$$

横の並びを行（row），縦の並びを列（column）とよぶ．式（1.5）は m 行 n 列の行列とよび，$(m \times n)$ の行列ともいう．a_{ij} を i 行 j 列の要素（element）という．

行列の和と差は行数と列数の等しい行列に対して次のように定義される．

$$\boldsymbol{A} \pm \boldsymbol{B} = \begin{bmatrix} a_{11} & a_{12} & \cdots & a_{1n} \\ a_{21} & a_{22} & \cdots & a_{2n} \\ \vdots & \vdots & \ddots & \vdots \\ a_{m1} & a_{m2} & \cdots & a_{mn} \end{bmatrix} \pm \begin{bmatrix} b_{11} & b_{12} & \cdots & b_{1n} \\ b_{21} & b_{22} & \cdots & b_{2n} \\ \vdots & \vdots & \ddots & \vdots \\ b_{m1} & b_{m2} & \cdots & b_{mn} \end{bmatrix}$$

$$= \begin{bmatrix} a_{11} \pm b_{11} & a_{12} \pm b_{12} & \cdots & a_{1n} \pm b_{1n} \\ a_{21} \pm b_{21} & a_{22} \pm b_{22} & \cdots & a_{2n} \pm b_{2n} \\ \vdots & \vdots & \ddots & \vdots \\ a_{m1} \pm b_{m1} & a_{m2} \pm b_{m2} & \cdots & a_{mn} \pm b_{mn} \end{bmatrix} \text{（複合同順）} \tag{1.6}$$

行列の積は，次のように定義される．

$$\boldsymbol{C} = \begin{bmatrix} c_{11} & c_{12} & \cdots & c_{1m} \\ c_{21} & c_{22} & \cdots & c_{2m} \\ \vdots & \vdots & \ddots & \vdots \\ c_{l1} & c_{l2} & \cdots & c_{lm} \end{bmatrix}$$

$$= \boldsymbol{AB} = \begin{bmatrix} a_{11} & a_{12} & \cdots & a_{1n} \\ a_{21} & a_{22} & \cdots & a_{2n} \\ \vdots & \vdots & \ddots & \vdots \\ a_{l1} & a_{l2} & \cdots & a_{ln} \end{bmatrix} \begin{bmatrix} b_{11} & b_{12} & \cdots & b_{1m} \\ b_{21} & b_{22} & \cdots & b_{2m} \\ \vdots & \vdots & \ddots & \vdots \\ b_{n1} & b_{n2} & \cdots & b_{nm} \end{bmatrix} \tag{1.7}$$

ここで,

$$c_{ij} = \sum_{k=1}^{n} a_{ik} b_{kj} \tag{1.8}$$

このように $\boldsymbol{A}$ の列数と $\boldsymbol{B}$ の行数が等しい場合に積が定義される.

転置行列 (transverse matrix) とは元の行列の行と列を入れ替えた行列であり，行列 $\boldsymbol{A}$ が式 (1.5) で与えられる場合に転置行列 $\boldsymbol{A}^T$ は次式で定義される.

$$\boldsymbol{A}^T = \begin{bmatrix} a_{11} & a_{21} & \cdots & a_{m1} \\ a_{12} & a_{22} & \cdots & a_{m2} \\ \vdots & \vdots & \ddots & \vdots \\ a_{1n} & a_{2n} & \cdots & a_{mn} \end{bmatrix} \tag{1.9}$$

例題 1.2　行列 $\boldsymbol{A}$ および $\boldsymbol{B}$ が次式で与えられるときに次のものを求めよ.

$$\boldsymbol{A} = \begin{bmatrix} 4 & -3 \\ -1 & 2 \end{bmatrix},\ \boldsymbol{B} = \begin{bmatrix} 1 & -2 \\ 3 & 2 \end{bmatrix}$$

(1)　$\boldsymbol{A}+\boldsymbol{B}$,　(2)　$\boldsymbol{AB}$,　(3)　$\boldsymbol{A}$ の転置行列

解

(1)　$\boldsymbol{A}+\boldsymbol{B} = \begin{bmatrix} 4+1 & -3-2 \\ -1+3 & 2+2 \end{bmatrix} = \begin{bmatrix} 5 & -5 \\ 2 & 4 \end{bmatrix}$

(2)　$\boldsymbol{AB} = \begin{bmatrix} 4\times1+(-3)\times3 & 4\times(-2)+(-3)\times2 \\ (-1)\times1+2\times3 & (-1)\times(-2)+2\times2 \end{bmatrix} = \begin{bmatrix} -5 & -14 \\ 5 & 6 \end{bmatrix}$

(3)　$\boldsymbol{A}^T = \begin{bmatrix} 4 & -1 \\ -3 & 2 \end{bmatrix}$

1.2.3　行列式

行列式の値は，行数と列数が等しい正方行列について次のように求める．

$$|\boldsymbol{A}| = \begin{vmatrix} a_{11} & a_{12} \\ a_{21} & a_{22} \end{vmatrix} = a_{11}a_{22} - a_{12}a_{21} \tag{1.10}$$

$$|\boldsymbol{A}| = \begin{vmatrix} a_{11} & a_{12} & a_{13} \\ a_{21} & a_{22} & a_{23} \\ a_{31} & a_{32} & a_{33} \end{vmatrix}$$
$$= a_{11}a_{22}a_{33} + a_{12}a_{23}a_{31} + a_{13}a_{32}a_{21} - a_{13}a_{22}a_{31} - a_{12}a_{21}a_{33} - a_{11}a_{32}a_{23} \tag{1.11}$$

式 (1.10) および式 (1.11) のように，右斜め方向の要素の積は加算，左斜め方向の要素の積は減算をする．3 行 3 列までの行列式であれば上記の式を使うことができるが，それ以上の大きさの行列式には上記の式を使うことができない．その場合には，次のようにして 3 行 3 列より小さい行列式に分ける．ここでは 4 行 4 列の行列式の例を示す．

$$|\boldsymbol{A}| = \begin{vmatrix} a_{11} & a_{12} & a_{13} & a_{14} \\ a_{21} & a_{22} & a_{23} & a_{24} \\ a_{31} & a_{32} & a_{33} & a_{34} \\ a_{41} & a_{42} & a_{43} & a_{44} \end{vmatrix} = a_{11}\begin{vmatrix} a_{22} & a_{23} & a_{24} \\ a_{32} & a_{33} & a_{34} \\ a_{42} & a_{43} & a_{44} \end{vmatrix} - a_{12}\begin{vmatrix} a_{21} & a_{23} & a_{24} \\ a_{31} & a_{33} & a_{34} \\ a_{41} & a_{43} & a_{44} \end{vmatrix}$$
$$+ a_{13}\begin{vmatrix} a_{21} & a_{22} & a_{24} \\ a_{31} & a_{32} & a_{34} \\ a_{41} & a_{42} & a_{44} \end{vmatrix} - a_{14}\begin{vmatrix} a_{21} & a_{22} & a_{23} \\ a_{31} & a_{32} & a_{33} \\ a_{41} & a_{42} & a_{43} \end{vmatrix} \tag{1.12}$$

式 (1.12) は 4 行 4 列の行列式の 1 行目に注目して展開した例である．a_{11} については1行目と1列目の要素を除いた3行3列の行列式を掛ける．a_{12} については1行目と2列目の要素を除いた3行3列の行列式を掛ける．ただし，この場合のように a_{ij} で $i+j$ が奇数の場合には－をつける．a_{13} および a_{14} についても同様である．この方法は1列目の要素に注目して展開しても，他の行や列に注目して展開しても同じである．

例題 **1.3**　次の行列式を求めよ．

$$|\boldsymbol{A}| = \begin{vmatrix} 3 & -2 & 4 \\ 1 & 2 & -1 \\ -3 & 1 & -2 \end{vmatrix}$$

解

$$\begin{aligned}|\boldsymbol{A}| &= 3\times2\times(-2)+(-2)\times(-1)\times(-3)+4\times1\times1 \\ &\quad -4\times2\times(-3)-(-2)\times1\times(-2)-3\times1\times(-1) \\ &= -12-6+4+24-4+3=9\end{aligned}$$

1.2.4　複素数

次の2次方程式を考える．

$$x^2-2x+5=0 \tag{1.13}$$

この方程式の解は，

$$x=1\pm2i \tag{1.14}$$

ここで，

$$i=\sqrt{-1} \tag{1.15}$$

式(1.14)のように i を含む数を複素数（complex number）という．

一般に複素数 z を次のように表す．

$$z=a+bi \tag{1.16}$$

a を実数部（real part）といい，次のように表す．

$$a=\mathrm{Re}(z) \tag{1.17}$$

b を虚数部（imaginary part）といい，次のように表す．

$$b = \mathrm{Im}(z) \tag{1.18}$$

複素数は**図 1.2** のように横軸に実数部をとり，縦軸に虚数部をとることによって表すことができる．この図を複素平面（complex plane）またはガウス平面（Gaussian plane）とよぶ．原点から点 z までの距離を絶対値（absolute value）とよぶ．また，原点と点 z を結ぶ直線が実数軸の正の部分となす角を偏角（argument）とよぶ．絶対値および偏角は次式のように表される．

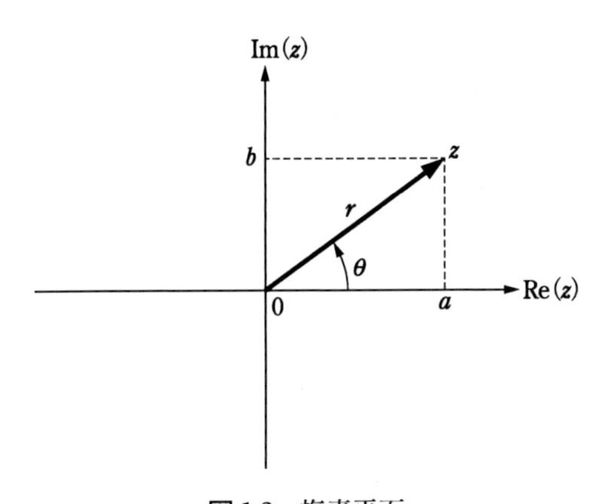

図 1.2　複素平面

$$r = |z| = \sqrt{a^2 + b^2} \tag{1.19}$$

$$\theta = \arg(z) = \tan^{-1}\left(\frac{b}{a}\right) \tag{1.20}$$

偏角は反時計回りを正，時計回りを負とする．

図 1.2 から z は絶対値と偏角を用いて次のように表すことができる．

$$z = r(\cos\theta + i\sin\theta) \tag{1.21}$$

次式をオイラーの公式という．

$$\left.\begin{aligned} e^{i\theta} &= \cos\theta + i\sin\theta \\ e^{-i\theta} &= \cos\theta - i\sin\theta \end{aligned}\right\} \tag{1.22}$$

式 (1.22) の第 1 式を用いると z は次のように書くこともできる．

$$z = re^{i\theta} \tag{1.23}$$

次式で表されるもうひとつの複素数 w を考える．

$$w = c + di = p(\cos\varphi + i\sin\varphi) \tag{1.24}$$

z と w に対して次の四則演算が成り立つ.

$$z + w = (a + bi) + (c + di) = (a + c) + (b + d)i \tag{1.25}$$

$$z - w = (a + bi) - (c + di) = (a - c) + (b - d)i \tag{1.26}$$

$$\begin{aligned} zw &= (a + bi)(c + di) = ac + adi + bci - bd \\ &= (ac - bd) + (ad + bc)i \end{aligned} \tag{1.27}$$

$$\begin{aligned} \frac{z}{w} &= \frac{a + bi}{c + di} = \frac{(a + bi)(c - di)}{(c + di)(c - di)} = \frac{ac - adi + bci + bd}{c^2 + d^2} \\ &= \frac{(ac + bd) + (bc - ad)i}{c^2 + d^2} \end{aligned} \tag{1.28}$$

式 (1.21) と式 (1.24) を用いると, 複素数の乗算と除算は次のようになる.

$$\begin{aligned} zw &= r(\cos\theta + i\sin\theta)\cdot p(\cos\varphi + i\sin\varphi) \\ &= rp\{(\cos\theta\cos\varphi - \sin\theta\sin\varphi) + i(\sin\theta\cos\varphi + \cos\theta\sin\varphi)\} \\ &= rp\{\cos(\theta + \varphi) + i\sin(\theta + \varphi)\} \end{aligned} \tag{1.29}$$

$$\begin{aligned} \frac{z}{w} &= \frac{r(\cos\theta + i\sin\theta)}{p(\cos\varphi + i\sin\varphi)} \\ &= \frac{r(\cos\theta + i\sin\theta)(\cos\varphi - i\sin\varphi)}{p(\cos\varphi + i\sin\varphi)(\cos\varphi - i\sin\varphi)} \\ &= \frac{r(\cos\theta + i\sin\theta)(\cos\varphi - i\sin\varphi)}{p(\cos^2\varphi + \sin^2\varphi)} \\ &= \frac{r}{p}\{(\cos\theta\cos\varphi + \sin\theta\sin\varphi) + i(\sin\theta\cos\varphi - \cos\theta\sin\varphi)\} \\ &= \frac{r}{p}\{(\cos(\theta - \varphi) + i\sin(\theta - \varphi)\} \end{aligned} \tag{1.30}$$

式 (1.29) のように, 複素数の乗算の場合には, 絶対値は積, 偏角は和となる. また, 式 (1.30) のように, 複素数の除算の場合には, 絶対値は商, 偏角は差となる.

例題 1.4 複素数 z と w が次式で与えられるとする.

$$z = -2+2i,\ w = \sqrt{3}+i$$

(1) z および w を複素平面上に示せ.

(2) z および w の絶対値と偏角を求めよ.

(3) zw および z/w を求めよ.

解

(1) **図 1.3** に示す.

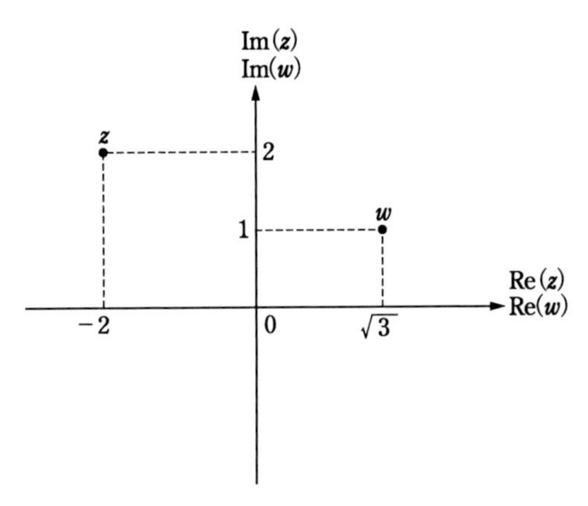

図 1.3 複素数 z と w

(2) 絶対値と偏角はそれぞれ次のようになる.

$$|z| = \sqrt{(-2)^2+2^2} = 2\sqrt{2},\ \arg(z) = \tan^{-1}\left(\frac{2}{-2}\right) = \frac{3}{4}\pi$$

$$|w| = \sqrt{\left(\sqrt{3}\right)^2+1^2} = 2,\ \arg(z) = \tan^{-1}\left(\frac{1}{\sqrt{3}}\right) = \frac{1}{6}\pi$$

(3) zw は式 (1.29) から,

$$zw = 2\sqrt{2}\times 2\left\{\cos\left(\frac{3}{4}\pi+\frac{1}{6}\pi\right)+i\sin\left(\frac{3}{4}\pi+\frac{1}{6}\pi\right)\right\}$$

$$= 4\sqrt{2}\left(\cos\frac{11}{12}\pi+i\sin\frac{11}{12}\pi\right)$$

z/w は式 (1.30) から,

$$\frac{z}{w}=\frac{2\sqrt{2}}{2}\left\{\cos\left(\frac{3}{4}\pi-\frac{1}{6}\pi\right)+i\sin\left(\frac{3}{4}\pi-\frac{1}{6}\pi\right)\right\}$$

$$=\sqrt{2}\left(\cos\frac{7}{12}\pi+i\sin\frac{7}{12}\pi\right)$$

(注意)　(2) で z の偏角を求める際に，単純に $\tan^{-1}(-1)$ を計算すると，$-\dfrac{1}{4}\pi$ となる．(1) で求めたように，z は第 2 象限にある．偏角を求める際には分子と分母の符号に注意する必要がある．このことに関しては後の章でも触れる．

式 (1.16) で虚数部の符号のみが異なる次式で表される複素数を共役複素数 (complex conjugate) とよび，$\bar{z}$ と書く．

$$\bar{z}=a-bi \tag{1.31}$$

z と $\bar{z}$ を用いると，以下のような式を導くことができる．

$$\left.\begin{aligned} z\bar{z}&=a^2+b^2=|z|^2\\ a&=\frac{z+\bar{z}}{2}\\ b&=\frac{z-\bar{z}}{2i}\end{aligned}\right\} \tag{1.32}$$

分数の絶対値と偏角は次のようになる．分数は式 (1.28) から，

$$\frac{z}{w}=\frac{a+bi}{c+di}=\frac{(ac+bd)+(bc-ad)i}{c^2+d^2}$$

絶対値は式 (1.19) から，

$$\left|\frac{z}{w}\right|=\sqrt{\frac{(ac+bd)^2+(bc-ad)^2}{(c^2+d^2)^2}}$$

$$=\sqrt{\frac{(ac)^2+2abcd+(bd)^2+(bc)^2-2abcd+(ad)^2}{(c^2+d^2)^2}}$$

$$=\sqrt{\frac{a^2(c^2+d^2)+b^2(c^2+d^2)}{(c^2+d^2)^2}}$$

$$=\frac{\sqrt{a^2+b^2}}{\sqrt{c^2+d^2}}=\frac{|z|}{|w|} \tag{1.33}$$

このように，分数の絶対値は分子と分母の絶対値の比となる．

偏角は式 (1.20) から，

$$\arg\left(\frac{z}{w}\right)=\tan^{-1}\left(\frac{bc-ad}{ac+bd}\right) \tag{1.34}$$

例題 1.5 $z=a+bi$ として，$1/z$ の絶対値と偏角を求めよ．

解

絶対値は式 (1.33) から分子と分母の絶対値の比を求めればよい．

$|1|=1$ および $|z|=\sqrt{a^2+b^2}$

である．したがって，

$$\left|\frac{1}{z}\right|=\frac{1}{\sqrt{a^2+b^2}}$$

また，

$$\frac{1}{z}=\frac{1}{a+bi}=\frac{a-bi}{a^2+b^2}$$

となる．したがって偏角は式 (1.20) から，

$$\arg\left(\frac{1}{z}\right)=\tan^{-1}\left(\frac{-b}{a}\right)=-\tan^{-1}\left(\frac{b}{a}\right)$$

コラム

この章では主にこの本で用いる数学の基礎的なことをまとめた．これから後の章で式を参照することがあるので，必要に応じて見直しをしてほしい．同じ問題を解く場合でも違う方法で解くこともできる．微分方程式は本書の運動方程式全般に関連する．行列は 2 自由度系の振動，多自由度系の振動，連続体の振動で用いる．複素数は運動方程式を解くために用いる．

第1章で学んだこと

○微分方程式の解き方

特性方程式

○行列の和と積，転置行列

○行列式の計算法

○複素数

実数部・虚数部・共役複素数・複素平面（ガウス平面）・オイラーの公式

和・差・積・商の求め方

絶対値・偏角の求め方

第1章　演習問題

1. 次の微分方程式を解け.

(1) $\dfrac{d^2x}{dt^2}+6\dfrac{dx}{dt}+9x=0$

(2) $2\dfrac{d^2x}{dt^2}+4\dfrac{dx}{dt}+3x=0$

(3) $3\dfrac{d^2x}{dt^2}+5\dfrac{dx}{dt}+2x=0$

2. 次の行列式を求めよ.

$$|\boldsymbol{A}|=\begin{vmatrix} 2 & 2 & 3 & 4 \\ -1 & 2 & 1 & -2 \\ 3 & -1 & 2 & 1 \\ -2 & 1 & -2 & -3 \end{vmatrix}$$

3. $z=2+3i$, $w=4-i$ のとき，zw および z/w の絶対値と偏角をそれぞれ求めよ.

第 2 章

1 自由度系の自由振動

外からの力（外力）を加えないで，ある条件から物体を振動させた場合に，その振動を自由振動（free vibration）という．物体の運動を表すために必要な座標の数を自由度という．もっとも基本的な事項である 1 自由度系の振動について述べる．たとえば，ばねにおもりをつけておもりを下向きに引っ張ってから離すとおもりは振動する．また，糸におもりをつけて糸がたるまないようにおもりを動かしてから離すと，おもりは振動する．これらが，1 自由度系の振動の例である．

2.1　減衰のない 1 自由度系の自由振動

物体が揺れやすい振動数を固有振動数という．ここでは固有振動数を求める方法について述べる．

2.1.1　おもりとばねからなる系の振動

図 2.1 に示すばねにおもりをつるして上下方向に振動させる場合を考える．この場合に運動の方向は上下の一方向であるから，この振動系は 1 自由度系（single-degree-of-freedom system）であるという．このモデルの質点は質量が集中している点を表している．m〔kg〕は質量（mass），k〔N/m〕はばね定数（stiffness, spring constant），x〔m〕は変位（displacement）を表す．図 2.1 の振動を求めるために運動方程式を導く．運動方程式はニュートンの第 2 法則を用いて導く．ニュートンの第 2 法則は，

$$質量 \times 加速度 = 力 \tag{2.1}$$

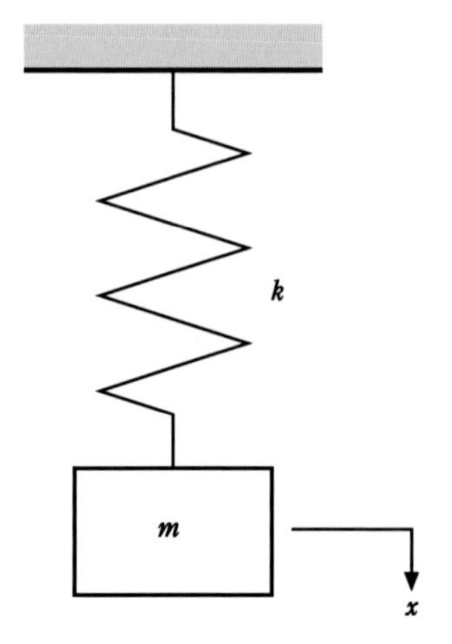

図 2.1　1 自由度系

で表される．変位が x であるから，次式で表される x の微分（単位時間当たりの変位の変化）が速度 v（velocity）となる．

$$v = \frac{dx}{dt} \tag{2.2}$$

また，次式で表される速度の微分（単位時間当たりの速度の変化）が加速度 a（acceleration）となる．

$$a = \frac{d}{dt}\frac{dx}{dt} = \frac{d^2x}{dt^2} \tag{2.3}$$

それぞれ $\dfrac{dx}{dt}$ を $\dot{x}$，$\dfrac{d^2x}{dt^2}$ を $\ddot{x}$ と書くことにする．式 (2.1) の左辺は，

$$\text{質量} \times \text{加速度} = m\ddot{x} \tag{2.4}$$

一方，右辺の力とは，質点に作用する力のことである．この力は次のように考える．**図 2.2** に示すように図 2.1 の変位に示された方向（下方向）に質点を x だけ移動した場合には，ばねは x だけ伸びる．このときに，ばねは上方向に質点を引き戻そうとする．その際，フックの法則（Fook's law）に従って，質点に上向きに kx の力が作用する．力の方向が図 2.1 の変位の方向と逆であるから，下向きに作用する力を正とすると，質点に作用する力は $-kx$ となる．

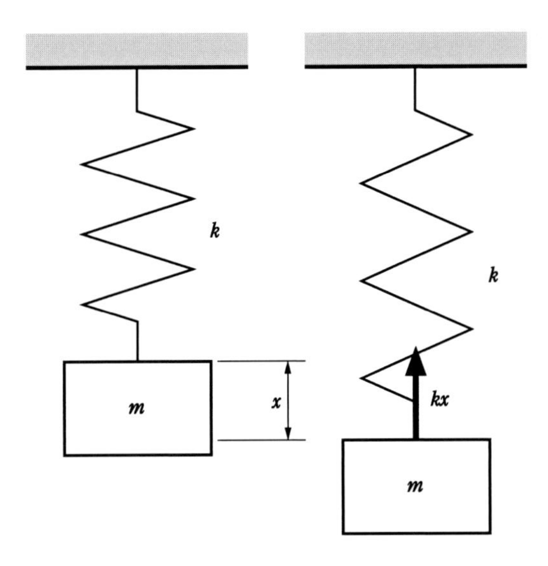

(a) 最初の系　　(b) 質点が x だけ下へ移動

図 2.2　質点に作用する力

したがって，式 (2.1) の左辺は，

$$力=-kx \tag{2.5}$$

となる．式 (2.4) および式 (2.5) から，運動方程式 (2.1) は次のようになる．

$$m\ddot{x}=-kx \tag{2.6}$$

右辺を左辺に移項すると，

$$m\ddot{x}+kx=0 \tag{2.7}$$

この運動方程式を解く．式 (2.7) の両辺を m で割ると，

$$\ddot{x}+\omega_n^2x=0 \tag{2.8}$$

ここで，

$$\omega_n=\sqrt{\frac{k}{m}} \tag{2.9}$$

式 (1.4) の特性方程式を求める．$x=e^{\lambda t}$ おくと，$\dot{x}=\lambda e^{\lambda t}$，$\ddot{x}=\lambda^2e^{\lambda t}$ である．これらを式 (2.8) に代入して両辺を $e^{\lambda t}$ で割ると，

$$\lambda^2+\omega_n^2=0 \tag{2.10}$$

したがって，$\lambda = \pm\omega_n i$ である．表 1.1 から式 (2.8) の解は，

$$x = C_1 \cos \omega_n t + C_2 \sin \omega_n t \tag{2.11}$$

C_1 および C_2 は初期条件から定まる．$t = 0$ のときに $x = x_0$，$\dot{x} = v_0$ とする．式 (2.11) に $t = 0$ を代入すると，

$$C_1 = x_0 \tag{2.12}$$

また，

$$\dot{x} = -\omega_n C_1 \sin \omega_n t + \omega_n C_2 \cos \omega_n t \tag{2.13}$$

$t = 0$ を代入すると，

$$\omega_n C_2 = v_0$$

したがって，

$$C_2 = \frac{v_0}{\omega_n} \tag{2.14}$$

式 (2.12) および式 (2.14) を式 (2.11) に代入すると，

$$x = x_0 \cos \omega_n t + \frac{v_0}{\omega_n} \sin \omega_n t \tag{2.15}$$

ここで，

$$a = \sqrt{x_0{}^2 + \left(\frac{v_0}{\omega_n}\right)^2} \tag{2.16}$$

とおくと，式 (2.15) は，

$$x = a\left(\frac{x_0}{a} \cos \omega_n t + \frac{v_0}{a\omega_n} \sin \omega_n t\right) \tag{2.17}$$

となり，

$$\cos\beta = \frac{x_0}{a},\ \sin\beta = \frac{v_0}{a\omega_n} \tag{2.18}$$

とおくと，

$$\begin{aligned} x &= a(\cos \omega_n t \cdot \cos\beta + \sin \omega_n t \cdot \sin\beta) \\ &= a \cos(\omega_n t - \beta) \end{aligned} \tag{2.19}$$

式 (2.18) から，

$$\beta = \tan^{-1}\left(\frac{v_0}{\omega_n x_0}\right) \tag{2.20}$$

式 (2.19) を図示すると**図 2.3** のようになる．式 (2.19) に現れる記号はそれぞ

れ次のようによばれる．

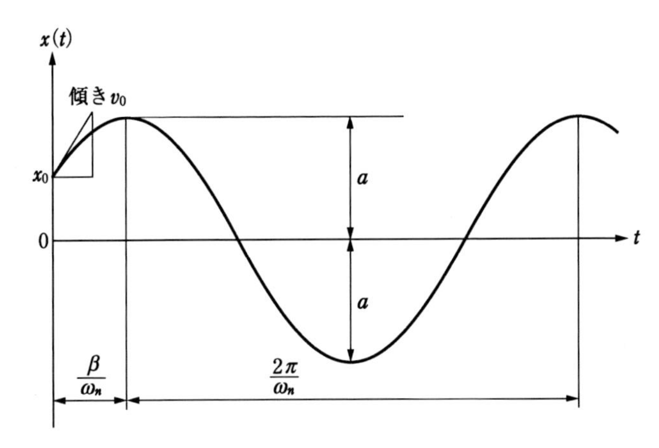

図 2.3　自由振動の波形

a：振幅（amplitude）　片振幅とよぶこともある．また，$2a$ を両振幅という．

β：位相角（phase）　単位は〔rad/s〕である．

ω_n：固有円振動数（natural circular frequency）単位は〔rad/s〕である．固有角振動数とよぶこともある．

ω_n は振動数を表すが，〔rad/s〕の単位をもつので，次のような量で表されることが多い．

固有振動数（natural frequency）は，

$$f_n = \frac{\omega_n}{2\pi} \tag{2.21}$$

で表され，単位は〔Hz〕である．固有周期は，

$$T_n = \frac{1}{f_n} = \frac{2\pi}{\omega_n} \tag{2.22}$$

で表され，単位は〔s〕である．

なお，式（2.19）を微分すると，

$$\dot{x} = -\omega_n a \sin(\omega_n t - \beta) \tag{2.23}$$

$$\ddot{x} = -\omega_n^2 a \cos(\omega_n t - \beta) \tag{2.24}$$

図 2.4 (a)，(b) および (c) にそれぞれ変位，速度および加速度の波形を示す．速度は変位より 90° ($\frac{\pi}{2}$ rad) 位相が進んでいる．加速度は速度よりさらに 90° ($\frac{\pi}{2}$ rad) 位相が進み，変位より 180° (π rad) 位相が進んでいる．したがって，変位と加速度は逆位相になる．式 (2.19) と比較すると，変位の振幅が a であると，速度の振幅は $\omega_n a$，加速度の振幅は $\omega_n^2 a$ である．

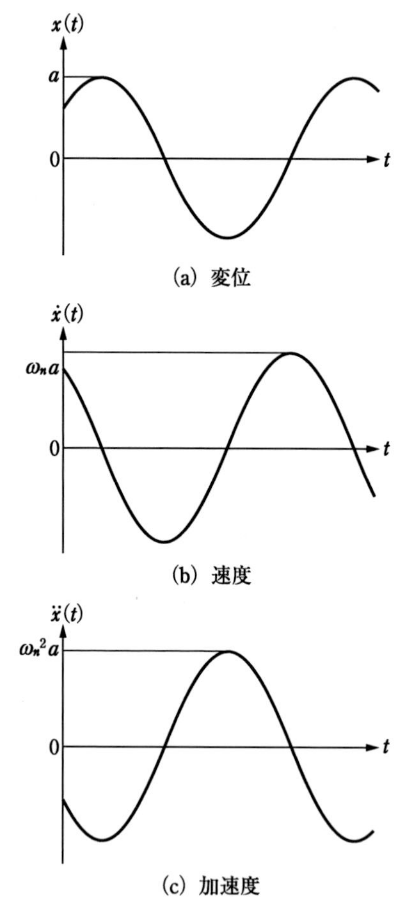

図 2.4　変位・速度・加速度の波形

次に，図 2.1 に示す系に重力が作用する場合の振動を求めてみる．その場合には**図 2.5** に示すように，ばねが伸びて釣り合った状態では，おもりに mg の重力が作用し，ばねは x_{st} だけ伸びる．この状態での運動方程式は，おもりが運動していないので，加速度は0であるから，

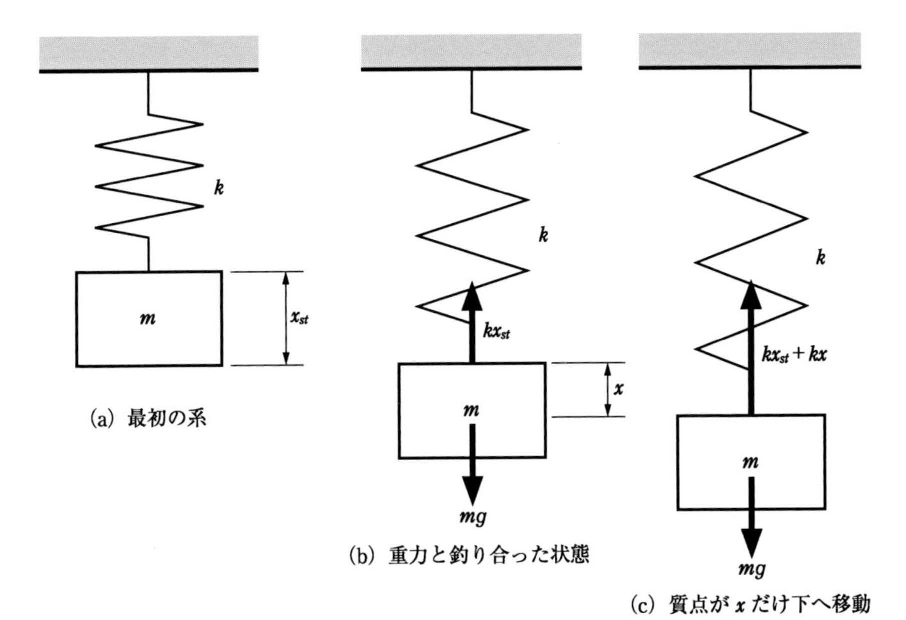

図 2.5 重力の作用する1自由度系

$$0=mg-kx \tag{2.25}$$

この状態からの振動を考えると，図2.1と同じことがいえるから，運動方程式は，

$$m(\ddot{x}+\ddot{x}_{st})=mg-kx_{st}-kx \tag{2.26}$$

x_{st} は一定であるから，$\ddot{x}_{st}=0$ である．式 (2.25) の条件を考慮すると，式 (2.26) は次のようになる．

$$m\ddot{x}=-kx \tag{2.27}$$

したがって，式 (2.6) と同じ式となる．したがって，重力が作用する場合にも重力によってばねが伸びて釣り合った状態からの振動を考えれば，重力が作用していない場合の振動と同じことになる．また，式 (2.25) から，

$$\frac{k}{m}=\frac{g}{x_{st}} \tag{2.28}$$

式 (2.9) に代入すると，

$$\omega_n = \sqrt{\frac{k}{m}} = \sqrt{\frac{g}{x_{st}}} \tag{2.29}$$

したがって，おもりをつるしたときのばねの伸び x_{st} を測定することによって固有円振動数を求めることができる．

例題 2.1　**図 2.5** に示す 1 自由度系で，おもりをつるしたときのばねの伸びが 2 mm であった．固有円振動数，固有振動数および固有周期を求めよ．

解

式 (2.29) から，固有円振動数は，

$$\omega_n = \sqrt{\frac{9.8}{0.002}} = 70.0 \text{ rad/s}$$

式 (2.21) から固有振動数は，

$$f_n = \frac{\omega_n}{2\pi} \fallingdotseq 11.1 \text{ Hz}$$

式 (2.22) から固有周期は，

$$T_n = \frac{1}{f_n} \fallingdotseq 0.09 \text{ s}$$

例題 2.2　固有円振動数が 10 rad/s である 1 自由度系の自由振動の変位の振幅が 5 mm であった．速度と加速度の振幅を求めよ．

解

変位の振幅を a とすると，式 (2.23) から速度の振幅は $\omega_n a$ である．したがって，速度の振幅は，

$$10\times5=50 \text{ mm/s}=0.05 \text{ m/s}$$

式 (2.24) から加速度の振幅は $\omega_n^2 a$ である．したがって，加速度の振幅は，

$$10^2\times5=500 \text{ mm/s}^2=0.5 \text{ m/s}^2$$

2.1.2　単振り子の振動

図 2.6 のように，質量 m のおもりが長さ l の糸につるされているものを単振り子 (simple pendulum) とよぶ．この場合は回転運動であるので，力のモーメントを考えなければならないが，単振り子は力の釣合いだけで運動方程式を導くことができる．

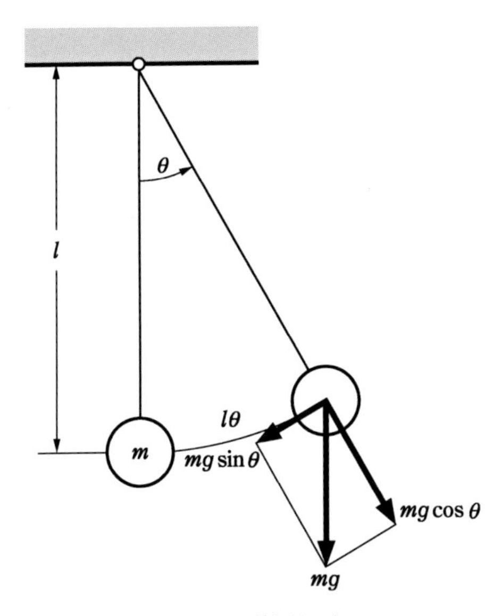

図 2.6　単振り子

図 2.6 のように振り子が θ 回転した状態の力の釣合いを求める．図のように，おもりに作用する重力を，接線方向に作用する力 $mg\sin\theta$ と法線方向に作用する力 $mg\cos\theta$ に分解する．このときにおもりの動いた長さは $l\theta$ である．したがって，おもりの接線方向の加速度は，糸の長さが一定であるから，

$$\frac{d^2}{dt^2}(l\theta) = l\frac{d^2\theta}{dt^2} \tag{2.30}$$

となる．したがって，式 (2.4) に対応する式は，

$$質量 \times 加速度 = ml\ddot{\theta} \tag{2.31}$$

一方，接線方向に作用する力は $mg\sin\theta$ であり，θ を減らす方向に作用するから，式 (2.5) に対応する式は，

$$力 = -mg\sin\theta \tag{2.32}$$

したがって，運動方程式は，

$$ml\ddot{\theta} = -mg\sin\theta \tag{2.33}$$

右辺を左辺に移項すると，

$$ml\ddot{\theta} + mg\sin\theta = 0 \tag{2.34}$$

この運動方程式は非線形微分方程式となり，解くことがやや複雑になる．ここで，θが小さいとすると，$\sin\theta = \theta$となる．この場合に式 (2.34) は，

$$ml\ddot{\theta} + mg\theta = 0 \tag{2.35}$$

両辺を ml で割ると，

$$\ddot{\theta} + \frac{g}{l}\theta = 0 \tag{2.36}$$

式 (2.8) と比較すると，固有円振動数は，

$$\omega_n = \sqrt{\frac{g}{l}} \tag{2.37}$$

一方，法線方向には回転中心へ向かう求心力 $ml(\dot{\theta})^2$ が作用する．求心力と同じ方向に糸の張力 T が作用し，求心力と反対方向に重力を法線方向へ分解した力 $mg\cos\theta$ が作用する．したがって，運動方程式は次式のようになる．

$$ml(\dot{\theta})^2 = T - mg\cos\theta \tag{2.38}$$

例題 **2.3** $l = 20$ mm の単振り子の固有円振動数，固有振動数および固有周期を求めよ．

解

式 (2.37) から，固有円振動数は，

$$\omega_n = \sqrt{\frac{9.8}{0.02}} \fallingdotseq 22.1 \text{ rad/s}$$

式 (2.21) から固有振動数は，

$$f_n = \frac{\omega_n}{2\pi} \fallingdotseq 3.52 \text{ Hz}$$

式 (2.22) から固有周期は，

$$T_n = \frac{1}{f_n} \fallingdotseq 0.284 \text{ s}$$

2.1.3　物理振り子

図 2.7 に示すように剛体が回転中心 O を中心にして振動するものを物理振り子 (physical pendulum) とよぶ．この場合には，O の回りの力のモーメントを考える．式 (2.1) に対応する式は，

O 点回りの慣性モーメント×角加速度
　　=力による O 点回りの力のモーメント　　(2.39)

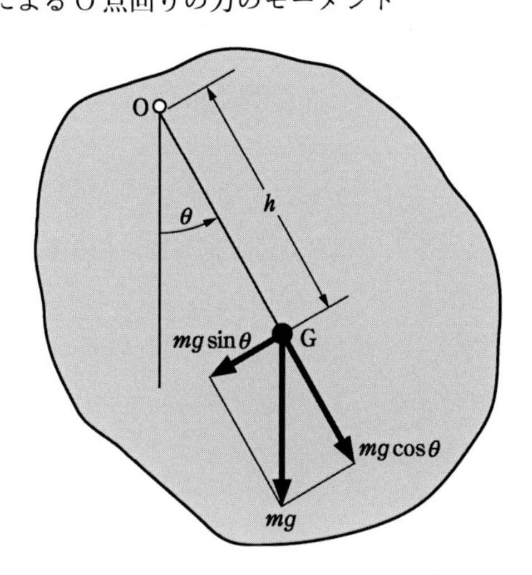

図 2.7　物理振り子

O 点回りの慣性モーメントを I_O とし，剛体の質量を m とする．図 2.7 のように θ だけ回転したときに作用する力を考える．角加速度は $\ddot{\theta}$ である．また，この剛体の重心 G に重力が作用する．回転中心 O と重心 G の距離を h とする．OG に直角な重力の成分は $mg \sin\theta$ である．したがって，O 点回りの重力による力のモーメントは，$mgh \sin\theta$ である．さらに，この力のモーメントは θ を減らす方向に働くので，式 (2.39) の右辺は $-mgh \sin\theta$ となる．したがって，運動方程式は，

$$I_O\ddot{\theta} = -mgh \sin\theta \tag{2.40}$$

右辺を左辺に移項すると，

$$I_O\ddot{\theta} + mgh \sin\theta = 0 \tag{2.41}$$

θが小さいとすると，$\sin\theta = \theta$であるから，

$$I_O\ddot{\theta} + mgh\,\theta = 0 \tag{2.42}$$

両辺をI_Oで割ると，

$$\ddot{\theta} + \frac{mgh}{I_O}\theta = 0 \tag{2.43}$$

式(2.8)と比較すると，固有円振動数は，

$$\omega_n = \sqrt{\frac{mgh}{I_O}} \tag{2.44}$$

式(2.37)と式(2.44)を比較すると，次の式が成り立つ.

$$l = \frac{I_O}{mg} \tag{2.45}$$

式(2.45)で表される長さをもつ単振り子と同じ固有円振動数をもつ.

例題 **2.4**　図2.8に示す，一端が回転支持された質量がmで長さがlである細い棒の固有円振動数を求めよ．この場合は，$I_O = ml^2/3$である.

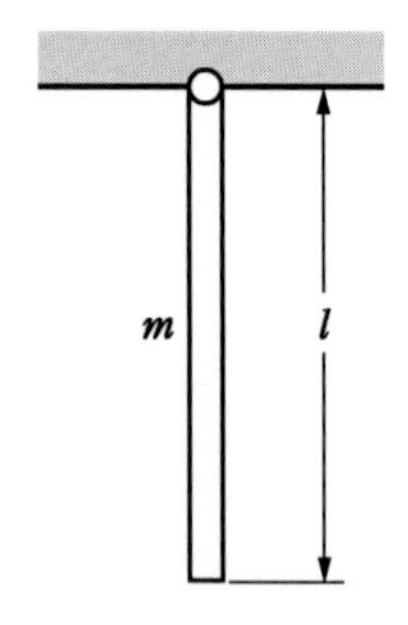

図2.8　一端が回転支持された細い棒

解

式(2.44)で$h=l/2$であるから，固有円振動数は，

$$\omega_n = \sqrt{\frac{mgl/2}{ml^2/3}} = \sqrt{\frac{3g}{2l}}$$

2.1.4 軽いはりの上のおもりの振動

図 2.9 に示すはりの上のおもりの振動を求める．はりは厳密には連続体となるが，ここではは りの質量はおもりと比較して無視できるものとする．はりの両端は単純支持されているものとし，おもりははりの中央にあるものとする．おもりの自重によるはりの中央のたわみは，

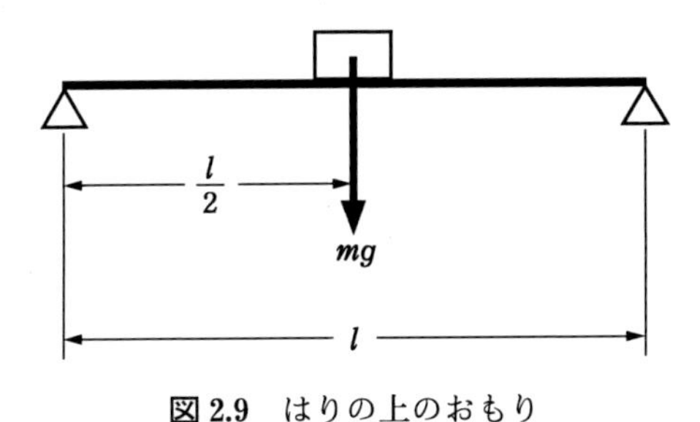

図 2.9 はりの上のおもり

$$\delta = \frac{mgl^3}{48EI} \tag{2.46}$$

はりをばねと考えると，ばね定数 k は，

$$k = \frac{mg}{\delta} = \frac{48EI}{l^3} \tag{2.47}$$

固有円振動数は，

$$\omega_n = \sqrt{\frac{k}{m}} = \sqrt{\frac{48EI}{ml^3}} \tag{2.48}$$

例題 2.5 **図 2.10** に示すように，長さが l の片持ちばりの先端に質量が m であるおもりがある場合の固有円振動数を求めよ．片持ちばりの質量はおもりと比較して無視できるものとする．

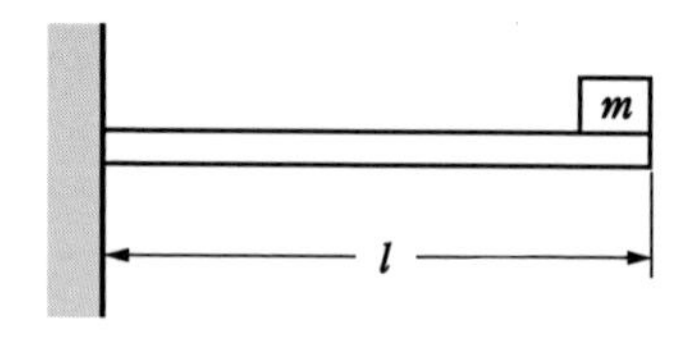

図 2.10　先端におもりのある片持ちばり

解

おもりの自重 mg による先端のたわみは,

$$\delta = \frac{mgl^3}{3EI}$$

である．ばね定数は式 (2.47) から,

$$k = \frac{mg}{\delta} = \frac{3EI}{l^3}$$

したがって，固有円振動数は式 (2.48) から,

$$\omega_n = \sqrt{\frac{k}{m}} = \sqrt{\frac{3EI}{ml^3}}$$

2.2　減衰のある1自由度系の自由振動

振動している物体は外力を加えなければ振動は小さくなり，最後には止まってしまう．このように振動が小さくなることを減衰という．振動が減衰するためには，**図 2.11** (a) に示すように振動に抵抗する力が働かなければならない．この力を f とすると，運動方程式は,

$$m\ddot{x} = -kx - f \tag{2.49}$$

となる．

2.2.1　粘性減衰をもつ1自由度系の運動

f として次式に示すような速度に比例する抵抗力を考える．

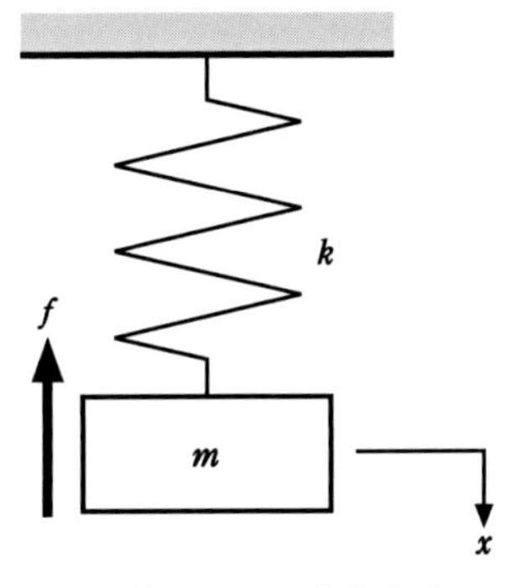

(a) 抵抗のある 1 自由度系

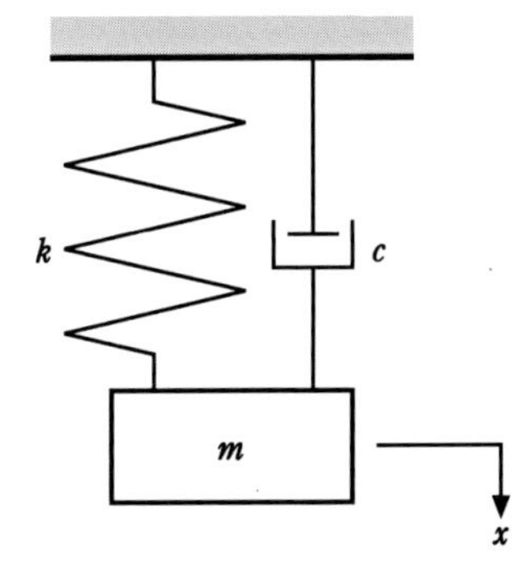

(b) 粘性抵抗のある 1 自由度系

図 2.11　減衰のある 1 自由度系

$$f = c\dot{x}$$

c は減衰係数とよばれる．この場合の力学モデルはダッシュポットを用いて図 2.11 (b) のように表される．運動方程式は次式のようになる．

$$m\dot{x} = -kx - c\dot{x} \tag{2.50}$$

右辺を左辺に移項すると，

$$m\ddot{x} + c\dot{x} + kx = 0 \tag{2.51}$$

この運動方程式の解は，**1. 2. 1** で示した方法で求める．$x = e^{\lambda t}$ とおくと，$\dot{x} = \lambda e^{\lambda t}$，$\ddot{x} = \lambda^2 e^{\lambda t}$ である．これらを式 (2.51) に代入すると，

$$(m\lambda^2 + c\lambda + k)e^{\lambda t} = 0 \tag{2.52}$$

両辺を $e^{\lambda t}$ で割ると，特性方程式は，

$$m\lambda^2+c\lambda+k=0 \tag{2.53}$$

式 (2.53) から λ を求めると,

$$\lambda=\frac{-c\pm\sqrt{c^2-4mk}}{2m} \tag{2.54}$$

表 1.1 に示したように, λ によって, すなわちルートの中が正, 零, 負であるかによって解が異なる. ルートの中が 0 である場合には,

$$c^2-4mk=0$$

となり, $c>0$ であるから,

$$c=2\sqrt{mk} \tag{2.55}$$

表 1.1 から, この状態が振動をするかしないかの境界となる. このときの減衰係数 c を c_c と書き, 臨界減衰係数という. 減衰係数と臨界減衰係数の比 ζ を減衰比 (damping ratio) とよぶ.

$$\zeta=\frac{c}{c_c}=\frac{c}{2\sqrt{mk}} \tag{2.56}$$

運動方程式 (2.51) の両辺を m で割り, 式 (2.9) を用いると次のようになる.

$$\ddot{x}+2\zeta\omega_n\dot{x}+\omega_n{}^2x=0 \tag{2.57}$$

$x=e^{\lambda t}$, $\dot{x}=\lambda e^{\lambda t}$, $\ddot{x}=\lambda^2e^{\lambda t}$ を式 (2.57) に代入すると, 特性方程式は,

$$\lambda^2+2\zeta\omega_n\lambda+\omega_n{}^2=0 \tag{2.58}$$

したがって, λ は次式のようになる.

$$\lambda=-\zeta\omega_n\pm\sqrt{\zeta^2-1}\,\omega_n \tag{2.59}$$

$\zeta>1$ の場合には式 (2.59) は異なる 2 実根となるから, 表 1.1 より,

$$x=C_1\exp\left\{\left(-\zeta\omega_n+\sqrt{\zeta^2-1}\,\omega_n\right)t\right\}+C_2\exp\left\{\left(-\zeta\omega_n-\sqrt{\zeta^2-1}\,\omega_n\right)t\right\} \tag{2.60}$$

$t=0$ のときに $x=x_0$, $\dot{x}=v_0$ とすると,

$$\begin{aligned}\dot{x}=&C_1\left(-\zeta\omega_n+\sqrt{\zeta^2-1}\,\omega_n\right)\exp\left\{\left(-\zeta\omega_n+\sqrt{\zeta^2-1}\,\omega_n\right)t\right\}\\&+C_2\left(-\zeta\omega_n-\sqrt{\zeta^2-1}\,\omega_n\right)\exp\left\{\left(-\zeta\omega_n-\sqrt{\zeta^2-1}\,\omega_n\right)t\right\}\end{aligned} \tag{2.61}$$

であるから,

$$C_1+C_2=x_0$$

$$\left(-\zeta\omega_n+\sqrt{\zeta^2-1}\,\omega_n\right)C_1+\left(-\zeta\omega_n-\sqrt{\zeta^2-1}\,\omega_n\right)C_2=v_0$$

である．C_1 および C_2 は，

$$\left.\begin{aligned} C_1 &= \frac{x_0\left(\zeta+\sqrt{\zeta^2-1}\right)+v_0/\omega_n}{2\sqrt{\zeta^2-1}} \\ C_2 &= \frac{x_0\left(-\zeta+\sqrt{\zeta^2-1}\right)-v_0/\omega_n}{2\sqrt{\zeta^2-1}} \end{aligned}\right\} \tag{2.62}$$

この場合の運動は**図 2.12** のように振動せずに釣合い位置に戻る．この運動を過減衰 (over damping) とよぶ．

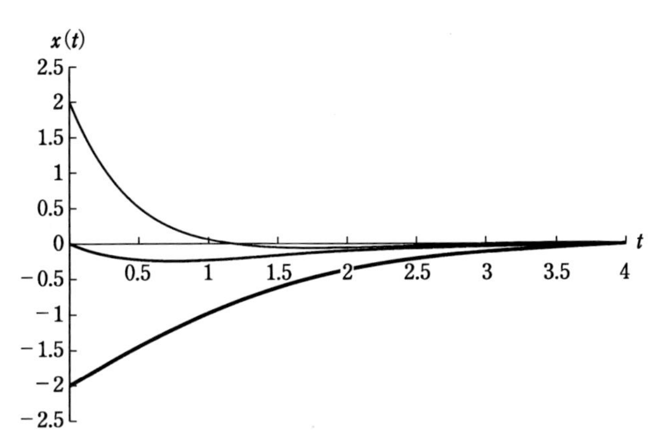

図 2.12　過減衰の場合の運動

$\zeta = 1$ の場合には式 (2.59) は重根となるから，表 1.1 より，

$$x = (C_1 + C_2 t)\exp(-\zeta\omega_n t) \tag{2.63}$$

$t = 0$ のときに $x = x_0$，$\dot{x} = v_0$ とすると，

$$\dot{x} = C_2 \exp(-\zeta\omega_n t) - \zeta\omega_n(C_1 + C_2 t)\exp(-\zeta\omega_n t) \tag{2.64}$$

であるから，

$$\left.\begin{aligned} C_1 &= x_0 \\ C_2 &= v_0 + \zeta\omega_n x_0 \end{aligned}\right\} \tag{2.65}$$

である．この場合にも**図 2.13** のように振動せずに釣合い位置に戻る．この運動を臨界減衰 (critical damping) とよぶ．

$\zeta < 1$ の場合には式 (2.59) は次のような虚根となる．

$$\lambda = -\zeta\omega_n \pm \sqrt{1-\zeta^2}\,\omega_n i \tag{2.66}$$

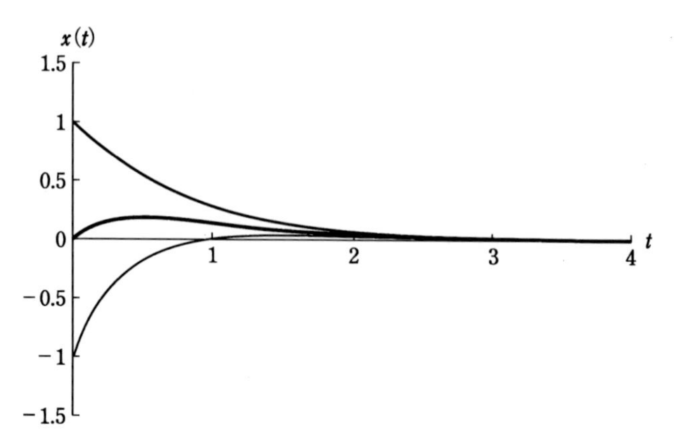

図 2.13　臨界減衰の場合の運動

表 1.1 より，

$$x = e^{-\zeta\omega_n t}\left(C_1 \cos\sqrt{1-\zeta^2}\,\omega_n t + C_2 \sin\sqrt{1-\zeta^2}\,\omega_n t\right) \tag{2.67}$$

$t = 0$ のときに $x = x_0$，$\dot{x} = v_0$ とすると，

$$\begin{aligned}\dot{x} &= -\zeta\omega_n e^{-\zeta\omega_n t}\left(C_1 \cos\sqrt{1-\zeta^2}\,\omega_n t + C_2 \sin\sqrt{1-\zeta^2}\,\omega_n t\right)\\ &\quad + e^{-\zeta\omega_n t}\sqrt{1-\zeta^2}\,\omega_n\left(-C_1 \sin\sqrt{1-\zeta^2}\,\omega_n t + C_2 \cos\sqrt{1-\zeta^2}\,\omega_n t\right)\end{aligned} \tag{2.68}$$

であるから，

$$\left.\begin{aligned} C_1 &= x_0 \\ C_2 &= \frac{v_0 + \zeta\omega_n x_0}{\sqrt{1-\zeta^2}\,\omega_n}\end{aligned}\right\} \tag{2.69}$$

である．また，式 (2.67) は，

$$\begin{aligned} x &= e^{-\zeta\omega_n t}\sqrt{C_1{}^2 + C_2{}^2}\cos\left(\sqrt{1-\zeta^2}\,\omega_n t - \phi\right)\\ &= De^{-\zeta\omega_n t}\cos\left(\sqrt{1-\zeta^2}\,\omega_n t - \phi\right)\end{aligned} \tag{2.70}$$

ここで，

$$\left.\begin{aligned} D &= \sqrt{\frac{x_0{}^2\omega_n^2 + v_0{}^2 + 2\zeta\omega_n v_0 x_0}{(1-\zeta^2)\omega_n^2}} \\ \phi &= \tan^{-1}\frac{v_0 + \zeta\omega_n x_0}{x_0\sqrt{1-\zeta^2}\,\omega_n}\end{aligned}\right\} \tag{2.71}$$

この場合に，固有円振動数は減衰がない場合と比較してやや低くなり，

$$\omega_d = \sqrt{1-\zeta^2}\,\omega_n \tag{2.72}$$

となる．ω_d を減衰固有円振動数（damped natural circular frequency）とよぶ．さらに，減衰固有振動数（damped natural frequency）f_d および減衰固有周期（damped natural period）T_d は次式で与えられる．

$$f_d = \frac{\omega_d}{2\pi} = \frac{\sqrt{1-\zeta^2}\,\omega_n}{2\pi}$$

$$T_d = \frac{1}{f_d} = \frac{2\pi}{\omega_d} = \frac{2\pi}{\sqrt{1-\zeta^2}\,\omega_n}$$

式 (2.70) はやや複雑な形をしているが，D は定数であるので，次式で示される X_1 と X_2 の積と考えてよい．

$$\left.\begin{aligned} X_1 &= e^{-\zeta\omega_n t} \\ X_2 &= \cos\left(\sqrt{1-\zeta^2}\,\omega_n t - \phi\right) \end{aligned}\right\} \tag{2.73}$$

図 2.14 に示すように X_1 は時間の経過とともに 0 に近づき，X_2 は円振動数が式 (2.72) で表される図 2.3 と同様な波形となる．したがって，両者の積である式 (2.70) の x は時間とともに小さくなる（減衰する）波形となる．

2.2.2　自由振動による減衰比の求め方

図 2.14 に示す x の波形を用いて減衰比を求めることができる．次式で示される隣り合う振幅の比の対数（e を底とする自然対数）を対数減衰率（logarithmic decrement）という．

$$\delta = \log_e \frac{x_1}{x_2} \tag{2.74}$$

一般に，工学では $\log_e$ を log と書く．したがって，式 (2.74) に式 (2.70) を代入すると，

$$\log\frac{x_1}{x_2} = \log\frac{De^{-\zeta\omega_n t_1}\cos\left(\sqrt{1-\zeta^2}\,\omega_n t_1 - \phi\right)}{De^{-\zeta\omega_n t_2}\cos\left(\sqrt{1-\zeta^2}\,\omega_n t_2 - \phi\right)} \tag{2.75}$$

ここで，$\cos(\sqrt{1-\zeta^2}\,\omega_n t_1 - \phi)$ と $\cos(\sqrt{1-\zeta^2}\,\omega_n t_2 - \phi)$ は 1 周期離れた点での値であるので，両者は等しい．したがって，

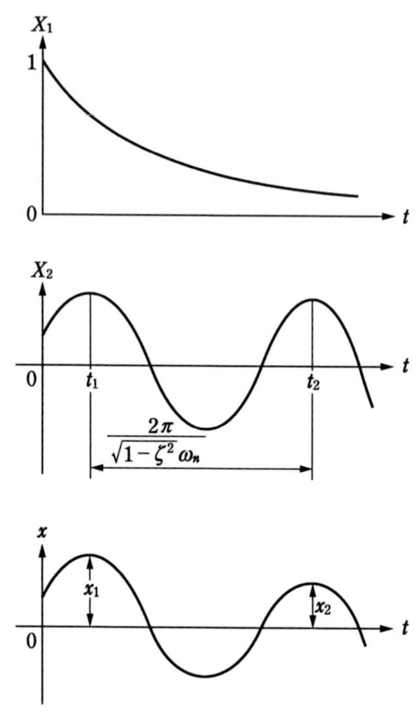

図 2.14　減衰振動波形

$$\delta = \log\frac{x_1}{x_2} = \log\frac{e^{-\zeta\omega_n t_1}}{e^{-\zeta\omega_n t_2}} = \log e^{\zeta\omega_n(t_2-t_1)} \tag{2.76}$$

式 (2.76) の t_2-t_1 は 1 周期の時間であり，$T_d = \frac{2\pi}{\sqrt{1-\zeta^2}\,\omega_n}$ に等しい．したがって，式 (2.76) から，

$$\delta = \log e^{\zeta\omega_n \frac{2\pi}{\sqrt{1-\zeta^2}\,\omega_n}} = \frac{2\pi\zeta}{\sqrt{1-\zeta^2}} \tag{2.77}$$

一般に ζ は 1 と比較して十分に小さい（このことを $\zeta \ll 1$ と書く）ので，分母は 1 とみなせる．したがって，

$$\delta = 2\pi\zeta \tag{2.78}$$

式 (2.76) と式 (2.78) から，減衰比 ζ は，

$$\zeta = \frac{\log \dfrac{x_1}{x_2}}{2\pi} \tag{2.79}$$

実際には x_1 と x_2 の差が小さいので，何周期か離れた振幅の比をとることが多い．**図 2.15** に示すように，n 周期離れた点における振幅比をとったほうがよいことが多い．その場合には，隣り合う振幅に対して式 (2.79) が成り立つ．したがって，式 (2.79) から，

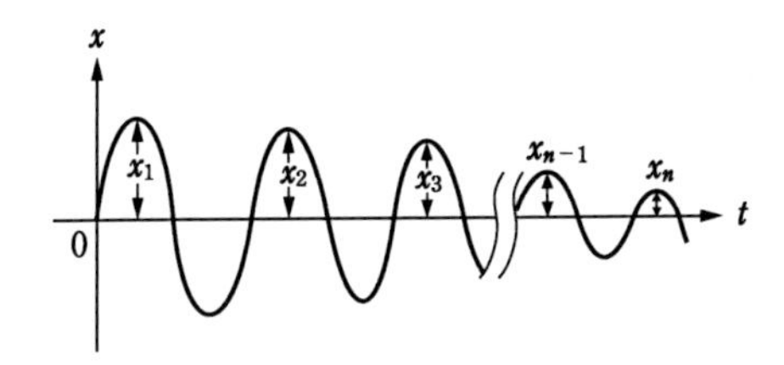

図 2.15　n 周期離れた点の振幅

$$\left.\begin{aligned} \frac{x_1}{x_2} &= e^{2\pi\zeta} \\ \frac{x_2}{x_3} &= e^{2\pi\zeta} \\ &\vdots \\ \frac{x_n}{x_{n+1}} &= e^{2\pi\zeta} \end{aligned}\right\} \tag{2.80}$$

式 (2.80) の両辺を掛けると，

$$\frac{x_1}{x_2}\frac{x_2}{x_3}\cdots\frac{x_n}{x_{n+1}} = (e^{2\pi\zeta})^n \tag{2.81}$$

式 (2.81) を整理すると，

$$\frac{x_1}{x_{n+1}} = e^{2\pi\zeta n} \tag{2.82}$$

両辺の対数をとると，

$$\log \frac{x_1}{x_{n+1}} = \log e^{2\pi\zeta n} = 2\pi\zeta n \tag{2.83}$$

したがって，式 (2.83) から，

$$\zeta = \frac{\log \dfrac{x_1}{x_{n+1}}}{2\pi n} \tag{2.84}$$

例題 2.6　図 2.11(b) に示す 1 自由度系で質量 m が 10 kg，ばね定数 k が 1.5×10^3 N/m であるときの臨界減衰係数を求めよ．

解

式 (2.55) から，

$$c = 2\sqrt{10 \times 1.5 \times 10^3} = 122 \text{ N·s/m}$$

例題 2.7　10 周期で振幅が 55％減少した．この場合の減衰比を求めよ．

解

式 (2.84) で $n=10$，$x_1/x_{11} = 1/(1-0.55) = 1/0.45$ であるから，

$$\zeta = \frac{\log \dfrac{1}{0.45}}{2\pi \times 10} = 0.013$$

(注意) 電卓を使って log の計算をする場合には [ln] のキーを押さなければならない．[log] のキーを押すと $\log_{10}$ の計算をすることになる．

コラム

振動の計算に用いる最も基礎的なモデルである 1 自由度系の振動について述べた．並進運動の場合はばねと錘からなる系，回転運動の場合には振り子がある．外力を加えないで振動するときの振動数が固有振動数である．固有円振動数，固有振動数，固有周期は関連があり，どれか 1 つが求まれば，他のものも求まる．減衰のある 1 自由度系では，経験を積まないとここに示したような綺麗な減衰振動波形が得られることが少ない．実験などではできるだけ綺麗な波形がとれるように工夫してほしい．

第2章で学んだこと

○運動方程式

質量×加速度＝力

○振幅・位相角

○固有円振動数　$\omega_n = \sqrt{\dfrac{k}{m}} = \sqrt{\dfrac{g}{x_{st}}}$〔rad/s〕

m：質量，k：ばね定数，x_{st}：おもりをつるしたときのばねの伸び，

g：重力加速度

○固有振動数　$f_n = \dfrac{\omega_n}{2\pi}$〔Hz〕

○固有周期　$T_n = \dfrac{1}{f_n} = \dfrac{2\pi}{\omega_n}$〔s〕

○単振り子　固有円振動数　$\omega_n = \sqrt{\dfrac{g}{l}}$〔rad/s〕　l：糸の長さ

○物理振り子　固有円振動数　$\omega_n = \sqrt{\dfrac{mgh}{I_O}}$〔rad/s〕

I_O：回転中心回りの慣性モーメント，h：回転中心と重心の距離

○減衰比　$\zeta = \dfrac{c}{c_c} = \dfrac{c}{2\sqrt{mk}}$　c：減衰係数，c_c：臨界減衰係数$= 2\sqrt{mk}$

○過減衰：$\zeta > 1$，臨界減衰：$\zeta = 1$

○対数減衰率　$\delta = \log\dfrac{x_1}{x_2} = 2\pi\zeta$　　$\dfrac{x_1}{x_2}$：隣り合う振幅の比

$$\zeta = \frac{\log\dfrac{x_1}{x_{n+1}}}{2\pi n}$$　x_{n+1}：n周期後の振幅

第2章　演習問題

1. **問題図 2.1** に示す1自由度系で，$m = 5$ kg，$k = 1\,000$ N/m のときの固有円振動数，固有振動数および固有周期を求めよ．

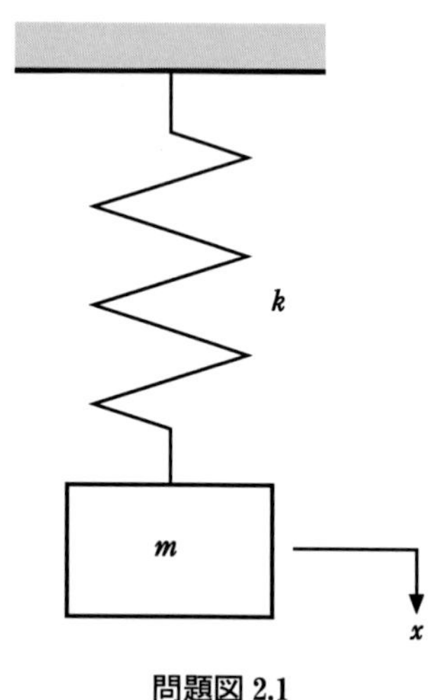

問題図 2.1

2. **問題図 2.2** に示す棒の先端におもりがあり，棒の途中がばねで支持されている場合の固有円振動数を求めよ．ただし，θ は小さいものとする．

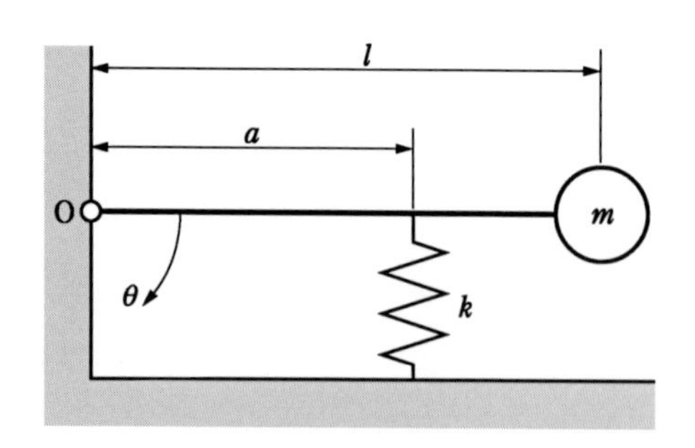

問題図 2.2

3. **問題図 2.3** に示す1自由度系で質量 m が 20 kg，減衰係数 c が 500 N·s/m，ばね定数 k が 3×10^6 N/m であるとする．このときの減衰比，固有円振動数，減衰固有円振動数を求めよ.

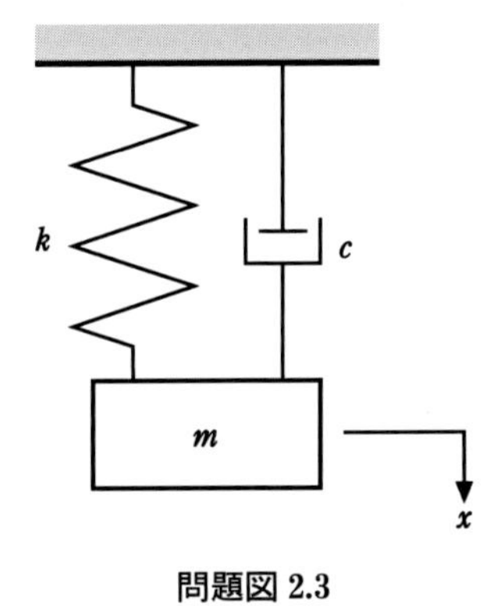

問題図 2.3

第 3 章

1 自由度系の強制振動

物体の外部から入力を受けて起こる振動を強制振動（forced vibration）とよぶ．ここでは，正弦波のような規則的な入力を受ける 1 自由度系の振動について述べる．外部からの入力には，物体に直接作用するものと，物体の基礎部に作用するものがある．それぞれの場合の振動について述べる．

3.1　力による励振を受ける 1 自由度系

図 3.1 に示すように，質点に $F_0 \sin \omega t$ で表される外力を受ける 1 自由度系

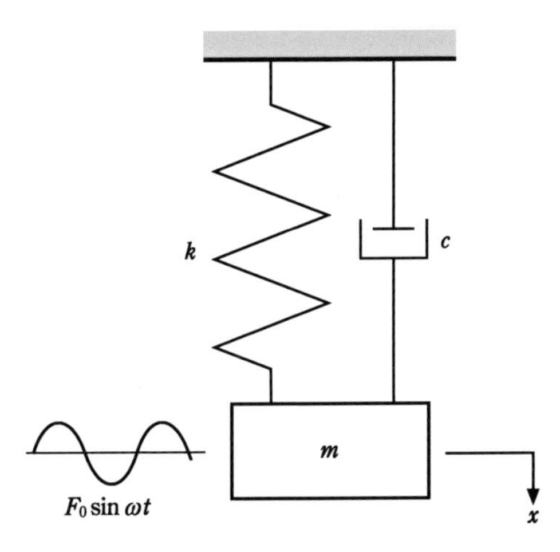

図 3.1　力による励振を受ける 1 自由度系

の振動を求める．この場合の運動方程式は，式 (2.51) の右辺に外力を表す項を加えることによって得られ，次式のようになる．

$$m\ddot{x}+c\dot{x}+kx=F_0\sin\omega t \tag{3.1}$$

両辺を m で割ると，

$$\ddot{x}+2\zeta\omega_n\dot{x}+\omega_n^2x=\frac{F_0}{m}\sin\omega t \tag{3.2}$$

この運動方程式の解は次のように 2 つの解の和になる．

$$x=x_c+x_s \tag{3.3}$$

x_c は右辺が 0 のときの解で，式(2.70) で与えられる．x_c は $t\to\infty$ のときに 0 となる．x_c を過渡振動 (transient vibration) という．一方 x_s は特解とよばれる．x_s は右辺の関数によって異なる．この解は，外力を受ける限り続く振動を表し，定常振動 (steady-state vibration) とよばれる．

x_c は式 (2.70) で与えられるから，ここでは定常振動 x_s に着目する．右辺が式 (3.2) で与えられる場合には，x_s は次式のようになることが知られている．

$$x_s=A\cos\omega t+B\sin\omega t \tag{3.4}$$

式 (3.4) を t で微分すると，

$$\dot{x}_s=-\omega A\sin\omega t+\omega B\cos\omega t \tag{3.5}$$

式 (3.5) を t で微分すると，

$$\ddot{x}_s=-\omega^2A\cos\omega t-\omega^2B\sin\omega t \tag{3.6}$$

x_c も x_s も式 (3.2) の解であるから，式 (3.4)，式 (3.5) および式 (3.6) をそれぞれ式 (3.2) の x，$\dot{x}$ および $\ddot{x}$ に代入しても式 (3.2) が成り立つ．したがって，

$$\begin{aligned}&-\omega^2A\cos\omega t-\omega^2B\sin\omega t-2\zeta\omega_n\omega A\sin\omega t+2\zeta\omega_n\omega B\cos\omega t\\&+\omega_n^2A\cos\omega t+\omega_n^2B\sin\omega t\\&=\{(\omega_n^2-\omega^2)A+2\zeta\omega_n\omega B\}\cos\omega t+\{-2\zeta\omega_n\omega A+(\omega_n^2-\omega^2)B\}\sin\omega t\\&=\frac{F_0}{m}\sin\omega t\end{aligned} \tag{3.7}$$

式 (3.7) は恒等式であるから，両辺の $\sin\omega t$ と $\cos\omega t$ の係数が等しくなければならない．したがって，次の連立方程式が成り立つ．

$$\left.\begin{aligned}(\omega_n{}^2-\omega^2)A+2\zeta\omega_n\omega B&=0\\-2\zeta\omega_n\omega A+(\omega_n{}^2-\omega^2)B&=\frac{F_0}{m}\end{aligned}\right\}\tag{3.8}$$

式 (3.8) を解くと,

$$\left.\begin{aligned}A&=\frac{-2\zeta\omega_n\omega}{(\omega_n{}^2-\omega^2)^2+(2\zeta\omega_n\omega)^2}\frac{F_0}{m}\\B&=\frac{(\omega_n{}^2-\omega^2)}{(\omega_n{}^2-\omega^2)^2+(2\zeta\omega_n\omega)^2}\frac{F_0}{m}\end{aligned}\right\}\tag{3.9}$$

式 (3.4) を次式のように書く.

$$\begin{aligned}x_s&=A\cos\omega t+B\sin\omega t\\&=\sqrt{A^2+B^2}\left(\frac{B}{\sqrt{A^2+B^2}}\sin\omega t+\frac{A}{\sqrt{A^2+B^2}}\cos\omega t\right)\\&=X\sin(\omega t+\phi)\end{aligned}\tag{3.10}$$

X および ϕ は次式で与えられる.

$$\left.\begin{aligned}X&=\frac{1}{\sqrt{(\omega_n{}^2-\omega^2)^2+(2\zeta\omega_n\omega)^2}}\frac{F_0}{m}\\\phi&=\tan^{-1}\frac{A}{B}=\tan^{-1}\left(\frac{-2\zeta\omega_n\omega}{\omega_n{}^2-\omega^2}\right)=-\tan^{-1}\left(\frac{2\zeta\omega_n\omega}{\omega_n{}^2-\omega^2}\right)\end{aligned}\right\}\tag{3.11}$$

式 (3.11) の分母と分子を k で割ると,

$$\begin{aligned}X&=\frac{1}{\sqrt{(\omega_n{}^2-\omega^2)^2+(2\zeta\omega_n\omega)^2}}\frac{F_0/k}{m/k}\\&=\frac{\omega_n{}^2}{\sqrt{(\omega_n{}^2-\omega^2)^2+(2\zeta\omega_n\omega)^2}}X_{st}\end{aligned}\tag{3.12}$$

ここで,

$$X_{st}=\frac{F_0}{k}\tag{3.13}$$

は, F_0 の力が静的に作用した場合のばねの伸び(または縮み)を表す. 式 (3.12) および式 (3.11) の第2式を変形すると,

$$
\left.\begin{aligned}
\frac{X}{X_{st}} &= \frac{1}{\sqrt{\left\{1-\left(\dfrac{\omega}{\omega_n}\right)^2\right\}^2+\left(2\zeta\dfrac{\omega}{\omega_n}\right)^2}} \\
\phi &= -\tan^{-1}\left\{\frac{2\zeta\dfrac{\omega}{\omega_n}}{1-\left(\dfrac{\omega}{\omega_n}\right)^2}\right\}
\end{aligned}\right\} \tag{3.14}
$$

X/X_{st} を振幅倍率 (magnification factor) とよぶ.

式 (3.14) の第1式および第2式を図示すると，それぞれ図 **3.2** (a) および (b) のようになる．図 3.2 (a) および (b) をそれぞれ共振曲線 (resonance

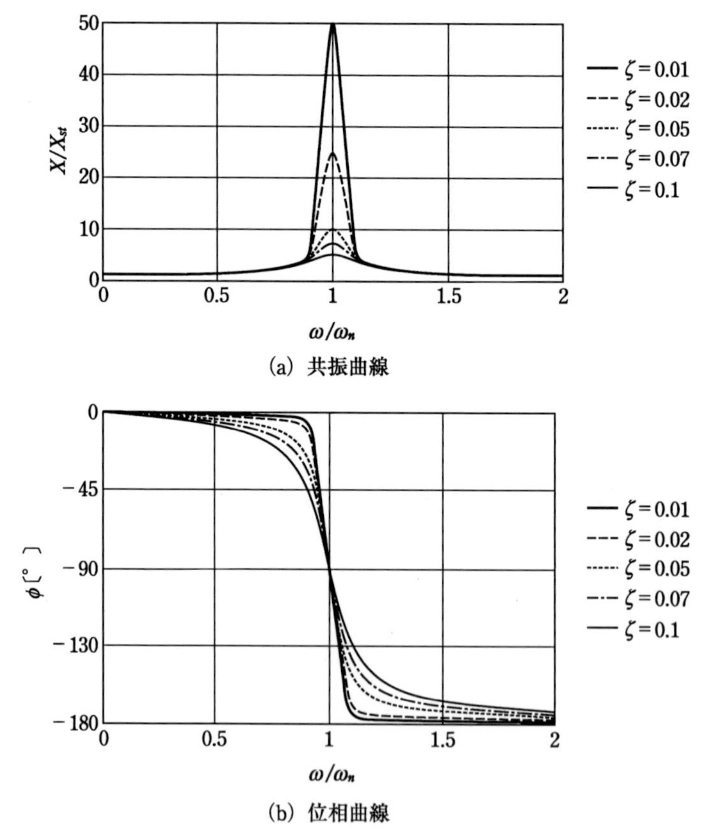

(a) 共振曲線

(b) 位相曲線

図 3.2　力による励振を受ける1自由度系の共振曲線と位相曲線

curve) および位相曲線とよぶ．

共振曲線がピークをもつ振動数比を求めるためには，式 (3.14) の第1式を ω/ω_n で微分して0とおくと，

$$\frac{-\dfrac{1}{2}\left[-4\left\{1-\left(\dfrac{\omega}{\omega_n}\right)^2\right\}\left(\dfrac{\omega}{\omega_n}\right)+4\zeta\left(2\zeta\dfrac{\omega}{\omega_n}\right)\right]}{\left[\left\{1-\left(\dfrac{\omega}{\omega_n}\right)^2\right\}^2+\left(2\zeta\dfrac{\omega}{\omega_n}\right)^2\right]\sqrt{\left\{1-\left(\dfrac{\omega}{\omega_n}\right)^2\right\}^2+\left(2\zeta\dfrac{\omega}{\omega_n}\right)^2}}=0$$

$$-4\left\{1-\left(\frac{\omega}{\omega_n}\right)^2\right\}+8\zeta^2=0$$

$$1-\left(\frac{\omega}{\omega_n}\right)^2=2\zeta^2$$

$$\frac{\omega}{\omega_n}=\sqrt{1-2\zeta^2} \tag{3.15}$$

したがって，ζ が小さいときには共振曲線は $\omega/\omega_n=1$ でピークをもつ．ζ が大きくなると，ピークは $\omega/\omega_n<1$ となる領域になり，ζ が大きいほど $\omega/\omega_n=1$ から離れる．しかしながら，機械構造物の ζ は一般に小さいので，共振曲線は $\omega/\omega_n=1$ でピークをもつと考えてよい．

例題 3.1　減衰比 ζ が 0.01，入力の円振動数と固有円振動数の比 ω/ω_n が次の条件のときの振幅倍率と位相角を求めよ．

(1)　$\omega/\omega_n=0.9$　　(2)　$\omega/\omega_n=1.1$

解

(1)　式 (3.14) から，振幅倍率は，

$$\frac{X}{X_{st}}=\frac{1}{\sqrt{\{1-0.9^2\}^2+(2\times0.01\times0.9)^2}}=5.24$$

位相角は，

$$\phi=-\tan^{-1}\left\{\frac{2\times0.01\times0.9}{1-0.9^2}\right\}=-5.4^\circ$$

(2)　式 (3.14) から，振幅倍率は，

$$\frac{X}{X_{st}}=\frac{1}{\sqrt{\{1-1.2^2\}^2+(2\times0.01\times1.2)^2}}=2.27$$

位相角は,

$$\phi=-\tan^{-1}\left\{\frac{2\times0.01\times1.1}{1-1.1^2}\right\}=-174°$$

(注意)　(2) で単純に $\tan^{-1}$ を計算すると, $-6.0°$ となる. したがって, $\phi=6.0°$ となるが, これは図 3.2 (b) からもわかるように間違いである. $\tan^{-1}$ を計算する際には分子と分母の符号を考えなければならない. すなわち, **図 3.3** のように x 軸と y 軸をとると,

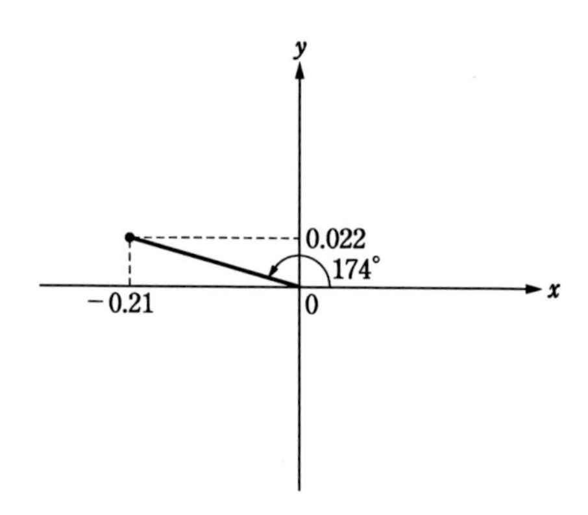

図 3.3　位相角のとり方

$$\tan\phi=\frac{y}{x}$$

となる. (2) の例では,

$$\phi=-\tan^{-1}\left(\frac{2\times0.01\times1.1}{1-1.1^2}\right)=-\tan^{-1}\left(\frac{0.022}{-0.21}\right)$$

であるから $x<0$, $y>0$ となり, 第2象限で考えなければならない. 単純に $\tan^{-1}$ を計算して得られた $-6.0°$ は 180° から時計回りに 6.0° のところの角度を表している. したがって,

$$\phi=-(180°-6.0°)=-174°$$

としなければならない.

例題 3.2　図 3.1 に示す 1 自由度系で, 質量が 10 kg, ばね定数が 3×10^5 N/m, 減衰比が 0.05 であるときに, 入力の振幅が 100 N, 入力の振動数が 30 Hz

の外力を受けたときの定常応答の変位振幅および位相角を求めよ．また，速度振幅，加速度振幅を求めよ．

解

固有円振動数は，

$$\omega_n = \sqrt{\frac{3\times10^5}{10}} \fallingdotseq 173\,\mathrm{rad/s}$$

入力の円振動数は，

$$\omega = 2\pi\times30 \fallingdotseq 188\,\mathrm{rad/s}$$

したがって，定常応答の変位振幅は式 (3.11) の第1式から，

$$X = \frac{1}{\sqrt{(173^2-188^2)^2+(2\times0.05\times173\times188)^2}}\times\frac{100}{10} = 1.58\times10^{-3}\,\mathrm{m}$$

位相角は式 (3.11) の第2式から，

$$\phi = -\tan^{-1}\left(\frac{2\times0.05\times173\times188}{173^2-188^2}\right) = -149.0^\circ$$

式 (3.10) から，

$$\dot{x}_s = \omega X\cos(\omega t+\phi)$$

速度振幅は ωX であるから，

$$\omega X = 188\times1.58\times10^{-3} = 0.297\,\mathrm{m/s}$$

さらに，

$$\ddot{x}_s = -\omega^2 X\sin(\omega t+\phi)$$

加速度振幅は $\omega^2 X$ であるから，

$$\omega^2 X = 188^2\times1.58\times10^{-3} = 55.8\,\mathrm{m/s^2}$$

3.2 変位による励振を受ける1自由度系

図 3.4 に示すように，基礎に $y = Y\sin\omega t$ で表される変位による入力を受ける1自由度系の振動を求める．この場合の運動方程式は，まず図 3.4 (b) に示すように基礎を固定して，図 2.1 の変位に示された方向（下方向）に質点を x

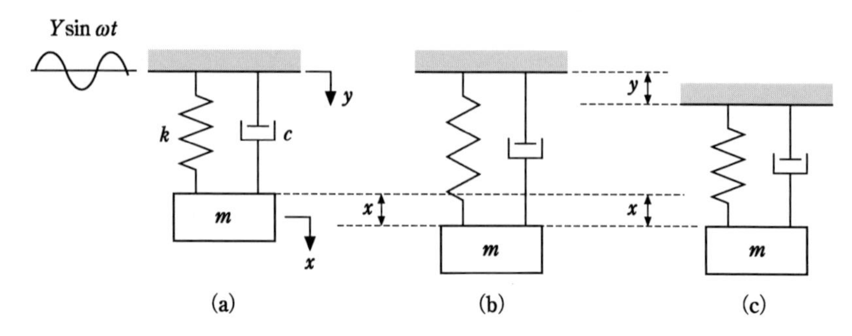

図 3.4　変位による励振を受ける1自由度系

だけ移動した場合を考える．この場合には，ばねは x だけ伸びて，運動方程式は式 (2.51) になる．すなわち，

$$m\ddot{x}+c\dot{x}+kx=0$$

一方，**図 3.4** (c) に示すように基礎も y だけ移動する．したがって，ばねの伸びが y だけ減少する．さらに速度についても同様のことがいえる．したがって，運動方程式は，

$$m\ddot{x}+c(\dot{x}-\dot{y})+k(x-y)=0 \tag{3.16}$$

両辺を m で割り，入力の項を右辺に移項すると，

$$\ddot{x}+2\zeta\omega_n\dot{x}+\omega_n^2x=2\zeta\omega_n\dot{y}+\omega_n^2y \tag{3.17}$$

入力が $y=Y\sin\omega t$ であることから，入力の速度は $\dot{y}=\omega Y\cos\omega t$ となる．

したがって，式 (3.17) は，

$$\ddot{x}+2\zeta\omega_n\dot{x}+\omega_n^2x=2\zeta\omega_n\omega Y\cos\omega t+\omega_n^2Y\sin\omega t \tag{3.18}$$

この運動方程式の解は，力による入力の場合と同様に，次のように2つの解の和になる．

$$x=x_c+x_s \tag{3.19}$$

x_c は右辺が0のときの解で，式 (2.70) で与えられる．定常振動 x_s に着目すると，右辺が式 (3.17) で与えられる場合には，x_s は次式のようになることが知られている．

$$x_s=A\cos\omega t+B\sin\omega t \tag{3.20}$$

式 (3.20) を t で微分すると，

$$\dot{x}_s = -\omega A \sin \omega t + \omega B \cos \omega t \tag{3.21}$$

式 (3.21) を t で微分すると,

$$\ddot{x}_s = -\omega^2 A \cos \omega t - \omega^2 B \sin \omega t \tag{3.22}$$

x_c も x_s も式 (3.17) の解であるから, 式 (3.20), 式 (3.21) および式 (3.22) をそれぞれ式 (3.17) の x, $\dot{x}$ および $\ddot{x}$ に代入しても式 (3.17) が成り立つ. したがって,

$$\begin{aligned}
&-\omega^2 A \cos \omega t - \omega^2 B \sin \omega t - 2\zeta\omega_n \omega A \sin \omega t + 2\zeta\omega_n \omega B \cos \omega t \\
&+\omega_n^2 A \cos \omega t + \omega_n^2 B \sin \omega t \\
&= \{(\omega_n^2 - \omega^2)A + 2\zeta\omega_n \omega B\} \cos \omega t + \{-2\zeta\omega_n \omega A + (\omega_n^2 - \omega^2)B\} \sin \omega t \\
&= 2\zeta\omega_n \omega Y \cos \omega t + \omega_n^2 Y \sin \omega t
\end{aligned} \tag{3.23}$$

式 (3.23) は恒等式であるから, 両辺の $\sin \omega t$ と $\cos \omega t$ の係数が等しくなければならない. したがって, 次の連立方程式が成り立つ.

$$\left.\begin{aligned}
(\omega_n^2 - \omega^2)A + 2\zeta\omega_n \omega B &= 2\zeta\omega_n \omega Y \\
-2\zeta\omega_n \omega A + (\omega_n^2 - \omega^2)B &= \omega_n^2 Y
\end{aligned}\right\} \tag{3.24}$$

式 (3.24) を解くと,

$$\left.\begin{aligned}
A &= \frac{2\zeta\omega_n \omega(\omega_n^2 - \omega^2) - 2\zeta\omega_n^3 \omega}{(\omega_n^2 - \omega^2)^2 + (2\zeta\omega_n \omega)^2} Y \\
&= \frac{-2\zeta\omega_n \omega^3}{(\omega_n^2 - \omega^2)^2 + (2\zeta\omega_n \omega)^2} Y \\
B &= \frac{(\omega_n^2 - \omega^2)\omega_n^2 + (2\zeta\omega_n \omega)^2}{(\omega_n^2 - \omega^2)^2 + (2\zeta\omega_n \omega)^2} Y
\end{aligned}\right\} \tag{3.25}$$

式 (3.20) を次式のように書く.

$$\begin{aligned}
x_s &= A \cos \omega t + B \sin \omega t \\
&= \sqrt{A^2 + B^2} \left(\frac{B}{\sqrt{A^2 + B^2}} \sin \omega t + \frac{A}{\sqrt{A^2 + B^2}} \cos \omega t \right) \\
&= X \sin(\omega t + \phi)
\end{aligned} \tag{3.26}$$

X および ϕ は次式で与えられる.

$$X = \frac{\sqrt{(2\zeta\omega_n \omega^3)^2 + (\omega_n^2 - \omega^2)^2 \omega_n^4 + 2(2\zeta\omega_n \omega)^2 (\omega_n^2 - \omega^2)\omega_n^2 + (2\zeta\omega_n \omega)^4}}{(\omega_n^2 - \omega^2)^2 + (2\zeta\omega_n \omega)^2} Y$$

$$= \frac{\sqrt{(2\zeta\omega_n\omega)^2\{\omega^4+\omega_n^4-2\omega^2\omega_n^2+(2\zeta\omega_n\omega)^2\}+\omega_n^4\{(\omega_n^2-\omega^2)^2+(2\zeta\omega_n\omega)^2\}}}{(\omega_n^2-\omega^2)^2+(2\zeta\omega_n\omega)^2}Y$$

$$= \frac{\sqrt{(2\zeta\omega_n\omega)^2\{(\omega_n^2-\omega^2)^2+(2\zeta\omega_n\omega)^2\}+\omega_n^4\{(\omega_n^2-\omega^2)^2+(2\zeta\omega_n\omega)^2\}}}{(\omega_n^2-\omega^2)^2+(2\zeta\omega_n\omega)^2}Y$$

$$= \frac{\sqrt{\{(\omega_n^2-\omega^2)^2+(2\zeta\omega_n\omega)^2\}\{\omega_n^4+(2\zeta\omega_n\omega)^2\}}}{(\omega_n^2-\omega^2)^2+(2\zeta\omega_n\omega)^2}Y$$

$$= \sqrt{\frac{\omega_n^4+(2\zeta\omega_n\omega)^2}{(\omega_n^2-\omega^2)^2+(2\zeta\omega_n\omega)^2}}Y$$

$$\phi = \tan^{-1}\frac{A}{B} = \tan^{-1}\left\{\frac{-2\zeta\omega_n\omega^3}{(\omega_n^2-\omega^2)\omega_n^2+(2\zeta\omega_n\omega)^2}\right\}$$

$$= -\tan^{-1}\left\{\frac{2\zeta\omega_n\omega^3}{(\omega_n^2-\omega^2)\omega_n^2+(2\zeta\omega_n\omega)^2}\right\} \tag{3.27}$$

式(3.27)の第1式の$\sqrt{\quad}$内および第2式の分母と分子をω_n^4で割ると，

$$\left.\begin{aligned} \frac{X}{Y} &= \sqrt{\frac{1+\left(2\zeta\dfrac{\omega}{\omega_n}\right)^2}{\left\{1-\left(\dfrac{\omega}{\omega_n}\right)^2\right\}^2+\left(2\zeta\dfrac{\omega}{\omega_n}\right)^2}} \\ \phi &= -\tan^{-1}\left\{\frac{2\zeta\left(\dfrac{\omega}{\omega_n}\right)^3}{1-\left(\dfrac{\omega}{\omega_n}\right)^2+\left(2\zeta\dfrac{\omega}{\omega_n}\right)^2}\right\} \end{aligned}\right\} \tag{3.28}$$

式(3.28)の第1式および第2式を図示すると，それぞれ**図3.5**(a)および(b)のようになる．図3.5(a)および(b)をそれぞれ共振曲線および位相曲線とよぶ．なお，減衰比の影響がよくわかるよう，(b)は(a)よりζの値を大きくした．

ζが小さいときには共振曲線は$\omega/\omega_n=1$でピークをもつ．ζが大きくなると，ピークは$\omega/\omega_n<1$となる領域になり，ζが大きいほど$\omega/\omega_n=1$から離れる．しかしながら，機械構造物のζは一般に小さいので，共振曲線は$\omega/\omega_n=1$でピークをもつと考えてよい．

図3.5(c)に，共振曲線に及ぼす減衰比の影響を示す．この図は(b)同様大きい減衰比について示した．ω/ω_nが$\sqrt{2}$より小さい領域では，減衰比が大きいほどX/Yが小さいが，ω/ω_nが$\sqrt{2}$より大きい領域では逆の関係となる．

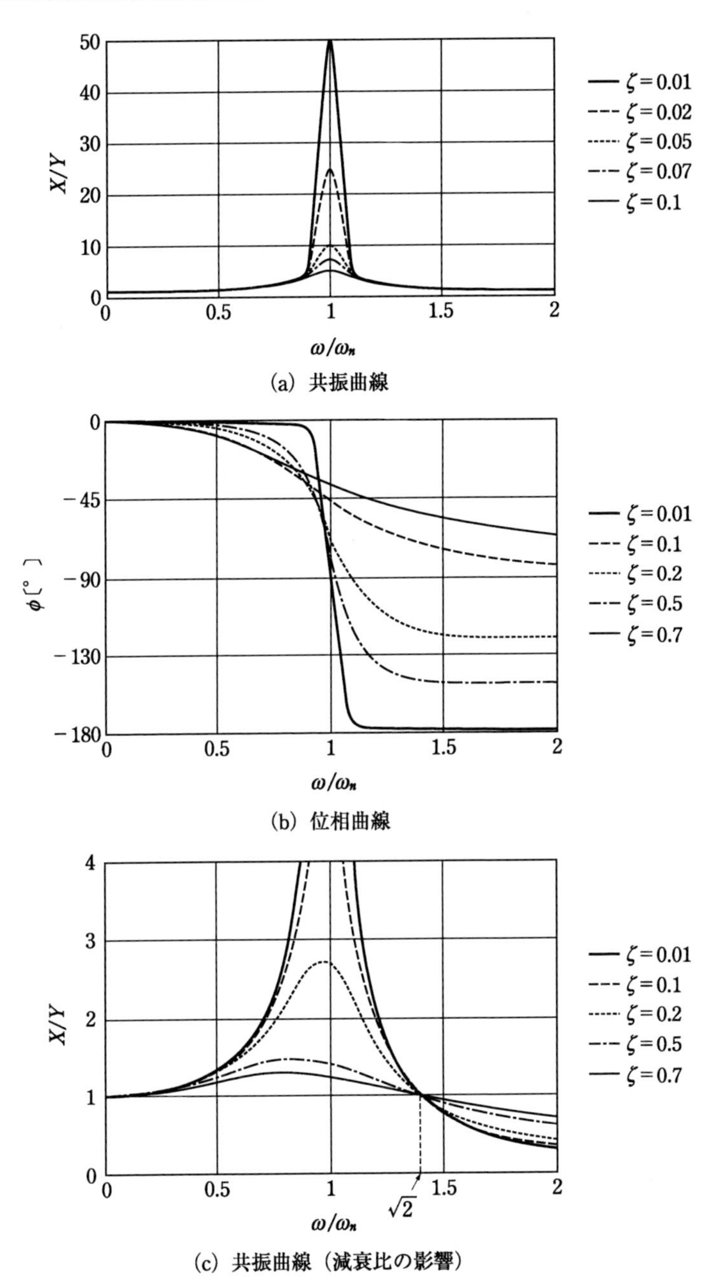

図 3.5　変位による励振を受ける1自由度系の共振曲線と位相曲線

3.3　半パワー法による減衰比の測定

共振曲線から減衰比を求める方法を示す．力入力を受ける1自由度の共振曲線のピーク付近(図3.2 (a)のピーク付近)を拡大した図を**図3.6**に示す．ピークの振幅倍率を a とする．振幅倍率が $a/\sqrt{2}$ であるときの入力の円振動数と固有円振動数の比 ω/ω_n を $\omega_{\mathrm{I}}/\omega_n$ および $\omega_{\mathrm{II}}/\omega_n$ とする（ただし $\omega_{\mathrm{I}}/\omega_n < \omega_{\mathrm{II}}/\omega_n$）．この場合，次式で表される係数を Q 係数とよぶ．

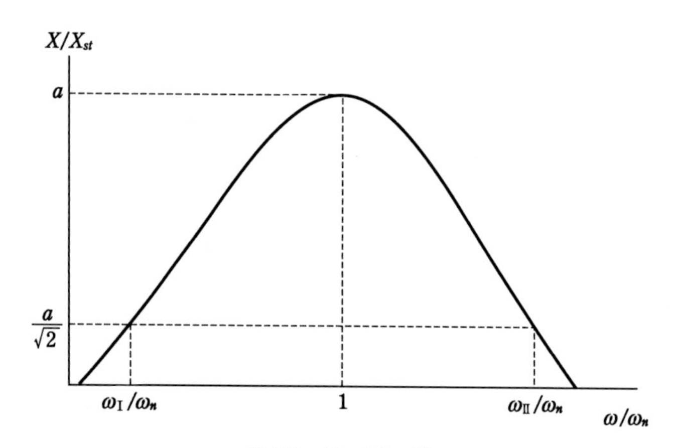

図3.6　半パワー法

$$Q=\frac{1}{\dfrac{\omega_{\mathrm{II}}}{\omega_n}-\dfrac{\omega_{\mathrm{I}}}{\omega_n}}=\frac{\omega_n}{\omega_{\mathrm{II}}-\omega_{\mathrm{I}}} \tag{3.29}$$

$\omega=2\pi f$ の関係を用いると，

$$Q=\frac{1}{\dfrac{f_{\mathrm{II}}}{f_n}-\dfrac{f_{\mathrm{I}}}{f_n}}=\frac{f_n}{f_{\mathrm{II}}-f_{\mathrm{I}}} \tag{3.30}$$

減衰比 ζ が小さいときには，Q 係数と ζ の間に次式が成り立つ．

$$Q=\frac{1}{2\zeta} \tag{3.31}$$

したがって，減衰比は次式から求まる．

$$\zeta=\frac{1}{2Q} \tag{3.32}$$

この式は，変位入力でもよく，縦軸と横軸が無次元量（X/X_{st}，X/Y および ω/ω_n）でなくてもよい．

例題 3.3　共振曲線を測定したところ図 3.7 のようになった．減衰比を求めよ．

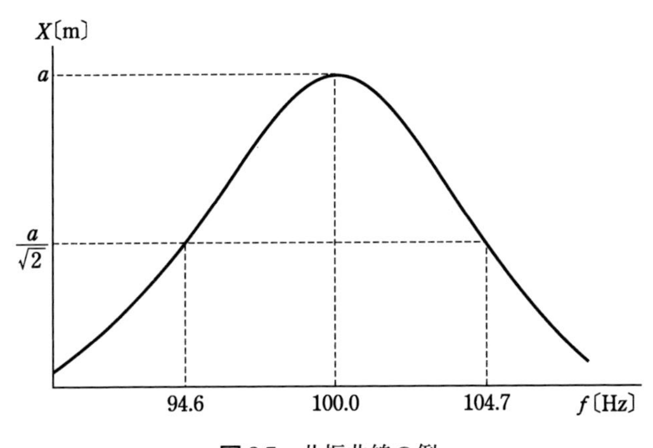

図 3.7　共振曲線の例

解

式 (3.30) から，

$$Q = \frac{100.0}{104.7 - 94.6} = 9.9$$

したがって，式 (3.32) から，

$$\zeta = \frac{1}{2 \times 9.9} = 0.05$$

コラム

正弦波の振幅を一定にして振動数を変えて振動をさせたときに，一番振幅が大きくなる振動数が固有振動数である．減衰比を大きくすると，一般に振幅が小さくなる．ただし，変位入力の場合には入力の振動数が固有振動数の $\sqrt{2}$ 倍以上になると逆転現象が起きる．設計では振幅が大きな役割を果たすが，振動の制御などを考える場合には位相角の情報も重要となる．

第3章で学んだこと

○定常振動

○振幅倍率

○共振曲線

○位相曲線

○半パワー法

第3章　演習問題

1. **問題図 3.1** に示す1自由度系の運動方程式を示し，定常振動応答を求めよ．

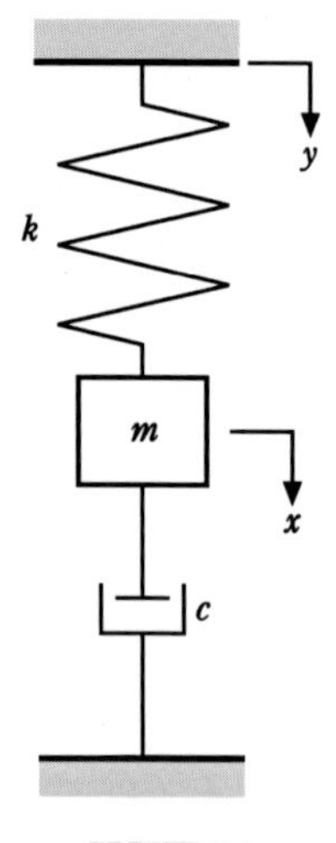

問題図 3.1

2. **問題図 3.2** に示す1自由度系で質量 $m = 10$ kg，減衰係数 $c = 300$ N•s/m，ばね定数 $k = 9 \times 10^5$ N/m，入力の振動数 $f = 60$ Hz，振幅 $F_0 = 1$ kN のときの定常振動応答の振幅と位相角を求めよ．

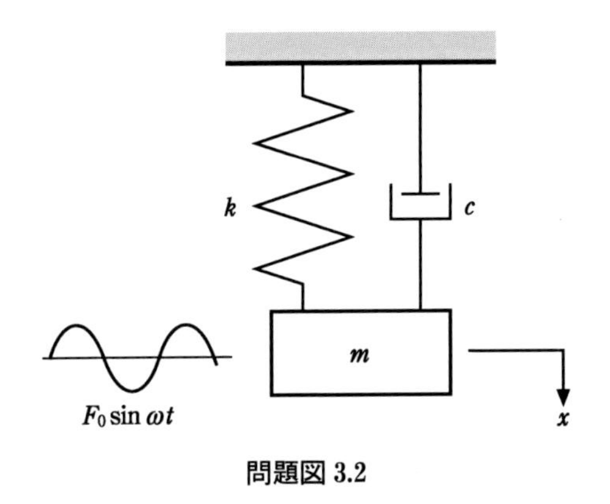

問題図 3.2

3. **問題図 3.3** に示す1自由度系で減衰比 $\zeta = 0.05$，固有振動数 $f_n = 20$ Hz であるとする．定常応答振幅と入力の振幅の比を2以下にしたい場合には入力の振動数がどのような範囲でなければならないか．

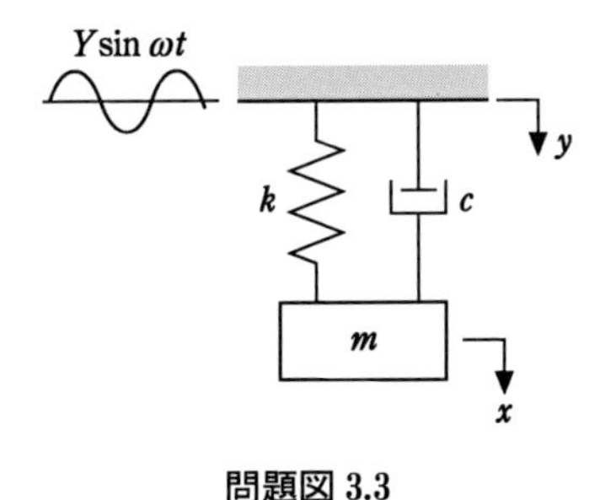

問題図 3.3

4. ピーク付近の共振曲線を求めたところ**問題図 3.4** のようになった．減衰比を求めよ．

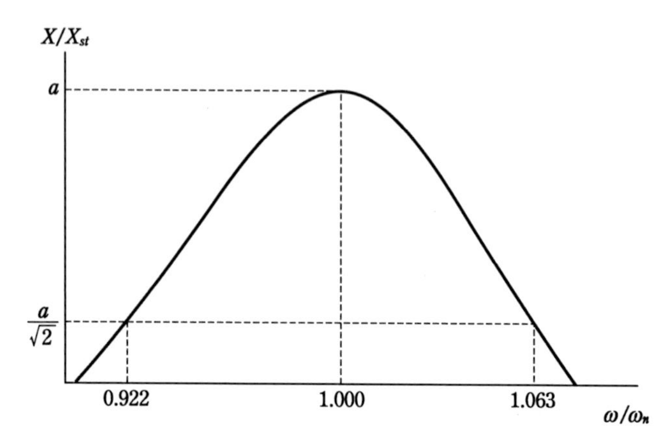

問題図 3.4

第 4 章

衝撃応答

短時間に外部から入力を受けて起こる振動を衝撃応答（impulse response）とよぶ．ここでは，短時間に入力を受ける1自由度系の振動について述べる．さらに，このような振動を利用して，任意の入力を受ける1自由度系の振動の求め方について述べる．たとえば，物体が落下して地面に衝突したときの振動や，爆発による物体の振動，ロケットの打ち上げ時におけるロケットの振動などが衝撃応答の例である．

4.1 インパルス

図 4.1 に示すように，短時間 $\Delta\tau$ に一定の力 F_0 を受ける場合について考える．

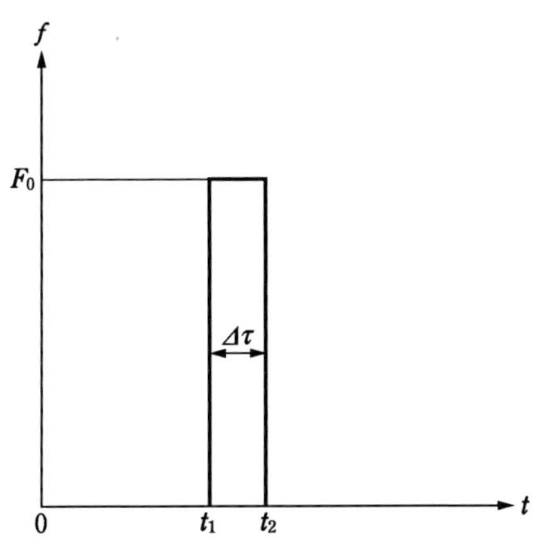

図 4.1 短時間に作用する力

このような短時間の入力を表すものとして，次式で表される力と時間の積である力積（impulse）がある．

$$I_0 = F_0 \varDelta\tau \tag{4.1}$$

図4.1に示すように，力がt_1とt_2の間で作用しているものとすると，力積はこの間の次式で表される質量と速度の積である運動量（momentum）の変化を表す．

$$mv_2 - mv_1 = I_0 \tag{4.2}$$

$\varDelta\tau$が小さいとする．静止している状態から力積がI_0である衝撃的な力を受けると，式(4.2)から瞬間的に速度がI_0/mとなる．

図4.2に示すように，減衰のない1自由度系がこのような衝撃的な入力を受ける場合の応答は，式(2.11)，(2.13)で$t = 0$のときに$x = 0$，$\dot{x} = I_0/m$をそれぞれ代入すると，

$$x = \frac{I_0}{m\omega_n}\sin\omega_n t \tag{4.3}$$

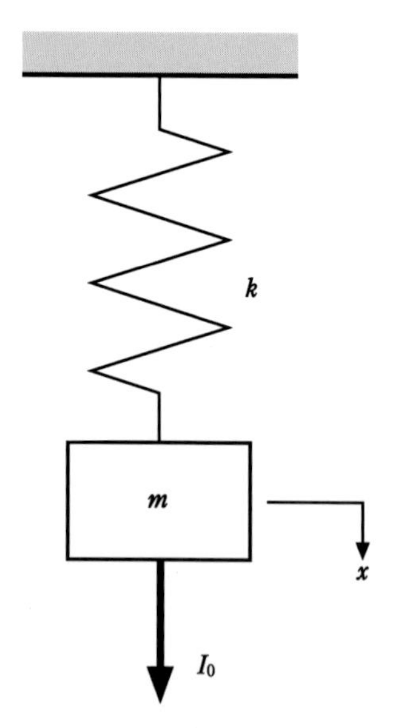

図4.2　衝撃的な力を受ける減衰のない1自由度系

図 4.3 に示すように，減衰のある 1 自由度系がこのような衝撃的な入力を受ける場合の応答は，式 (2.67), (2.68) で $t=0$ のときに $x=0$，$\dot{x}=I_0/m$ をそれぞれ代入すると，

$$x=\frac{I_0}{m\omega_n\sqrt{1-\zeta^2}}e^{-\zeta\omega_n t}\sin\sqrt{1-\zeta^2}\,\omega_n t \tag{4.4}$$

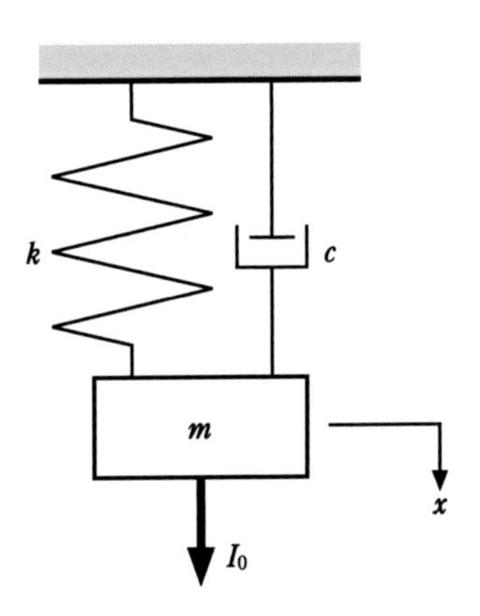

図 4.3　衝撃的な力を受ける減衰のある 1 自由度系

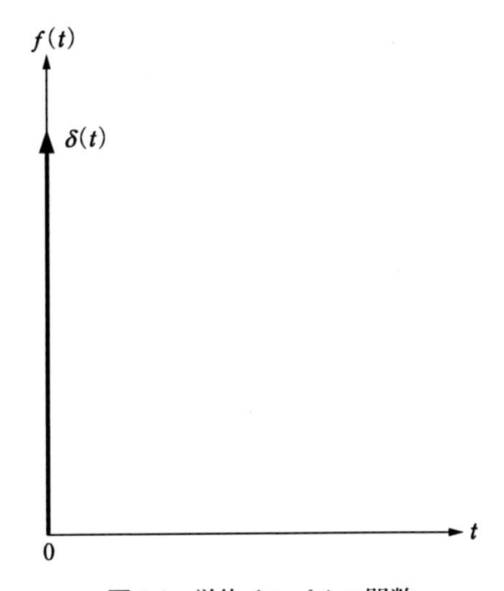

図 4.4　単位インパルス関数

式 (4.1) で $\Delta\tau \to 0$ のときに $I_0 \to 1$ となるような関数を考える．このような関数を単位インパルス関数 (unit impulse function) またはデルタ関数 (delta function) という．この関数は**図 4.4** に示すようになる．

単位インパルス関数で表される入力を受ける場合の応答を単位インパルス応答 (unit impulse response) またはインディシャル応答 (indicial response) という．これを $h(t)$ とすると，減衰のない 1 自由度系の場合には，式 (4.3) に $I_0 = 1$ を代入して，

$$h(t) = \frac{1}{m\omega_n}\sin\omega_n t \tag{4.5}$$

減衰のある場合の 1 自由度系の場合には，式 (4.4) に $I_0 = 1$ を代入すると，

$$h(t) = \frac{1}{m\omega_n\sqrt{1-\zeta^2}}e^{-\zeta\omega_n t}\sin\sqrt{1-\zeta^2}\,\omega_n t \tag{4.6}$$

図 4.5 に式 (4.6) で表される単位インパルス応答関数を示す．

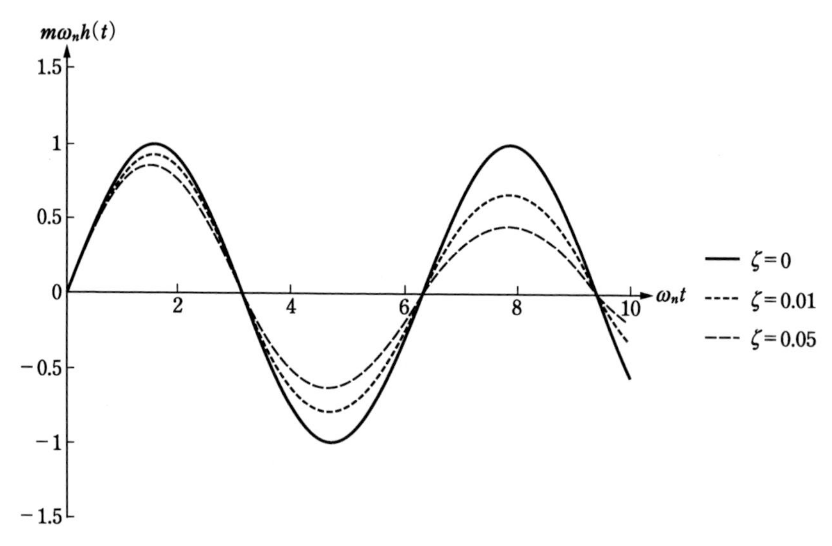

図 4.5　単位インパルス応答関数

例題　4.1　式 (4.4) を導け．

解

式 (2.70) から，

$$x = De^{-\zeta\omega_n t}\cos(\sqrt{1-\zeta^2}\,\omega_n t-\phi) \tag{1}$$

である．$t=0$ のときに $x=0$ だから，

$$D\cos\phi = 0$$

$D\neq 0$ であるから，$\cos\phi=0$ である．したがって，

$$\phi = \pi/2 \tag{2}$$

である．また，

$$\dot{x} = D\{-\zeta\omega_n e^{-\zeta\omega_n t}\cos(\sqrt{1-\zeta^2}\,\omega_n t-\phi) \\ -\sqrt{1-\zeta^2}\,\omega_n e^{-\zeta\omega_n t}\sin(\sqrt{1-\zeta^2}\,\omega_n t-\phi)\}$$

$t=0$ のときに $\dot{x}=I_0/m$ であるから，

$$D\{-\zeta\omega_n\cos\phi+\sqrt{1-\zeta^2}\,\omega_n\sin\phi\} = \frac{I_0}{m}$$

$\phi=\pi/2$ であるから，

$$D\sqrt{1-\zeta^2}\,\omega_n = \frac{I_0}{m}$$

となり，

$$D = \frac{I_0}{m\sqrt{1-\zeta^2}\,\omega_n} \tag{3}$$

式 (2) および式 (3) を式 (1) に代入すると，

$$x = \frac{I_0}{m\sqrt{1-\zeta^2}\,\omega_n}e^{-\zeta\omega_n t}\cos\left(\sqrt{1-\zeta^2}\,\omega_n t-\frac{\pi}{2}\right)$$

$$= \frac{I_0}{m\sqrt{1-\zeta^2}\,\omega_n}e^{-\zeta\omega_n t}\sin\sqrt{1-\zeta^2}\,\omega_n t$$

（注意） 式 (2.67)，式 (2.68) から C_1 および C_2 を求めてもよい．

4.2 任意波形入力を受ける系の応答

単位インパルス応答関数を用いて任意波形入力を受ける系の応答を求めるこ

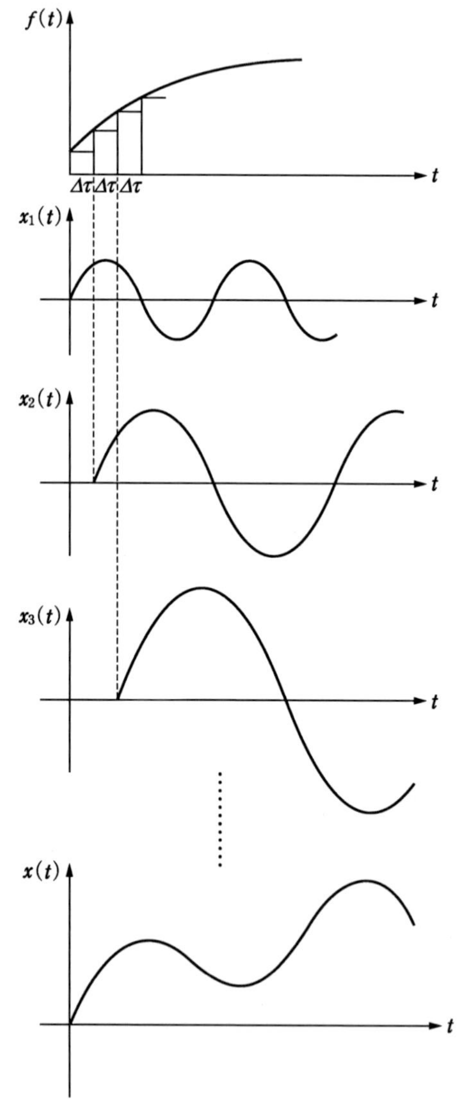

図 4.6　任意波形入力を受ける系の応答

とができる．**図 4.6** に示す $f(t)$ で表される任意波形を考える．$f(t)$ を短時間 $\Delta\tau$ の入力に分解すると，それぞれが力積で表される衝撃的な入力となる．この場合のある時間 τ から $\tau+\Delta\tau$ における応答は，この間の力積が $f(\tau)\Delta\tau$ で表されることから，

$$h(t-\tau)f(\tau)\Delta\tau \tag{4.7}$$

任意の時間 t における応答は，図 4.6 に示すように式 (4.7) で表される応答を加えたものであるから，

$$x=\sum h(t-\tau)f(\tau)\Delta\tau \tag{4.8}$$

となる．式 (4.8) で $\Delta\tau\to 0$ とすると，Σ は積分となり，次式のようになる．

$$x=\int_0^t h(t-\tau)f(\tau)d\tau \tag{4.9}$$

式 (4.9) で表される積分を畳み込み積分 (convolution) という．

例題 4.2 図 4.2 に示す減衰のない 1 自由度系が**図 4.7** に示す入力を受ける場合の応答を求めよ．図 4.7 は次式で与えられる．

$$f(t)=\begin{cases}0 \ ; & t<0 \\ F_0 \ ; & t\geqq 0\end{cases}$$

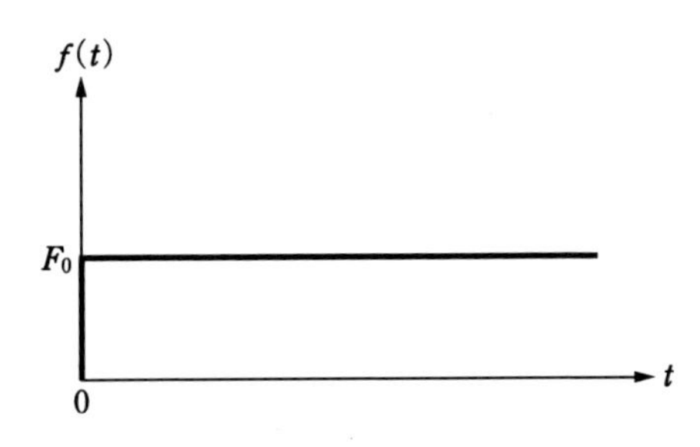

図 4.7 入力波形

解

式 (4.9) から，

$$x=\int_0^t \frac{1}{m\omega_n}\sin\omega_n(t-\tau)\cdot F_0\,d\tau$$

$$= \frac{F_0}{m\omega_n}\int_0^t \sin\omega_n(t-\tau)\,d\tau$$

$$= \frac{F_0}{m\omega_n}\left[\frac{1}{\omega_n}\cos\omega_n(t-\tau)\right]_0^t$$

$$= \frac{F_0}{m\omega_n^2}(1-\cos\omega_n t)$$

ここで，$\omega_n^2 = k/m$ であるから，

$$x = \frac{F_0}{k}(1-\cos\omega_n t)$$

（注意） 式 (4.9) の積分は τ に関する積分である．t に関する積分ではないので注意すること．

例題 **4. 3** 図 4.2 に示す減衰のない 1 自由度系が**図 4.8** に示す入力を受ける場合の応答を求めよ．図 4.8 は次式で与えられる．

$$f(t) = \begin{cases} 0 \; ; & t < t_0 \\ F_0 \; ; & t \geqq t_0 \end{cases}$$

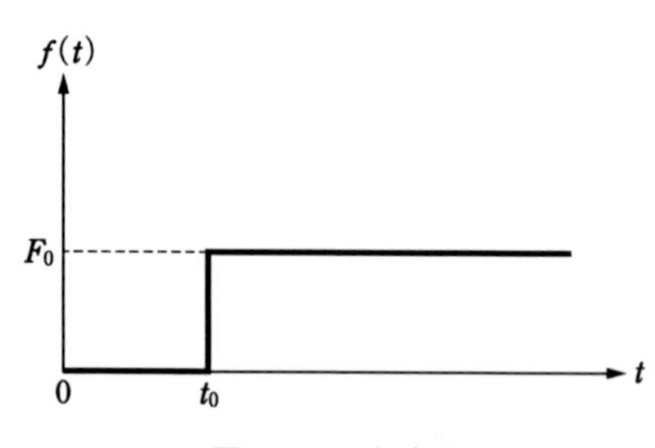

図 4.8 入力波形

解

式 (4.9) で積分範囲が t_0 から t までとなるので，

$$x = \int_{t_0}^t \frac{1}{m\omega_n}\sin\omega_n(t-\tau)\cdot F_0\,d\tau$$

$$= \frac{F_0}{m\omega_n}\left[\frac{1}{\omega_n}\cos\omega_n(t-\tau)\right]_{t_0}^{t}$$

$$= \frac{F_0}{m{\omega_n}^2}\{1-\cos\omega_n(t-t_0)\}$$

$$= \frac{F_0}{k}\{1-\cos\omega_n(t-t_0)\}$$

コラム

衝撃入力に対しては，力積と運動量が重要である．単位インパルス入力に対する応答は，自由振動と同じ形式になる．畳み込み積分は振動の分野だけでなく多くの分野で用いられている．積分をするときに積分する変数に注意してほしい．

第4章で学んだこと

○力積＝力×力が作用する時間

○運動量＝質量×速度

○運動量の変化＝力積

○単位インパルス関数（デルタ関数）：微小時間で積分が1となる関数

○単位インパルス応答（インディシャル応答関数）：

単位インパルス関数で表される入力を受ける系の応答

○任意波形入力を受ける系の応答：$x=\int_0^t h(t-\tau)f(\tau)d\tau$

$h(t)$：単位インパルス応答関数，$f(t)$：任意波形入力

第4章 演習問題

1. **問題図 4.1** (a) に示す減衰のない 1 自由度系が問題図 4.1 (b) に示す入力を受ける場合の応答を求めよ．問題図 4.1 (b) は次式で与えられる．

$$f(t)=\begin{cases}0 & ; \ t<0 \\ F_1 & ; \ 0\leqq t<t_0 \\ F_2 & ; \ t\geqq t_0\end{cases}$$

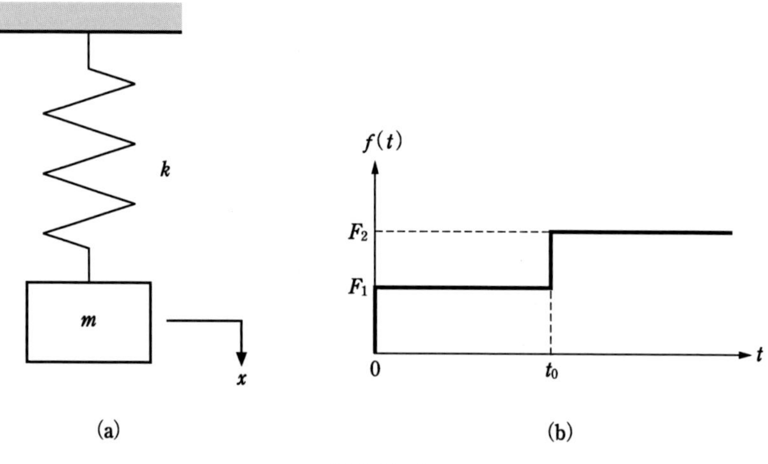

問題図 4.1

2. 減衰のない 1 自由度系が $f(t)=at$ (a は定数) で与えられる入力を受けるときの応答を求めよ．

3. 減衰のない 1 自由度系が次式 (b は定数) で与えられる入力を受けるときの応答を求めよ．

$$f(t)=\begin{cases}0 & ; \ t<0 \\ bt & ; \ 0\leqq t<t_0 \\ bt_0 & ; \ t\geqq t_0\end{cases}$$

第 5 章

2 自由度系の振動

物体は厳密には多くの質点やばねなどから構成されている．このような場合には固有振動数のほかに固有振動モードが関連する．この章では，このような場合の基本である 2 自由度系（two-degree-of-freedom system）の振動について述べる．

5.1　2 自由度系の自由振動

図 5.1 に示すように，質点とばねが連結されている系を考える．このような系の振動では，それぞれの質点の運動を表す座標が必要となるから，この系は 2 自由度系である．このような 2 自由度系の自由振動の求め方について述べる．

5.1.1　運動方程式

運動方程式は，それぞれの質点に対して次の式（5.1）の関係を導く．

$$質量 \times 加速度 = 力 \tag{5.1}$$

質点 1 についてはまず図 5.1（b）に示すように，質点 2 を固定した場合について式（5.1）を導くと，質点 1 に対して上のばねは伸びるので縮む方向に k_1x_1 の力が作用する．下のばねは縮むので伸びる方向に k_2x_1 の力が作用する．両方の力とも x_1 と逆方向に作用するから，

$$m_1\ddot{x}_1 = -k_1x_1 - k_2x_1 \tag{5.2}$$

式（5.2）は質点 2 を固定して得られたが，固定しない場合には図 5.1（c）に示すように，質点 2 は x_2 だけ動く．したがって，下のばねの縮みは $x_1 - x_2$ であ

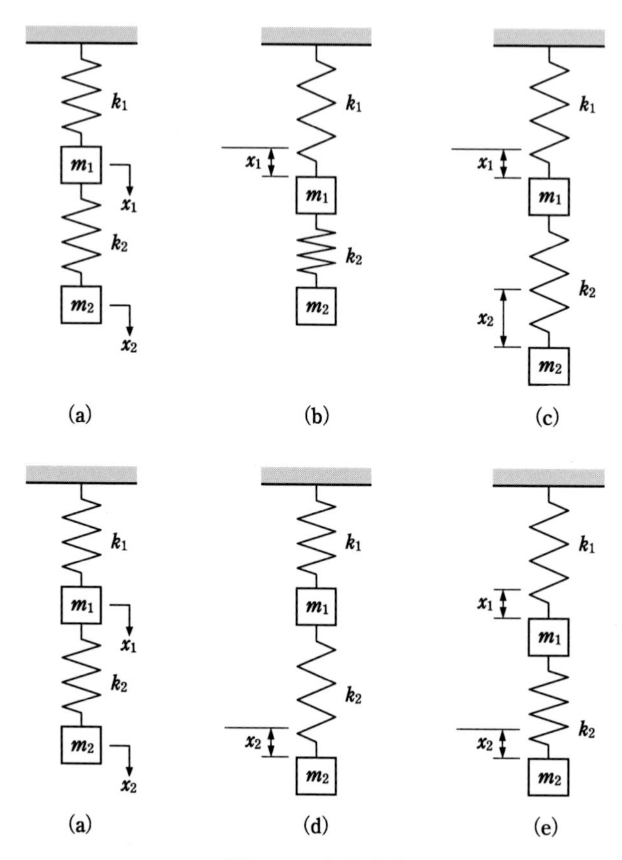

図 5.1　2自由度系

る．このことを考慮すると，式 (5.2) は次のようになる．

$$m_1\ddot{x}_1 = -k_1x_1 - k_2(x_1 - x_2) \tag{5.3}$$

質点2については，図 5.1 (d) に示すように，質点1を固定した場合について式 (5.1) を導くと，ばねは伸びるので縮む方向に k_2x_2 の力が作用する．この力は x_2 と逆方向に作用するから，

$$m_2\ddot{x}_2 = -k_2x_2 \tag{5.4}$$

式 (5.4) は質点1を固定して得られたが，固定しない場合には図 5.1 (e) に示すように，質点1は x_1 だけ動く．したがって，下のばねの伸びは $x_2 - x_1$ である．このことを考慮すると，式 (5.4) は次のようになる．

$$m_2\ddot{x}_2 = -k_2(x_2 - x_1) \tag{5.5}$$

したがって，図 5.1 の 2 自由度系の運動方程式は，式 (5.3) および式 (5.5) から次のようになる．

$$\left.\begin{aligned} m_1\ddot{x}_1 + k_1x_1 + k_2(x_1 - x_2) &= 0 \\ m_2\ddot{x}_2 + k_2(x_2 - x_1) &= 0 \end{aligned}\right\} \tag{5.6}$$

式 (5.6) を行列を用いて表すと次のようになる．

$$\begin{bmatrix} m_1 & 0 \\ 0 & m_2 \end{bmatrix}\begin{bmatrix} \ddot{x}_1 \\ \ddot{x}_2 \end{bmatrix} + \begin{bmatrix} k_1+k_2 & -k_2 \\ -k_2 & k_2 \end{bmatrix}\begin{bmatrix} x_1 \\ x_2 \end{bmatrix} = \begin{bmatrix} 0 \\ 0 \end{bmatrix} \tag{5.7}$$

式 (5.7) を次のように書く．

$$\boldsymbol{M}\ddot{\boldsymbol{x}} + \boldsymbol{K}\boldsymbol{x} = \boldsymbol{0} \tag{5.8}$$

ここで，

$$\boldsymbol{M} = \begin{bmatrix} m_1 & 0 \\ 0 & m_2 \end{bmatrix},\ \boldsymbol{K} = \begin{bmatrix} k_1+k_2 & -k_2 \\ -k_2 & k_2 \end{bmatrix},\ \ddot{\boldsymbol{x}} = \begin{bmatrix} \ddot{x}_1 \\ \ddot{x}_2 \end{bmatrix},\ \boldsymbol{x} = \begin{bmatrix} x_1 \\ x_2 \end{bmatrix},\ \boldsymbol{0} = \begin{bmatrix} 0 \\ 0 \end{bmatrix} \tag{5.9}$$

$\boldsymbol{M}$ は質量行列 (mass matrix)，$\boldsymbol{K}$ は剛性行列 (stiffness matrix)，$\ddot{\boldsymbol{x}}$ は加速度ベクトル (acceleration vector)，$\boldsymbol{x}$ は変位ベクトル (displacement vector) という．$\boldsymbol{0}$ はすべての要素が 0 であるベクトルでゼロベクトル (zero vector) とよばれる．

5.1.2　固有振動数と固有振動モード

自由振動をしているときの質点 1 および質点 2 の振幅をそれぞれ X_1 および X_2 とする．1 自由度系の式 (2.19) を用いて次のように表される．

$$\left.\begin{aligned} x_1 &= X_1\cos(\omega t - \beta) \\ x_2 &= X_2\cos(\omega t - \beta) \end{aligned}\right\} \tag{5.10}$$

式 (5.10) から，それぞれの質点の加速度は，

$$\left.\begin{aligned} \ddot{x}_1 &= -\omega^2 X_1\cos(\omega t - \beta) \\ \ddot{x}_2 &= -\omega^2 X_2\cos(\omega t - \beta) \end{aligned}\right\} \tag{5.11}$$

式 (5.10) および式 (5.11) を式 (5.6) に代入すると，

$$\left.\begin{aligned}&-\omega^2 m_1 X_1 \cos(\omega t-\beta)+k_1 X_1 \cos(\omega t-\beta)+k_2 X_1 \cos(\omega t-\beta)-k_2 X_2 \cos(\omega t-\beta)=0\\&-\omega^2 m_2 X_2 \cos(\omega t-\beta)+k_2 X_2 \cos(\omega t-\beta)-k_2 X_1 \cos(\omega t-\beta)=0\end{aligned}\right\} \tag{5.12}$$

式 (5.12) の両辺を $\cos(\omega t-\beta)$ で割って整理すると,

$$\left.\begin{aligned}&(k_1+k_2-\omega^2 m_1)X_1-k_2 X_2=0\\&-k_2 X_1+(k_2-\omega^2 m_2)X_2=0\end{aligned}\right\} \tag{5.13}$$

式 (5.13) を行列を用いて表すと,

$$\begin{bmatrix} k_1+k_2-\omega^2 m_1 & -k_2 \\ -k_2 & k_2-\omega^2 m_2 \end{bmatrix}\begin{bmatrix} X_1 \\ X_2 \end{bmatrix}=\begin{bmatrix} 0 \\ 0 \end{bmatrix} \tag{5.14}$$

式 (5.14) が成り立つためには次式で示される行列式が 0 でなければならない. すなわち,

$$\begin{vmatrix} k_1+k_2-\omega^2 m_1 & -k_2 \\ -k_2 & k_2-\omega^2 m_2 \end{vmatrix}=0 \tag{5.15}$$

式 (5.15) の行列式を計算すると,

$$\begin{aligned}&(k_1+k_2-\omega^2 m_1)(k_2-\omega^2 m_2)-k_2^2\\&=m_1 m_2 \omega^4-\{m_2(k_1+k_2)+m_1 k_2\}\omega^2+k_2(k_1+k_2)-k_2^2=0\end{aligned} \tag{5.16}$$

式 (5.16) の両辺を $m_1 m_2$ で割ると,

$$\omega^4-\left\{\frac{k_1+k_2}{m_1}+\frac{k_2}{m_2}\right\}\omega^2+\frac{k_1+k_2}{m_1}\cdot\frac{k_2}{m_2}-\frac{k_2^2}{m_1 m_2}=0 \tag{5.17}$$

ここで,

$$A=\frac{k_1+k_2}{m_1},\ B=\frac{k_2}{m_2},\ C=\frac{k_2^2}{m_1 m_2} \tag{5.18}$$

とおくと, 式 (5.17) は,

$$\omega^4-(A+B)\omega^2+AB-C=0 \tag{5.19}$$

式 (5.19) は ω^2 に関する 2 次方程式であるから, これを ω^2 について解くと,

$$\begin{aligned}\omega^2&=\frac{(A+B)\mp\sqrt{(A+B)^2-4(AB-C)}}{2}\\&=\frac{(A+B)\mp\sqrt{(A-B)^2+4C}}{2}\end{aligned} \tag{5.20}$$

となり，ω^2 は必ず正の 2 実根となる．小さい解を $\omega_{\mathrm{I}}{}^2$，大きい解を $\omega_{\mathrm{II}}{}^2$ とおくと，

$$\left.\begin{aligned}\omega_{\mathrm{I}}{}^2&=\frac{(A+B)-\sqrt{(A-B)^2+4C}}{2}\\ \omega_{\mathrm{II}}{}^2&=\frac{(A+B)+\sqrt{(A-B)^2+4C}}{2}\end{aligned}\right\}\tag{5.21}$$

これらの平方根をとると，

$$\left.\begin{aligned}\omega_{\mathrm{I}}&=\sqrt{\frac{(A+B)-\sqrt{(A-B)^2+4C}}{2}}\\ \omega_{\mathrm{II}}&=\sqrt{\frac{(A+B)+\sqrt{(A-B)^2+4C}}{2}}\end{aligned}\right\}\tag{5.22}$$

ω_{I} は I 次の固有円振動数 (first natural circular frequency)，ω_{II} はⅡ次の固有円振動数 (second natural circular frequency) とよぶ．

式 (5.13) で未知数は ω，X_1 および X_2 の 3 つあるが，式は 2 つである．したがって，X_1 および X_2 を個別に求めることはできないが，比で求めることができる．式 (5.13) から，

$$\frac{X_2}{X_1}=\frac{k_1+k_2-\omega^2m_1}{k_2}=\frac{k_2}{k_2-\omega^2m_2}\tag{5.23}$$

式 (5.23) は質点 2 と質点 1 の振幅比を表し，固有振動モード (natural vibration mode) とよばれる．式 (5.23) の ω に ω_{I} を代入すると I 次の固有振動モードが求まり，ω に ω_{II} を代入するとⅡ次の固有振動モードが求まる．すなわち，

$$\left.\begin{aligned}r_{\mathrm{I}}&=\frac{X_2{}^{\mathrm{I}}}{X_1{}^{\mathrm{I}}}=\frac{k_1+k_2-\omega_{\mathrm{I}}{}^2m_1}{k_2}=\frac{k_2}{k_2-\omega_{\mathrm{I}}{}^2m_2}\\ r_{\mathrm{II}}&=\frac{X_2{}^{\mathrm{II}}}{X_1{}^{\mathrm{II}}}=\frac{k_1+k_2-\omega_{\mathrm{II}}{}^2m_1}{k_2}=\frac{k_2}{k_2-\omega_{\mathrm{II}}{}^2m_2}\end{aligned}\right\}\tag{5.24}$$

式 (5.10) および式 (5.24) から，それぞれの質点の自由振動は次式で与えられる．

$$
\left.\begin{aligned}
x_1 &= X_1^{\mathrm{I}}\cos(\omega_{\mathrm{I}}t-\beta_{\mathrm{I}})+X_1^{\mathrm{II}}\cos(\omega_{\mathrm{II}}t-\beta_{\mathrm{II}}) \\
x_2 &= r_{\mathrm{I}}X_1^{\mathrm{I}}\cos(\omega_{\mathrm{I}}t-\beta_{\mathrm{I}})+r_{\mathrm{II}}X_1^{\mathrm{II}}\cos(\omega_{\mathrm{II}}t-\beta_{\mathrm{II}})
\end{aligned}\right\} \tag{5.25}
$$

ここで，X_1^{I}，X_1^{II}, β_{I} および β_{II} は初期条件によって定まる.

例題 5.1　図 5.1 の 2 自由度系で，$m_1 = 2$ kg，$k_1 = 2\times10^4$ N/m，$m_2 = 1$ kg，$k_2 = 10^4$ N/m である場合のⅠ次およびⅡ次の固有円振動数および固有振動モードを求めよ.

解

式 (5.18) の A，B および C を求めると，

$$
A = \frac{2\times10^4+10^4}{2} = 1.5\times10^4,\ B = \frac{10^4}{1} = 10^4,\ C = \frac{(10^4)^2}{2\times1} = 5\times10^7
$$

式 (5.22) から，

$$
\omega_{\mathrm{I}} = \sqrt{\frac{(1.5\times10^4+10^4)-\sqrt{(1.5\times10^4-10^4)^2+4\times5\times10^7}}{2}}
$$

$$
= \sqrt{\frac{10^4}{2}} = 70.7\ \mathrm{rad/s}
$$

$$
\omega_{\mathrm{II}} = \sqrt{\frac{(1.5\times10^4+10^4)+\sqrt{(1.5\times10^4-10^4)^2+4\times5\times10^7}}{2}}
$$

$$
= \sqrt{2\times10^4} = 141\ \mathrm{rad/s}
$$

固有振動モードは，式 (5.24) から，

$$
r_{\mathrm{I}} = \frac{2\times10^4+10^4-70.7^2\times2}{10^4} = 2
$$

$$
r_{\mathrm{II}} = \frac{2\times10^4+10^4-141^2\times2}{10^4} = -1
$$

固有振動モードは，式 (5.24) の別の式を用いても同じ値が得られる.

$$
r_{\mathrm{I}} = \frac{10^4}{10^4-70.7^2\times1} = 2
$$

$$
r_{\mathrm{II}} = \frac{10^4}{10^4-141^2\times1} = -1
$$

例題　5.2　図5.1の2自由度系で，$m_1=2\,\mathrm{kg}$，$k_1=2\times10^4\,\mathrm{N/m}$，$m_2=1\,\mathrm{kg}$，$k_2=10^4\,\mathrm{N/m}$である．$t=0$のときに$x_1=0\,\mathrm{mm}$，$x_2=3\,\mathrm{mm}$，$\dot{x}_1=0\,\mathrm{mm/s}$，$\dot{x}_2=0\,\mathrm{mm/s}$である場合のそれぞれの質点の自由振動を求めよ．

解

例題5.1から$r_{\mathrm{I}}=2$，$r_{\mathrm{II}}=-1$であり，式(5.25)から，

$$\left.\begin{aligned}x_1&=X_1{}^{\mathrm{I}}\cos(\omega_{\mathrm{I}}t-\beta_{\mathrm{I}})+X_1{}^{\mathrm{II}}\cos(\omega_{\mathrm{II}}t-\beta_{\mathrm{II}})\\x_2&=2X_1{}^{\mathrm{I}}\cos(\omega_{\mathrm{I}}t-\beta_{\mathrm{I}})-X_1{}^{\mathrm{II}}\cos(\omega_{\mathrm{II}}t-\beta_{\mathrm{II}})\end{aligned}\right\}\tag{1}$$

また，

$$\left.\begin{aligned}\dot{x}_1&=-\omega_{\mathrm{I}}X_1{}^{\mathrm{I}}\sin(\omega_{\mathrm{I}}t-\beta_{\mathrm{I}})-\omega_{\mathrm{II}}X_1{}^{\mathrm{II}}\sin(\omega_{\mathrm{II}}t-\beta_{\mathrm{II}})\\\dot{x}_2&=-2\omega_{\mathrm{I}}X_1{}^{\mathrm{I}}\sin(\omega_{\mathrm{I}}t-\beta_{\mathrm{I}})+\omega_{\mathrm{II}}X_1{}^{\mathrm{II}}\sin(\omega_{\mathrm{II}}t-\beta_{\mathrm{II}})\end{aligned}\right\}\tag{2}$$

式(1)に$t=0$を代入すると，

$$\left.\begin{aligned}X_1{}^{\mathrm{I}}\cos\beta_{\mathrm{I}}+X_1{}^{\mathrm{II}}\cos\beta_{\mathrm{II}}&=0\\2X_1{}^{\mathrm{I}}\cos\beta_{\mathrm{I}}-X_1{}^{\mathrm{II}}\cos\beta_{\mathrm{II}}&=3\end{aligned}\right\}$$

両式から，

$$\left.\begin{aligned}X_1{}^{\mathrm{I}}\cos\beta_{\mathrm{I}}&=1\\X_1{}^{\mathrm{II}}\cos\beta_{\mathrm{II}}&=-1\end{aligned}\right\}\tag{3}$$

式(2)に$t=0$を代入すると，

$$\left.\begin{aligned}\omega_{\mathrm{I}}X_1{}^{\mathrm{I}}\sin\beta_{\mathrm{I}}+\omega_{\mathrm{II}}X_1{}^{\mathrm{II}}\sin\beta_{\mathrm{II}}&=0\\2\omega_{\mathrm{I}}X_1{}^{\mathrm{I}}\sin\beta_{\mathrm{I}}-\omega_{\mathrm{II}}X_1{}^{\mathrm{II}}\sin\beta_{\mathrm{II}}&=0\end{aligned}\right\}$$

両式から，

$$\left.\begin{aligned}\omega_{\mathrm{I}}X_1{}^{\mathrm{I}}\sin\beta_{\mathrm{I}}&=0\\\omega_{\mathrm{II}}X_1{}^{\mathrm{II}}\sin\beta_{\mathrm{II}}&=0\end{aligned}\right\}$$

ここで，$\omega_{\mathrm{I}}\neq0$および$\omega_{\mathrm{II}}\neq0$であるから，

$$\left.\begin{aligned}X_1{}^{\mathrm{I}}\sin\beta_{\mathrm{I}}&=0\\X_1{}^{\mathrm{II}}\sin\beta_{\mathrm{II}}&=0\end{aligned}\right\}\tag{4}$$

式(1)を展開すると，

$$\left.\begin{aligned}x_1&=X_1{}^{\mathrm{I}}(\cos\omega_{\mathrm{I}}t\cos\beta_{\mathrm{I}}+\sin\omega_{\mathrm{I}}t\sin\beta_{\mathrm{I}})+X_1{}^{\mathrm{II}}(\cos\omega_{\mathrm{II}}t\cos\beta_{\mathrm{II}}+\sin\omega_{\mathrm{II}}t\sin\beta_{\mathrm{II}})\\x_2&=2X_1{}^{\mathrm{I}}(\cos\omega_{\mathrm{I}}t\cos\beta_{\mathrm{I}}+\sin\omega_{\mathrm{I}}t\sin\beta_{\mathrm{I}})-X_1{}^{\mathrm{II}}(\cos\omega_{\mathrm{II}}t\cos\beta_{\mathrm{II}}+\sin\omega_{\mathrm{II}}t\sin\beta_{\mathrm{II}})\end{aligned}\right\}\tag{5}$$

式 (5) に式 (3) および式 (4) を代入すると，

$$\left.\begin{aligned} x_1 &= \cos \omega_{\mathrm{I}} t - \cos \omega_{\mathrm{II}} t \\ x_2 &= 2 \cos \omega_{\mathrm{I}} t + \cos \omega_{\mathrm{II}} t \end{aligned}\right\}$$

また，例題 5. 1 から $\omega_{\mathrm{I}} = 70.7$ rad/s，$\omega_{\mathrm{II}} = 141$ rad/s であるから，

$$\left.\begin{aligned} x_1 &= \cos 70.7t - \cos 141t \\ x_2 &= 2 \cos 70.7t + \cos 141t \end{aligned}\right\}$$

単位は mm である．

例題 5. 3　図 5.2 に示す 2 自由度系で，$m_1 = m_2 = m$，$k_1 = k_2 = k_3 = k$ のときの I 次および II 次の固有円振動数および固有振動モードを求めよ．

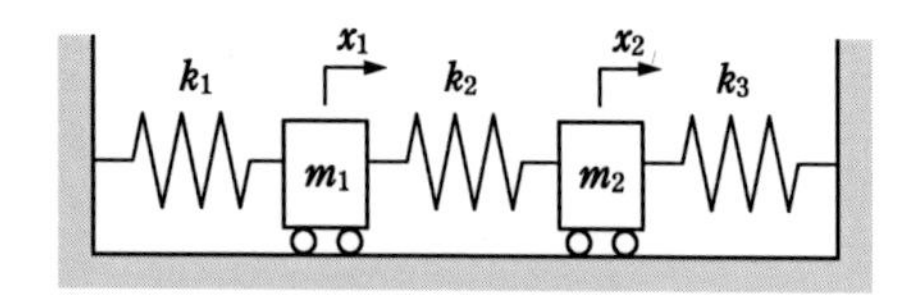

図 5.2　2 自由度系

解

運動方程式は次のようになる．

$$\left.\begin{aligned} m_1 \ddot{x}_1 + k_1 x_1 + k_2(x_1 - x_2) = 0 \\ m_2 \ddot{x}_2 + k_2(x_2 - x_1) + k_3 x_2 = 0 \end{aligned}\right\} \quad (1)$$

式 (1) に式 (5.10) および式 (5.11) を代入すると，

$$\left.\begin{aligned} -\omega^2 m_1 X_1 \cos(\omega t - \beta) + k_1 X_1 \cos(\omega t - \beta) + k_2 X_1 \cos(\omega t - \beta) - k_2 X_2 \cos(\omega t - \beta) = 0 \\ -\omega^2 m_2 X_2 \cos(\omega t - \beta) + k_2 X_2 \cos(\omega t - \beta) - k_2 X_1 \cos(\omega t - \beta) + k_3 \cos(\omega t - \beta) = 0 \end{aligned}\right\}$$

両辺を $\cos(\omega t - \beta)$ で割って整理すると，

$$\left.\begin{aligned} (k_1 + k_2 - \omega^2 m_1) X_1 - k_2 X_2 = 0 \\ -k_2 X_1 + (k_2 + k_3 - \omega^2 m_2) X_2 = 0 \end{aligned}\right\} \quad (2)$$

行列を用いて表すと，

$$\begin{bmatrix} k_1 + k_2 - \omega^2 m_1 & -k_2 \\ -k_2 & k_2 + k_3 - \omega^2 m_2 \end{bmatrix} \begin{bmatrix} X_1 \\ X_2 \end{bmatrix} = \begin{bmatrix} 0 \\ 0 \end{bmatrix}$$

上式が成り立つためには次式で示される行列式が0でなければならない．すなわち，

$$\begin{vmatrix} k_1+k_2-\omega^2 m_1 & -k_2 \\ -k_2 & k_2+k_3-\omega^2 m_2 \end{vmatrix} = 0$$

行列式を計算すると，

$$(k_1+k_2-\omega^2 m_1)(k_2+k_3-\omega^2 m_2)-k_2{}^2$$
$$= m_1 m_2 \omega^4 - \{m_2(k_1+k_2)+m_1(k_2+k_3)\}\omega^2+(k_1+k_2)(k_2+k_3)-k_2{}^2=0$$

両辺を$m_1 m_2$で割ると，

$$\omega^4-\left\{\frac{k_1+k_2}{m_1}+\frac{k_2+k_3}{m_2}\right\}\omega^2+\frac{k_1+k_2}{m_1}\cdot\frac{k_2+k_3}{m_2}-\frac{k_2{}^2}{m_1 m_2}=0 \tag{3}$$

ここで，

$$A=\frac{k_1+k_2}{m_1},\ B=\frac{k_2+k_3}{m_2},\ C=\frac{k_2{}^2}{m_1 m_2} \tag{4}$$

とおくと，式 (3) は，

$$\omega^4-(A+B)\omega^2+AB-C=0$$

これをω^2について解くと，

$$\omega^2=\frac{(A+B)\mp\sqrt{(A+B)^2-4(AB-C)}}{2}=\frac{(A+B)\mp\sqrt{(A-B)^2+4C}}{2}$$

となる．小さい解を$\omega_{\mathrm{I}}{}^2$，大きい解を$\omega_{\mathrm{II}}{}^2$とおくと，

$$\left.\begin{aligned} \omega_{\mathrm{I}}{}^2 &= \frac{(A+B)-\sqrt{(A-B)^2+4C}}{2} \\ \omega_{\mathrm{II}}{}^2 &= \frac{(A+B)+\sqrt{(A-B)^2+4C}}{2} \end{aligned}\right\}$$

これらの平方根をとると，

$$\left.\begin{aligned} \omega_{\mathrm{I}} &= \sqrt{\frac{(A+B)-\sqrt{(A-B)^2+4C}}{2}} \\ \omega_{\mathrm{II}} &= \sqrt{\frac{(A+B)+\sqrt{(A-B)^2+4C}}{2}} \end{aligned}\right\} \tag{5}$$

また，式 (2) から，

$$\frac{X_2}{X_1}=\frac{k_1+k_2-\omega^2 m_1}{k_2}=\frac{k_2}{k_2+k_3-\omega^2 m_2} \tag{6}$$

式 (6) の ω に ω_{I} および ω_{II} を代入するとⅠ次およびⅡ次の固有振動モードが求まる．すなわち，

$$\left.\begin{aligned} r_{\mathrm{I}}&=\frac{X_2{}^{\mathrm{I}}}{X_1{}^{\mathrm{I}}}=\frac{k_1+k_2-\omega_{\mathrm{I}}{}^2 m_1}{k_2}=\frac{k_2}{k_2+k_3-\omega_{\mathrm{I}}{}^2 m_2} \\ r_{\mathrm{II}}&=\frac{X_2{}^{\mathrm{II}}}{X_1{}^{\mathrm{II}}}=\frac{k_1+k_2-\omega_{\mathrm{II}}{}^2 m_1}{k_2}=\frac{k_2}{k_2+k_3-\omega_{\mathrm{II}}{}^2 m_2} \end{aligned}\right\} \tag{7}$$

式 (4) に $m_1=m_2=m$，$k_1=k_2=k_3=k$ を代入すると，

$$A=\frac{2k}{m},\ B=\frac{2k}{m},\ C=\frac{k^2}{m^2}$$

これらを式 (5) に代入すると，

$$\left.\begin{aligned} \omega_{\mathrm{I}}&=\sqrt{\frac{\dfrac{4k}{m}-\sqrt{\dfrac{4k^2}{m^2}}}{2}}=\sqrt{\frac{k}{m}} \\ \omega_{\mathrm{II}}&=\sqrt{\frac{\dfrac{4k}{m}+\sqrt{\dfrac{4k^2}{m^2}}}{2}}=\sqrt{\frac{3k}{m}} \end{aligned}\right\} \tag{8}$$

式 (7) に $m_1=m_2=m$，$k_1=k_2=k_3=k$ を代入すると，

$$\left.\begin{aligned} r_{\mathrm{I}}&=\frac{2k-\omega_{\mathrm{I}}{}^2 m}{k}=\frac{k}{2k-\omega_{\mathrm{I}}{}^2 m} \\ r_{\mathrm{II}}&=\frac{2k-\omega_{\mathrm{II}}{}^2 m}{k}=\frac{k}{2k-\omega_{\mathrm{II}}{}^2 m} \end{aligned}\right\} \tag{9}$$

式 (9) のそれぞれの第1式に式 (8) を代入すると，

$$\left.\begin{aligned} r_{\mathrm{I}}&=\frac{2k-k}{k}=1 \\ r_{\mathrm{II}}&=\frac{2k-3k}{k}=-1 \end{aligned}\right\}$$

式 (9) のそれぞれの第2式を用いても同様の結果が得られる．

5.2　2自由度系の強制振動

2自由度系が調和振動で表される外力を受ける場合の定常振動を求める方法について述べる．減衰がある場合には複雑になるので，ここでは減衰がない場合を扱う．

5.2.1　力入力を受ける場合

力による入力を受ける場合の定常振動を求める．

1　上の質点が入力を受ける場合

図5.3に示すように，上（1番目）の質点に入力を受ける場合の運動方程式は，式(5.6)の1番目の質点に対する運動方程式の右辺に外力を表す項を追加すればよいから，

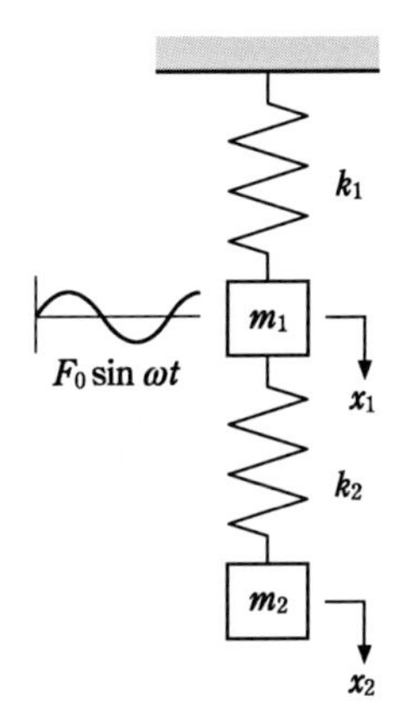

図5.3　上の質点に力入力を受ける2自由度系

$$\left.\begin{aligned} m_1\ddot{x}_1+k_1x_1+k_2(x_1-x_2) &= F_0 \sin \omega t \\ m_2\ddot{x}_2+k_2(x_2-x_1) &= 0 \end{aligned}\right\} \tag{5.26}$$

この場合には減衰がないので，定常振動は次式で与えられる．

$$\left.\begin{aligned} x_{s1} &= X_{s1} \sin \omega t \\ x_{s2} &= X_{s2} \sin \omega t \end{aligned}\right\} \tag{5.27}$$

式(5.27)から加速度を求めると，

$$\left.\begin{aligned} \ddot{x}_{s1} &= -\omega^2 X_{s1}\sin\omega t \\ \ddot{x}_{s2} &= -\omega^2 X_{s2}\sin\omega t \end{aligned}\right\} \tag{5.28}$$

式 (5.27) は式 (5.26) の解であるから，式 (5.27) および式 (5.28) を式 (5.26) に代入すると，

$$\left.\begin{aligned} &-\omega^2 m_1 X_{s1}\sin\omega t + k_1 X_{s1}\sin\omega t + k_2(X_{s1}-X_{s2})\sin\omega t = F_0\sin\omega t \\ &-\omega^2 m_2 X_{s2}\sin\omega t + k_2(X_{s2}-X_{s1})\sin\omega t = 0 \end{aligned}\right\} \tag{5.29}$$

両辺を $\sin\omega t$ で割って整理すると，

$$\left.\begin{aligned} &(k_1+k_2-\omega^2 m_1)X_{s1} - k_2 X_{s2} = F_0 \\ &-k_2 X_{s1} + (k_2-\omega^2 m_2)X_{s2} = 0 \end{aligned}\right\} \tag{5.30}$$

式 (5.30) を定常振動の振幅 X_{s1} および X_{s2} について解くと，

$$\left.\begin{aligned} X_{s1} &= \frac{F_0(k_2-\omega^2 m_2)}{(k_1+k_2-\omega^2 m_1)(k_2-\omega^2 m_2)-k_2^2} \\ X_{s2} &= \frac{F_0 k_2}{(k_1+k_2-\omega^2 m_1)(k_2-\omega^2 m_2)-k_2^2} \end{aligned}\right\} \tag{5.31}$$

式 (5.31) の分子および分母を $k_1 k_2$ で割って整理し，振幅倍率を求めると，

$$\left.\begin{aligned} \frac{X_{s1}}{X_{st1}} &= \frac{1-\left(\dfrac{\omega}{\omega_2}\right)^2}{\left\{1+\dfrac{k_2}{k_1}-\left(\dfrac{\omega}{\omega_1}\right)^2\right\}\left\{1-\left(\dfrac{\omega}{\omega_2}\right)^2\right\}-\dfrac{k_2}{k_1}} \\ \frac{X_{s2}}{X_{st1}} &= \frac{1}{\left\{1+\dfrac{k_2}{k_1}-\left(\dfrac{\omega}{\omega_1}\right)^2\right\}\left\{1-\left(\dfrac{\omega}{\omega_2}\right)^2\right\}-\dfrac{k_2}{k_1}} \end{aligned}\right\} \tag{5.32}$$

ここで，

$\omega_1 = \sqrt{\dfrac{k_1}{m_1}}$ ：上の質点とばねからなる1自由度系の固有円振動数

$\omega_2 = \sqrt{\dfrac{k_2}{m_2}}$ ：下の質点とばねからなる1自由度系の固有円振動数

$X_{st1} = \dfrac{F_0}{k_1}$ ：静的な力 F_0 が質点1に作用したときの質点1の変位

さらに，式 (5.32) は次のようになる．

$$
\left.
\begin{aligned}
\frac{X_{s1}}{X_{st1}} &= \frac{1-\left(\dfrac{\omega}{\omega_2}\right)^2}{\left\{1+\gamma\left(\dfrac{\omega_2}{\omega_1}\right)^2-\left(\dfrac{\omega}{\omega_1}\right)^2\right\}\left\{1-\left(\dfrac{\omega}{\omega_2}\right)^2\right\}-\gamma\left(\dfrac{\omega_2}{\omega_1}\right)^2} \\
\frac{X_{s2}}{X_{st1}} &= \frac{1}{\left\{1+\gamma\left(\dfrac{\omega_2}{\omega_1}\right)^2-\left(\dfrac{\omega}{\omega_1}\right)^2\right\}\left\{1-\left(\dfrac{\omega}{\omega_2}\right)^2\right\}-\gamma\left(\dfrac{\omega_2}{\omega_1}\right)^2}
\end{aligned}
\right\} \tag{5.33}
$$

ここで，$\gamma=\dfrac{m_2}{m_1}$：下の質点と上の質点の質量比

さらに，式 (5.33) は次のように書くこともできる．

$$
\left.
\begin{aligned}
\frac{X_{s1}}{X_{st1}} &= \frac{1-\left(\dfrac{\omega_1}{\omega_2}\right)^2\left(\dfrac{\omega}{\omega_1}\right)^2}{\left\{1+\gamma\left(\dfrac{\omega_2}{\omega_1}\right)^2-\left(\dfrac{\omega}{\omega_1}\right)^2\right\}\left\{1-\left(\dfrac{\omega_1}{\omega_2}\right)^2\left(\dfrac{\omega}{\omega_1}\right)^2\right\}-\gamma\left(\dfrac{\omega_2}{\omega_1}\right)^2} \\
\frac{X_{s2}}{X_{st1}} &= \frac{1}{\left\{1+\gamma\left(\dfrac{\omega_2}{\omega_1}\right)^2-\left(\dfrac{\omega}{\omega_1}\right)^2\right\}\left\{1-\left(\dfrac{\omega_1}{\omega_2}\right)^2\left(\dfrac{\omega}{\omega_1}\right)^2\right\}-\gamma\left(\dfrac{\omega_2}{\omega_1}\right)^2}
\end{aligned}
\right\} \tag{5.34}
$$

図 5.4 に横軸に ω/ω_1 をとり，共振曲線の例を示す．破線は振幅が負になる領域であり，この領域では応答と入力の位相が逆になっている．式 (5.33) ま

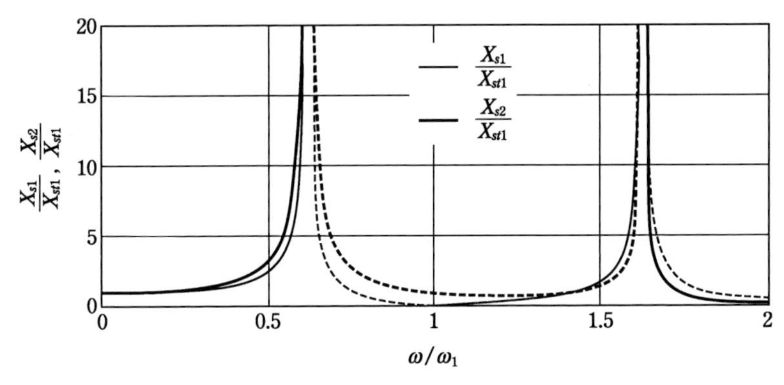

図 5.4　上の質点に入力を受ける 2 自由度系の共振曲線（$k_1=k_2$, $\omega_1=\omega_2$）

たは式 (5.34) から，$\omega = \omega_2$，すなわち，入力の振動数が上の質点とばねからなる1自由度系の固有振動数に等しいときに，上の質点の振幅は0になる．

例題 5.4　図 5.3 で $m_1 = 100$ kg，$m_2 = 10$ kg，$k_1 = 2\times10^6$ N/m，$k_2 = 4\times10^5$ N/m である．上の質点に振幅が 2 kN で振動数が 10 Hz の入力を受けている．両方の質点の定常応答振幅を求めよ．

解

入力の円振動数 ω は，

$$\omega = 2\pi\times10 = 62.8\ \mathrm{rad/s}$$

式 (5.31) から，

$$\left.\begin{aligned}
X_{s1} &= \frac{2\,000\times(4\times10^5-62.8^2\times10)}{(2\times10^6+4\times10^5-62.8^2\times100)(4\times10^5-62.8^2\times10)-4^2\times10^{10}}\\
&= \frac{7.21\times10^8}{5.63\times10^{11}} = 1.28\times10^{-3}\ \mathrm{m}\\
X_{s2} &= \frac{2\,000\times4\times10^5}{(2\times10^6+4\times10^5-62.8^2\times100)(4\times10^5-62.8^2\times10)-4^2\times10^{10}}\\
&= \frac{8.00\times10^8}{5.63\times10^{11}} = 1.42\times10^{-3}\ \mathrm{m}
\end{aligned}\right\}$$

2　下の質点が入力を受ける場合

図 5.5 に示すように，下の質点が入力を受ける場合には，運動方程式は，式 (5.6) の2番目の質点に対する運動方程式の右辺に外力を表す項を追加すればよいから，

$$\left.\begin{aligned}
m_1\ddot{x}_1+k_1x_1+k_2(x_1-x_2) &= 0\\
m_2\ddot{x}_2+k_2(x_2-x_1) &= F_0\sin\omega t
\end{aligned}\right\}\qquad(5.35)$$

式 (5.27) および式 (5.28) を式 (5.35) に代入すると，

$$\left.\begin{aligned}
-\omega^2m_1X_{s1}\sin\omega t+k_1X_{s1}\sin\omega t+k_2(X_{s1}-X_{s2})\sin\omega t &= 0\\
-\omega^2m_2X_{s2}\sin\omega t+k_2(X_{s2}-X_{s1})\sin\omega t &= F_0\sin\omega t
\end{aligned}\right\}\qquad(5.36)$$

両辺を $\sin\omega t$ で割って整理すると，

$$\left.\begin{aligned}
(k_1+k_2-\omega^2m_1)X_{s1}-k_2X_{s2} &= 0\\
-k_2X_{s1}+(k_2-\omega^2m_2)X_{s2} &= F_0
\end{aligned}\right\}\qquad(5.37)$$

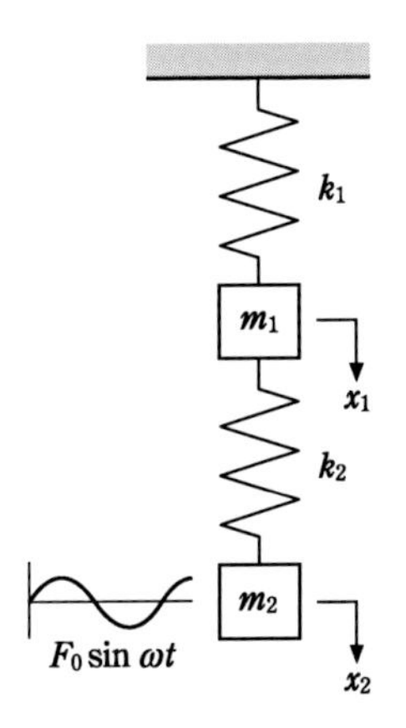

図 5.5　下の質点に力入力を受ける 2 自由度系

式 (5.30) を定常振動の振幅 X_{s1} および X_{s2} について解くと，

$$
\left.
\begin{aligned}
X_{s1} &= \frac{F_0 k_2}{(k_1+k_2-\omega^2 m_1)(k_2-\omega^2 m_2)-k_2{}^2} \\
X_{s2} &= \frac{F_0(k_1+k_2-\omega^2 m_1)}{(k_1+k_2-\omega^2 m_1)(k_2-\omega^2 m_2)-k_2{}^2}
\end{aligned}
\right\}
\tag{5.38}
$$

分母は 2 自由度系の固有振動数を求める式 (5.16) に等しい．式 (5.31) の分子および分母を $k_2{}^2$ で割って整理し，振幅倍率を求めると，

$$
\left.
\begin{aligned}
\frac{X_{s1}}{X_{st2}} &= \frac{1}{\left\{\dfrac{k_1}{k_2}+1-\dfrac{k_1}{k_2}\left(\dfrac{\omega}{\omega_1}\right)^2\right\}\left\{1-\left(\dfrac{\omega}{\omega_2}\right)^2\right\}-1} \\
\frac{X_{s2}}{X_{st2}} &= \frac{\dfrac{k_1}{k_2}+1-\dfrac{k_1}{k_2}\left(\dfrac{\omega}{\omega_1}\right)^2}{\left\{\dfrac{k_1}{k_2}+1-\dfrac{k_1}{k_2}\left(\dfrac{\omega}{\omega_1}\right)^2\right\}\left\{1-\left(\dfrac{\omega}{\omega_2}\right)^2\right\}-1}
\end{aligned}
\right\}
\tag{5.39}
$$

ここで，

$X_{st2} = \dfrac{F_0}{k_2}$ ：静的な力 F_0 が質点 2 に作用したときの質点 1 の変位

さらに，式 (5.39) は次のようになる．

$$\left.\begin{aligned}
\frac{X_{s1}}{X_{st2}} &= \frac{1}{\left\{\frac{1}{\gamma}\left(\frac{\omega_1}{\omega_2}\right)^2+1-\frac{1}{\gamma}\left(\frac{\omega_1}{\omega_2}\right)^2\left(\frac{\omega}{\omega_1}\right)^2\right\}\left\{1-\left(\frac{\omega}{\omega_2}\right)^2\right\}-1} \\
\frac{X_{s2}}{X_{st2}} &= \frac{\frac{1}{\gamma}\left(\frac{\omega_1}{\omega_2}\right)^2+1-\frac{1}{\gamma}\left(\frac{\omega_1}{\omega_2}\right)^2\left(\frac{\omega}{\omega_1}\right)^2}{\left\{\frac{1}{\gamma}\left(\frac{\omega_1}{\omega_2}\right)^2+1-\frac{1}{\gamma}\left(\frac{\omega_1}{\omega_2}\right)^2\left(\frac{\omega}{\omega_1}\right)^2\right\}\left\{1-\left(\frac{\omega}{\omega_2}\right)^2\right\}-1}
\end{aligned}\right\} \tag{5.40}$$

さらに，式 (5.40) は次のように書くこともできる．

$$\left.\begin{aligned}
\frac{X_{s1}}{X_{st2}} &= \frac{1}{\left\{\frac{1}{\gamma}\left(\frac{\omega_1}{\omega_2}\right)^2+1-\frac{1}{\gamma}\left(\frac{\omega}{\omega_2}\right)^2\right\}\left\{1-\left(\frac{\omega}{\omega_2}\right)^2\right\}-1} \\
\frac{X_{s2}}{X_{st2}} &= \frac{\frac{1}{\gamma}\left(\frac{\omega_1}{\omega_2}\right)^2+1-\frac{1}{\gamma}\left(\frac{\omega}{\omega_2}\right)^2}{\left\{\frac{1}{\gamma}\left(\frac{\omega_1}{\omega_2}\right)^2+1-\frac{1}{\gamma}\left(\frac{\omega}{\omega_2}\right)^2\right\}\left\{1-\left(\frac{\omega}{\omega_2}\right)^2\right\}-1}
\end{aligned}\right\} \tag{5.41}$$

図 5.6 に横軸に ω/ω_2 をとり，共振曲線の例を示す．

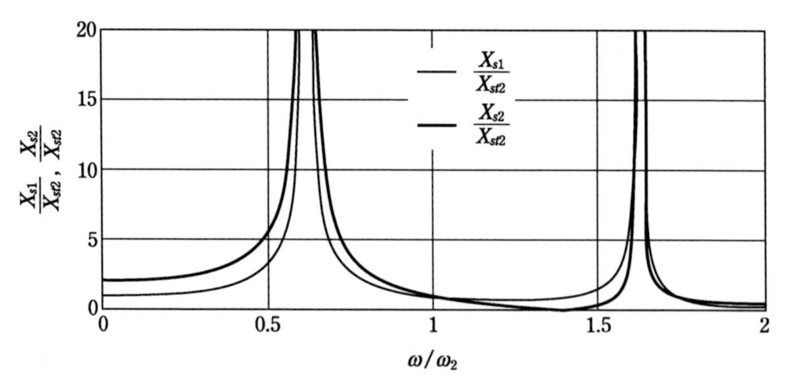

図 5.6　下の質点に入力を受ける 2 自由度系の共振曲線（$k_1 = k_2,\ \omega_1 = \omega_2$）

5.2.2　変位入力を受ける場合

変位による入力を受ける場合の定常振動を求める．**図 5.7** に示すように，基礎の部分に入力を受ける場合の運動方程式は，1 番目の質点に対する運動方程式に **3.2** 節と同様に考えると，

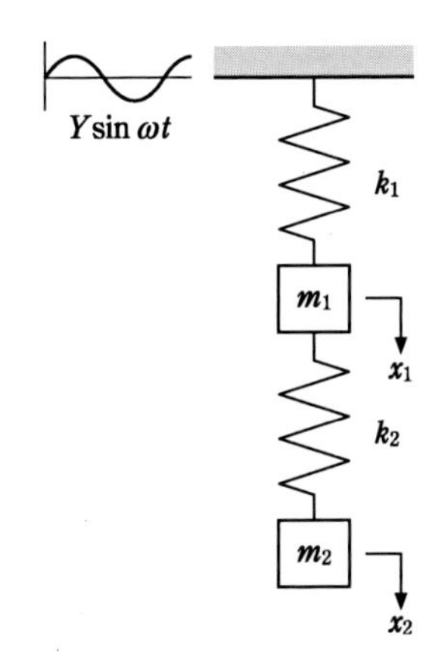

図 5.7 変位入力を受ける 2 自由度系

$$\left.\begin{aligned} m_1\ddot{x}_1+k_1(x_1-y)+k_2(x_1-x_2)=0 \\ m_2\ddot{x}_2+k_2(x_2-x_1)=0 \end{aligned}\right\} \tag{5.42}$$

$y=Y\sin\omega t$ とすると，式 (5.42) は，

$$\left.\begin{aligned} m_1\ddot{x}_1+k_1x_1+k_2(x_1-x_2)=k_1Y\sin\omega t \\ m_2\ddot{x}_2+k_2(x_2-x_1)=0 \end{aligned}\right\} \tag{5.43}$$

この場合には減衰がないので，定常振動は次式で与えられる．

$$\left.\begin{aligned} x_{s1}=X_{s1}\sin\omega t \\ x_{s2}=X_{s2}\sin\omega t \end{aligned}\right\} \tag{5.44}$$

式 (5.44) から加速度を求めると，

$$\left.\begin{aligned} \ddot{x}_{s1}=-\omega^2X_{s1}\sin\omega t \\ \ddot{x}_{s2}=-\omega^2X_{s2}\sin\omega t \end{aligned}\right\} \tag{5.45}$$

式 (5.44) は式 (5.43) の解であるから，式 (5.44) および式 (5.45) を式 (5.43) に代入すると，

$$\left.\begin{aligned} -\omega^2m_1X_{s1}\sin\omega t+k_1X_{s1}\sin\omega t+k_2(X_{s1}-X_{s2})\sin\omega t=k_1Y\sin\omega t \\ -\omega^2m_2X_{s2}\sin\omega t+k_2(X_{s2}-X_{s1})\sin\omega t=0 \end{aligned}\right\} \tag{5.46}$$

両辺を $\sin\omega t$ で割って整理すると，

$$\left.\begin{aligned}(k_1+k_2-\omega^2 m_1)X_{s1}-k_2X_{s2}&=k_1Y\\ -k_2X_{s1}+(k_2-\omega^2 m_2)X_{s2}&=0\end{aligned}\right\}\tag{5.47}$$

式 (5.47) を定常振動の振幅 X_{s1} および X_{s2} について解くと,

$$\left.\begin{aligned}X_{s1}&=\frac{k_1(k_2-\omega^2 m_2)Y}{(k_1+k_2-\omega^2 m_1)(k_2-\omega^2 m_2)-k_2{}^2}\\ X_{s2}&=\frac{k_1k_2Y}{(k_1+k_2-\omega^2 m_1)(k_2-\omega^2 m_2)-k_2{}^2}\end{aligned}\right\}\tag{5.48}$$

式 (5.48) の分子および分母を k_1k_2 で割って整理し，応答と入力の振幅比を求めると,

$$\left.\begin{aligned}\frac{X_{s1}}{Y}&=\frac{1-\left(\dfrac{\omega}{\omega_2}\right)^2}{\left\{1+\dfrac{k_2}{k_1}-\left(\dfrac{\omega}{\omega_1}\right)^2\right\}\left\{1-\left(\dfrac{\omega}{\omega_2}\right)^2\right\}-\dfrac{k_2}{k_1}}\\ \frac{X_{s2}}{Y}&=\frac{1}{\left\{1+\dfrac{k_2}{k_1}-\left(\dfrac{\omega}{\omega_1}\right)^2\right\}\left\{1-\left(\dfrac{\omega}{\omega_2}\right)^2\right\}-\dfrac{k_2}{k_1}}\end{aligned}\right\}\tag{5.49}$$

したがって，式の形は上の質点に力入力を受けた場合の振幅倍率と同じになる．さらに，式 (5.49) は質量比 γ を用いると次のようになる．

$$\left.\begin{aligned}\frac{X_{s1}}{Y}&=\frac{1-\left(\dfrac{\omega}{\omega_2}\right)^2}{\left\{1+\gamma\left(\dfrac{\omega_2}{\omega_1}\right)^2-\left(\dfrac{\omega}{\omega_1}\right)^2\right\}\left\{1-\left(\dfrac{\omega}{\omega_2}\right)^2\right\}-\gamma\left(\dfrac{\omega_2}{\omega_1}\right)^2}\\ \frac{X_{s2}}{Y}&=\frac{1}{\left\{1+\gamma\left(\dfrac{\omega_2}{\omega_1}\right)^2-\left(\dfrac{\omega}{\omega_1}\right)^2\right\}\left\{1-\left(\dfrac{\omega}{\omega_2}\right)^2\right\}-\gamma\left(\dfrac{\omega_2}{\omega_1}\right)^2}\end{aligned}\right\}\tag{5.50}$$

さらに，式 (5.50) は次のように書くこともできる．

$$\left.\begin{aligned}\frac{X_{s1}}{Y}&=\frac{1-\left(\dfrac{\omega_1}{\omega_2}\right)^2\left(\dfrac{\omega}{\omega_1}\right)^2}{\left\{1+\gamma\left(\dfrac{\omega_2}{\omega_1}\right)^2-\left(\dfrac{\omega}{\omega_1}\right)^2\right\}\left\{1-\left(\dfrac{\omega_1}{\omega_2}\right)^2\left(\dfrac{\omega}{\omega_1}\right)^2\right\}-\gamma\left(\dfrac{\omega_2}{\omega_1}\right)^2}\\ \frac{X_{s2}}{Y}&=\frac{1}{\left\{1+\gamma\left(\dfrac{\omega_2}{\omega_1}\right)^2-\left(\dfrac{\omega}{\omega_1}\right)^2\right\}\left\{1-\left(\dfrac{\omega_1}{\omega_2}\right)^2\left(\dfrac{\omega}{\omega_1}\right)^2\right\}-\gamma\left(\dfrac{\omega_2}{\omega_1}\right)^2}\end{aligned}\right\}\tag{5.51}$$

したがって，上の質点が力入力を受ける場合と同じ式になる．

図 5.8 に横軸に ω/ω_1 をとり，共振曲線の例を示す．式 (5.50) または式 (5.51) から，$\omega=\omega_2$，すなわち，入力の振動数が下の質点の固有振動数に等しいときに，上の質点の振幅は 0 になる．

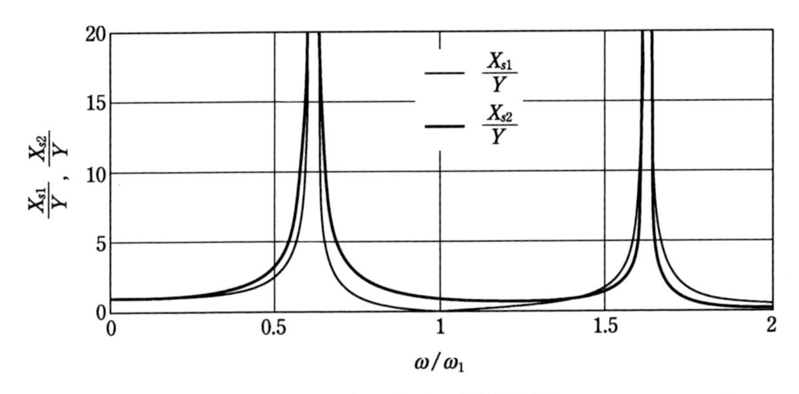

図 5.8　変位入力を受ける 2 自由度系の共振曲線（$k_1=k_2$, $\omega_1=\omega_2$）

5.3　回転を伴う振動

図 5.9 に示すような質量が m，縦の長さが $2h$，横の長さが $2b$ である長方形の剛体の下部が垂直方向と水平方向にばねで支持されている場合の振動を求める．剛体の回転中心回りの慣性モーメントを I_O とする．この系が水平方向に加振される場合を考える．

5.3.1　自由振動

図 5.9 において，剛体が水平方向に x だけ動き，回転中心回りに θ だけ回転した状態に着目する．ただし，θ は小さいものとする．剛体が水平方向に x だけ動いた場合に水平方向に $-2k_xx$ の力が作用する．回転中心回りに θ だけ回転した場合に水平方向に $-2k_xh\theta$ の力が作用する．したがって，水平方向の運動方程式は，

$$m\ddot{x}=-2k_xx-2k_xh\theta \tag{5.52}$$

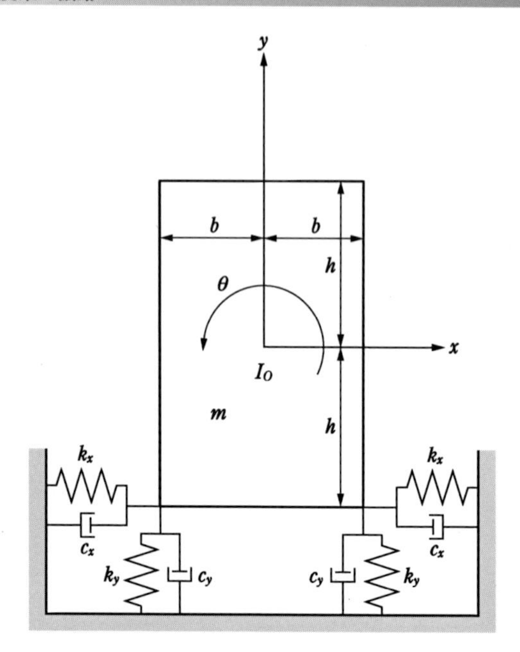

図 5.9　回転を伴う系

一方，剛体が回転中心回りにθだけ回転した場合に，回転中心回りに$-2k_xh^2\theta-2k_yb^2\theta$のモーメントが作用する．また，剛体が水平方向に$x$だけ動いたときに回転中心回りに$-2k_xhx$のモーメントが作用する．したがって，回転運動の運動方程式は，

$$I_O\ddot{\theta}=-2k_xh^2\theta-2k_yb^2\theta-2k_xhx \tag{5.53}$$

式(5.52)および式(5.53)から，

$$\left.\begin{aligned} &m\ddot{x}+2k_xx+2k_xh\theta=0\\ &I_O\ddot{\theta}+2k_xh^2\theta+2k_yb^2\theta+2k_xhx=0\end{aligned}\right\} \tag{5.54}$$

式(5.54)を行列を用いて表すと，

$$\begin{bmatrix} m & 0\\ 0 & I_O\end{bmatrix}\begin{bmatrix}\ddot{x}\\ \ddot{\theta}\end{bmatrix}+\begin{bmatrix}2k_x & 2k_xh\\ 2k_xh & 2k_xh^2+2k_yb^2\end{bmatrix}\begin{bmatrix}x\\ \theta\end{bmatrix}=\begin{bmatrix}0\\ 0\end{bmatrix} \tag{5.55}$$

自由振動を次式のようにおく．

$$\left.\begin{aligned} x&=X\cos(\omega t-\beta)\\ \theta&=\Theta\cos(\omega t-\beta)\end{aligned}\right\} \tag{5.56}$$

これらの式を 2 階微分すると，

$$\left.\begin{array}{l}\ddot{x}=-\omega^2 X\cos(\omega t-\beta)\\ \ddot{\theta}=-\omega^2\Theta\cos(\omega t-\beta)\end{array}\right\} \tag{5.57}$$

式 (5.56) および式 (5.57) を式 (5.54) に代入すると，

$$\left.\begin{array}{l}-\omega^2 mX+2k_x X+2k_x h\Theta=0\\ -\omega^2 I_O\Theta+(2k_x h^2+2k_y b^2)\Theta+2k_x hX=0\end{array}\right\} \tag{5.58}$$

式 (5.58) を行列で表すと，

$$\begin{bmatrix}2k_x-\omega^2 m & 2k_x h\\ 2k_x h & 2k_x h^2+2k_y b^2-\omega^2 I_O\end{bmatrix}\begin{bmatrix}X\\ \Theta\end{bmatrix}=\begin{bmatrix}0\\ 0\end{bmatrix} \tag{5.59}$$

式 (5.59) が成り立つためには，次式で示される行列式が 0 でなければならない．すなわち，

$$\begin{vmatrix}2k_x-\omega^2 m & 2k_x h\\ 2k_x h & 2k_x h^2+2k_y b^2-\omega^2 I_O\end{vmatrix}=0 \tag{5.60}$$

式 (5.60) の行列式を計算すると，

$$\begin{aligned}&(2k_x-\omega^2 m)(2k_x h^2+2k_y b^2-\omega^2 I_O)-(2k_x h)^2\\ &=mI_O\omega^4-\{(2k_x h^2+2k_y b^2)m+2k_x I_O\}\omega^2+2k_x(2k_x h^2+2k_y b^2)-(2k_x h)^2\\ &=0\end{aligned} \tag{5.61}$$

両辺を mI_O で割ると，

$$\omega^4-\left(\frac{2k_x h^2+2k_y b^2}{I_O}+\frac{2k_x}{m}\right)\omega^2+\frac{2k_x(2k_x h^2+2k_y b^2)}{mI_O}-\frac{(2k_x h)^2}{mI_O}=0 \tag{5.62}$$

ここで，

$$\left.\begin{array}{l}\omega_x{}^2=\dfrac{2k_x}{m}\\ \omega_\theta{}^2=\dfrac{2k_x h^2+2k_y b^2}{I_O}\end{array}\right\} \tag{5.63}$$

とおき，

$$I_O=\frac{m(b^2+h^2)}{3} \tag{5.64}$$

であることを考慮すると，式 (5.62) は次式のようになる．

$$\omega^4-(\omega_x{}^2+\omega_\theta{}^2)\omega^2+\omega_x{}^2\omega_\theta{}^2-\frac{3\omega_x{}^4}{\left(\dfrac{b}{h}\right)^2+1}=0 \tag{5.65}$$

ω^2 について解くと，

$$\begin{aligned}\omega^2&=\frac{(\omega_x{}^2+\omega_\theta{}^2)\mp\sqrt{(\omega_x{}^2+\omega_\theta{}^2)^2-4\omega_x{}^2\omega_\theta{}^2+\dfrac{12\omega_x{}^4}{\left(\dfrac{b}{h}\right)^2+1}}}{2}\\&=\frac{(\omega_x{}^2+\omega_\theta{}^2)\mp\sqrt{(\omega_x{}^2-\omega_\theta{}^2)^2+\dfrac{12\omega_x{}^4}{\left(\dfrac{b}{h}\right)^2+1}}}{2}\end{aligned} \tag{5.66}$$

小さい解を $\omega_{\mathrm{I}}{}^2$，大きい解を $\omega_{\mathrm{II}}{}^2$ とおくと，

$$\left.\begin{aligned}\omega_{\mathrm{I}}{}^2&=\frac{(\omega_x{}^2+\omega_\theta{}^2)-\sqrt{(\omega_x{}^2-\omega_\theta{}^2)^2+\dfrac{12\omega_x{}^4}{\left(\dfrac{b}{h}\right)^2+1}}}{2}\\\omega_{\mathrm{II}}{}^2&=\frac{(\omega_x{}^2+\omega_\theta{}^2)+\sqrt{(\omega_x{}^2-\omega_\theta{}^2)^2+\dfrac{12\omega_x{}^4}{\left(\dfrac{b}{h}\right)^2+1}}}{2}\end{aligned}\right\} \tag{5.67}$$

固有振動モードは，

$$\left.\begin{aligned}r_{\mathrm{I}}&=\frac{X^{\mathrm{I}}}{h\Theta^{\mathrm{I}}}=\frac{-2k_x}{2k_x-\omega_{\mathrm{I}}{}^2m}=\frac{-\omega_x{}^2}{\omega_x{}^2-\omega_{\mathrm{I}}{}^2}\\&=-\frac{2k_xh^2+2k_yb^2-\omega_{\mathrm{I}}{}^2I_O}{2k_xh^2}=-\frac{\omega_\theta{}^2-\omega_{\mathrm{I}}{}^2}{\dfrac{3\omega_x{}^2}{\left(\dfrac{b}{h}\right)^2+1}}\\r_{\mathrm{II}}&=\frac{X^{\mathrm{II}}}{h\Theta^{\mathrm{II}}}=\frac{-2k_x}{2k_x-\omega_{\mathrm{II}}{}^2m}=\frac{-\omega_x{}^2}{\omega_x{}^2-\omega_{\mathrm{II}}{}^2}\\&=-\frac{2k_xh^2+2k_yb^2-\omega_{\mathrm{II}}{}^2I_O{}^2}{I_O2k_xh^2}=-\frac{\omega_\theta{}^2-\omega_{\mathrm{II}}{}^2}{\dfrac{3\omega_x{}^2}{\left(\dfrac{b}{h}\right)^2+1}}\end{aligned}\right\} \tag{5.68}$$

このように，回転運動をθで表すよりも$h\theta$で表すほうが都合がよいので，以後はθではなく，$h\theta$で表す．

5.3.2 強制振動

剛体の下部に次式で表される水平方向の変位入力を受ける場合の定常振動を求める．

$$u = U \sin \omega t \tag{5.69}$$

運動方程式は，式 (5.54)，式 (5.63) および式 (5.64) を用いると，

$$\left.\begin{aligned} &\ddot{x} + \omega_x{}^2(x-u) + \omega_x{}^2(h\theta) = 0 \\ &h\ddot{\theta} + \omega_\theta{}^2(h\theta) + 3\frac{\omega_x{}^2}{\left(\dfrac{b}{h}\right)^2+1}(x-u) = 0 \end{aligned}\right\} \tag{5.70}$$

式 (5.69) を式 (5.70) に代入すると，

$$\left.\begin{aligned} &\ddot{x} + \omega_x{}^2 x + \omega_x{}^2(h\theta) = \omega_x{}^2 U \sin \omega t \\ &h\ddot{\theta} + \omega_\theta{}^2(h\theta) + 3\frac{\omega_x{}^2}{\left(\dfrac{b}{h}\right)^2+1}x = 3\frac{\omega_x{}^2}{\left(\dfrac{b}{h}\right)^2+1}U \sin \omega t \end{aligned}\right\} \tag{5.71}$$

定常振動を，

$$\left.\begin{aligned} x_s &= X_s \sin \omega t \\ h\theta_s &= h\Theta_s \sin \omega t \end{aligned}\right\} \tag{5.72}$$

とおくと，

$$\left.\begin{aligned} \ddot{x}_s &= -\omega^2 X_s \sin \omega t \\ h\ddot{\theta}_s &= -\omega^2 h\Theta_s \sin \omega t \end{aligned}\right\} \tag{5.73}$$

式 (5.72) および式 (5.73) を式 (5.71) に代入し，さらに，

$$D = 3\frac{\omega_x{}^2}{\left(\dfrac{b}{h}\right)^2+1}$$

とおくと，

$$\left.\begin{aligned} &-\omega^2 X_s \sin \omega t + \omega_x{}^2 X_s \sin \omega t + \omega_x{}^2(h\Theta_s)\sin \omega t = \omega_x{}^2 U \sin \omega t \\ &-\omega^2(h\Theta_s)\sin \omega t + \omega_\theta{}^2(h\Theta_s)\sin \omega t + DX_s \sin \omega t = DU \sin \omega t \end{aligned}\right\} \tag{5.74}$$

したがって，

$$\left.\begin{aligned}(\omega_x{}^2-\omega^2)X_s+\omega_x{}^2(h\Theta_s)&=\omega_x{}^2U\\ DX_s+(\omega_\theta{}^2-\omega^2)(h\Theta_s)&=DU\end{aligned}\right\}\tag{5.75}$$

式 (5.75) を X_s および $h\Theta$ について解くと，

$$\left.\begin{aligned}X_s&=\frac{\omega_x{}^2(\omega_\theta{}^2-\omega^2)-\omega_x{}^2D}{(\omega_x{}^2-\omega^2)(\omega_\theta{}^2-\omega^2)-\omega_x{}^2D}U\\ h\Theta_s&=\frac{D(\omega_x{}^2-\omega^2)-\omega_x{}^2D}{(\omega_x{}^2-\omega^2)(\omega_\theta{}^2-\omega^2)-\omega_x{}^2D}U\end{aligned}\right\}\tag{5.76}$$

ここで，

$$\omega_\theta{}^2=\frac{\omega_x{}^2}{\left(\dfrac{b}{h}\right)^2+1}+\frac{\omega_y{}^2}{1+\left(\dfrac{h}{b}\right)^2}\tag{5.77}$$

$$\omega_y{}^2=\frac{2k_y}{m}\tag{5.78}$$

コラム

2自由度系では固有振動数が2つあり，それぞれに固有振動モードが対応する．おもりとばねを2個ずつ使って，2つの固有振動数と振動モードを出す実験をしてみよう．1次振動の場合は2個のおもりを同じ方向に振動させる．2次の振動の場合は2個のおもりを反対方向に振動させる．これらのことによって，それぞれ1次固有振動モードと2次固有振動モードが現れる．

第5章で学んだこと

○運動方程式

Ⅰ次固有円振動数・Ⅱ次固有円振動数

Ⅰ次固有振動モード・Ⅱ次固有振動モード

○強制振動（力入力・変位入力）

○回転運動を伴う振動

第5章　演習問題

1. **問題図 5.1** に示す2自由度系のⅠ次およびⅡ次の固有円振動数および固有振動モードを求めよ．

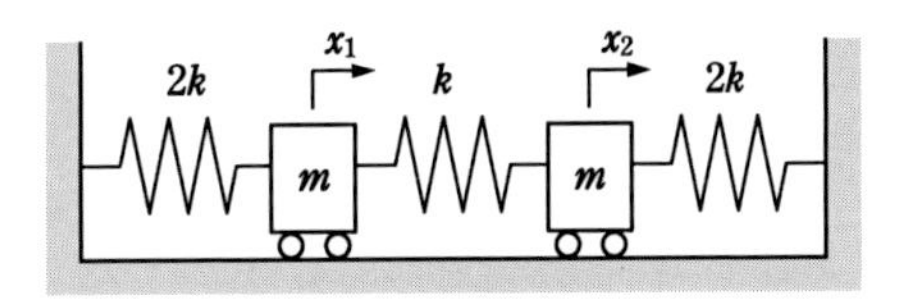

問題図 5.1

2. 問題図 5.1 の2自由度系で，$m = 10\,\mathrm{kg}$，$k = 16\,000\,\mathrm{N/m}$ であり，$t = 0$ のときに $x_1 = 0\,\mathrm{m}$，$x_2 = 0\,\mathrm{m}$，$\dot{x}_1 = 0\,\mathrm{m/s}$，$\dot{x}_2 = 0.4\,\mathrm{m/s}$ である場合のそれぞれの質点の自由振動を求めよ．
3. **問題図 5.2** で上の質点とばねからなる1自由度系の固有円振動数 ω_2 と下の質点とばねからなる1自由度系の固有円振動数 ω_1 が等しく，上の質点と下の質点の質量の比が 0.1 であるとする．入力の円振動数 ω と ω_1 の比 ω/ω_1 が 0.9 のときと 1.1 のときの両方の質点の振幅倍率を求めよ．

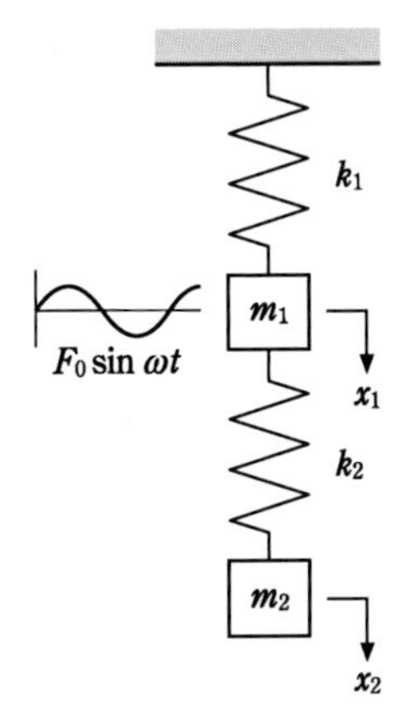

問題図 5.2

4. **問題図 5.3** に示す振動系で，長方形の長さ $(2b)$ が 1 m，高さ $(2h)$ が 2 m であり，質量 m が 200 kg である．ばね定数は $k_x = 50\,000$ N/m，$k_y = 30\,000$ N/m である．I次およびII次の固有円振動数および固有振動モードを求めよ．

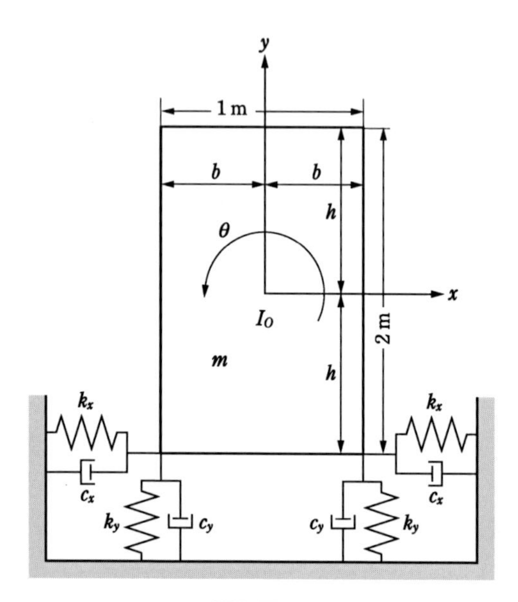

問題図 5.3

第 6 章

多自由度系の振動

第 5 章では 2 自由度系の振動について述べた．第 5 章でも述べたように，物体は厳密には多くの質点やばねなどから構成されている．したがって，物体の振動を細かく求めたい場合には多自由度系の振動を考えなければならない．この場合には，系を 1 自由度系に分解してその振動を計算し，その結果を合成するモード解析法とよばれる方法を用いることが多い．しかしながら，3 自由度系以上の自由度をもつ系に対しては，手計算による計算が困難となる．このような場合に対する多くの計算法が提案されている．これらの計算法は参考書を参照してほしい．本章では 2 自由度系を対象にモード解析法の基礎について述べる．

6.1　多自由度系の自由振動

図 5.1 に示すように，質点とばねが連結されている 2 自由度系を考える．

6.1.1　運動方程式

運動方程式は，式 (5.6) または式 (5.7) のように表せることはすでに述べた．

$$\left.\begin{aligned} m_1\ddot{x}_1+k_1x_1+k_2(x_1-x_2) &= 0 \\ m_2\ddot{x}_2+k_2(x_2-x_1) &= 0 \end{aligned}\right\} \tag{5.6}$$

$$\begin{bmatrix} m_1 & 0 \\ 0 & m_2 \end{bmatrix}\begin{bmatrix} \ddot{x}_1 \\ \ddot{x}_2 \end{bmatrix}+\begin{bmatrix} k_1+k_2 & -k_2 \\ -k_2 & k_2 \end{bmatrix}\begin{bmatrix} x_1 \\ x_2 \end{bmatrix}=\begin{bmatrix} 0 \\ 0 \end{bmatrix} \tag{5.7}$$

式 (5.7) を次のように書く．

$$\boldsymbol{M}\ddot{\boldsymbol{x}}+\boldsymbol{K}\boldsymbol{x}=\boldsymbol{0} \tag{5.8}$$

ここで，

$$\boldsymbol{M}=\begin{bmatrix} m_1 & 0 \\ 0 & m_2 \end{bmatrix},\ \boldsymbol{K}=\begin{bmatrix} k_1+k_2 & -k_2 \\ -k_2 & k_2 \end{bmatrix},\ \ddot{\boldsymbol{x}}=\begin{bmatrix} \ddot{x}_1 \\ \ddot{x}_2 \end{bmatrix},\ \boldsymbol{x}=\begin{bmatrix} x_1 \\ x_2 \end{bmatrix},\ \boldsymbol{0}=\begin{bmatrix} 0 \\ 0 \end{bmatrix} \tag{5.9}$$

$\boldsymbol{M}$ は質量行列，$\boldsymbol{K}$ は剛性行列，$\ddot{\boldsymbol{x}}$ は加速度ベクトル，$\boldsymbol{x}$ は変位ベクトル，$\boldsymbol{0}$ はゼロベクトルである．

6.1.2　固有値と固有ベクトル

式 (5.6) で表された運動方程式に各質点の振幅，加速度を代入し，整理すると式 (5.13) または行列を用いて式 (5.14) が求められる．

$$\left.\begin{aligned} (k_1+k_2-\omega^2 m_1)X_1-k_2X_2=0 \\ -k_2X_1+(k_2-\omega^2 m_2)X_2=0 \end{aligned}\right\} \tag{5.13}$$

$$\begin{bmatrix} k_1+k_2-\omega^2 m_1 & -k_2 \\ -k_2 & k_2-\omega^2 m_2 \end{bmatrix}\begin{bmatrix} X_1 \\ X_2 \end{bmatrix}=\begin{bmatrix} 0 \\ 0 \end{bmatrix} \tag{5.14}$$

ここで，

$$\lambda=\omega^2 \tag{6.1}$$

とおく．式 (6.1) を式 (5.14) に代入すると，次式が成り立つ．

$$\begin{bmatrix} k_1+k_2-\lambda m_1 & -k_2 \\ -k_2 & k_2-\lambda m_2 \end{bmatrix}\begin{bmatrix} X_1 \\ X_2 \end{bmatrix}=\begin{bmatrix} 0 \\ 0 \end{bmatrix} \tag{6.2}$$

式 (6.2) を式 (5.9) を用いて表すと，

$$[\boldsymbol{K}-\lambda\boldsymbol{M}]\boldsymbol{x}=\boldsymbol{0} \tag{6.3}$$

さらに，式 (5.15) のように，次式で示される行列式が 0 でなければならない．

$$\begin{vmatrix} k_1+k_2-\omega^2 m_1 & -k_2 \\ -k_2 & k_2-\omega^2 m_2 \end{vmatrix}=0 \tag{5.15}$$

式 (5.15) との対応を考えると，次式が成り立つ．

$$|\boldsymbol{K}-\lambda\boldsymbol{M}|=\boldsymbol{0} \tag{6.4}$$

ここで，λ を固有値 (eigenvalue) という．式 (6.4) から得られる λ の平方根が固有円振動数になる．固有値は 2 つ求まる．それぞれの固有振動数に対して固有振動モードが次式のように求まった．

$$\frac{X_2}{X_1}=\frac{k_1+k_2-\omega^2 m_1}{k_2}=\frac{k_2}{k_2-\omega^2 m_2} \tag{5.23}$$

この式を固有値を用いて表すと,

$$\frac{X_2}{X_1}=\frac{k_1+k_2-\lambda m_1}{k_2}=\frac{k_2}{k_2-\lambda m_2} \tag{6.5}$$

これを, 次のようにベクトルで表示したものを, 固有ベクトル (eigenvector) またはモードベクトル (modal vector) とよぶ.

$$\boldsymbol{\phi}=\begin{bmatrix}1\\ \dfrac{X_2}{X_1}\end{bmatrix} \tag{6.6}$$

固有振動モードは次式のようになった.

$$\left.\begin{aligned} r_{\mathrm{I}}&=\frac{X_2^{\mathrm{I}}}{X_1^{\mathrm{I}}}=\frac{k_1+k_2-\omega_{\mathrm{I}}^2 m_1}{k_2}=\frac{k_2}{k_2-\omega_{\mathrm{I}}^2 m_2}\\ r_{\mathrm{II}}&=\frac{X_2^{\mathrm{II}}}{X_1^{\mathrm{II}}}=\frac{k_1+k_2-\omega_{\mathrm{II}}^2 m_1}{k_2}=\frac{k_2}{k_2-\omega_{\mathrm{II}}^2 m_2}\end{aligned}\right\} \tag{5.24}$$

Ⅰ次およびⅡ次の固有ベクトルは次式のようになる.

$$\boldsymbol{\phi}_{\mathrm{I}}=\begin{bmatrix}1\\ r_{\mathrm{I}}\end{bmatrix},\ \boldsymbol{\phi}_{\mathrm{II}}=\begin{bmatrix}1\\ r_{\mathrm{II}}\end{bmatrix} \tag{6.7}$$

また, 固有ベクトルを次のように並べた行列をモード行列とよぶ.

$$\boldsymbol{\Phi}=\begin{bmatrix}1 & 1\\ r_{\mathrm{I}} & r_{\mathrm{II}}\end{bmatrix} \tag{6.8}$$

モード行列を用いると, $\boldsymbol{M}$ および $\boldsymbol{K}$ が対角行列のときに, $\boldsymbol{\Phi}^T\boldsymbol{M}\boldsymbol{\Phi}$ および $\boldsymbol{\Phi}^T\boldsymbol{K}\boldsymbol{\Phi}$ は対角行列になる. ここで T は転置行列を表す. このことを固有ベクトルを用いて表すと,

$$\begin{aligned}\boldsymbol{\phi}_{\mathrm{I}}{}^T\boldsymbol{M}\boldsymbol{\phi}_{\mathrm{I}}&=M_{\mathrm{I}}\\ \boldsymbol{\phi}_{\mathrm{II}}{}^T\boldsymbol{M}\boldsymbol{\phi}_{\mathrm{II}}&=M_{\mathrm{II}}\\ \boldsymbol{\phi}_{\mathrm{I}}{}^T\boldsymbol{K}\boldsymbol{\phi}_{\mathrm{I}}&=K_{\mathrm{I}}\\ \boldsymbol{\phi}_{\mathrm{II}}{}^T\boldsymbol{K}\boldsymbol{\phi}_{\mathrm{II}}&=K_{\mathrm{II}}\end{aligned} \tag{6.9}$$

さらに,

$$
\begin{aligned}
&\boldsymbol{\phi}_{\mathrm{I}}{}^{T}\boldsymbol{M}\boldsymbol{\phi}_{\mathrm{II}} = 0\\
&\boldsymbol{\phi}_{\mathrm{II}}{}^{T}\boldsymbol{M}\boldsymbol{\phi}_{\mathrm{I}} = 0\\
&\boldsymbol{\phi}_{\mathrm{I}}{}^{T}\boldsymbol{K}\boldsymbol{\phi}_{\mathrm{II}} = 0\\
&\boldsymbol{\phi}_{\mathrm{II}}{}^{T}\boldsymbol{K}\boldsymbol{\phi}_{\mathrm{I}} = 0
\end{aligned}
\tag{6.10}
$$

式 (6.9) を用いると I 次および II 次の固有円振動数はそれぞれ次のようになる.

$$
\left.
\begin{aligned}
\omega_{\mathrm{I}} &= \sqrt{\frac{K_{\mathrm{I}}}{M_{\mathrm{I}}}}\\
\omega_{\mathrm{II}} &= \sqrt{\frac{K_{\mathrm{II}}}{M_{\mathrm{II}}}}
\end{aligned}
\right\}
\tag{6.11}
$$

例題 6.1　例題 5.1 から，図 5.1 の 2 自由度系で，$m_1 = 2\,\mathrm{kg}$，$k_1 = 2\times 10^4\,\mathrm{N/m}$，$m_2 = 1\,\mathrm{kg}$，$k_2 = 10^4\,\mathrm{N/m}$ である場合の I 次および II 次の固有円振動数がそれぞれ $\omega_{\mathrm{I}} = 70.7\,\mathrm{rad/s}$ および $\omega_{\mathrm{II}} = 141\,\mathrm{rad/s}$，固有振動モードがそれぞれ $r_{\mathrm{I}} = 2$ および $r_{\mathrm{II}} = -1$ である. M_{I}，M_{II}，K_{I}，K_{II} を求め，式 (6.10) および式 (6.11) が成り立つことを確認せよ.

解

式 (5.9) から，

$$
\boldsymbol{M} = \begin{bmatrix} 2 & 0 \\ 0 & 1 \end{bmatrix},\ \boldsymbol{K} = \begin{bmatrix} 3\times 10^4 & -10^4 \\ -10^4 & 10^4 \end{bmatrix}
$$

また，式 (6.7) から，

$$
\boldsymbol{\phi}_{\mathrm{I}} = \begin{bmatrix} 1 \\ 2 \end{bmatrix},\ \boldsymbol{\phi}_{\mathrm{II}} = \begin{bmatrix} 1 \\ -1 \end{bmatrix}
$$

式 (6.9) から，

$$
M_{\mathrm{I}} = \boldsymbol{\phi}_{\mathrm{I}}{}^{T}\boldsymbol{M}\boldsymbol{\phi}_{\mathrm{I}} = [1 \quad 2]\begin{bmatrix} 2 & 0 \\ 0 & 1 \end{bmatrix}\begin{bmatrix} 1 \\ 2 \end{bmatrix} = [2 \quad 2]\begin{bmatrix} 1 \\ 2 \end{bmatrix} = 6\,\mathrm{kg}
$$

$$
M_{\mathrm{II}} = \boldsymbol{\phi}_{\mathrm{II}}{}^{T}\boldsymbol{M}\boldsymbol{\phi}_{\mathrm{II}} = [1 \quad -1]\begin{bmatrix} 2 & 0 \\ 0 & 1 \end{bmatrix}\begin{bmatrix} 1 \\ -1 \end{bmatrix} = [2 \quad -1]\begin{bmatrix} 1 \\ -1 \end{bmatrix} = 3\,\mathrm{kg}
$$

$$
K_{\mathrm{I}} = \boldsymbol{\phi}_{\mathrm{I}}{}^{T}\boldsymbol{K}\boldsymbol{\phi}_{\mathrm{I}} = [1 \quad 2]\begin{bmatrix} 3\times 10^4 & -10^4 \\ -10^4 & 10^4 \end{bmatrix}\begin{bmatrix} 1 \\ 2 \end{bmatrix}
$$

$$= [10^4 \quad 10^4]\begin{bmatrix}1\\2\end{bmatrix} = 3\times10^4\ \mathrm{N/m}$$

$$K_{\mathrm{II}} = \boldsymbol{\phi}_{\mathrm{II}}{}^T\boldsymbol{K}\boldsymbol{\phi}_{\mathrm{II}} = [1 \quad -1]\begin{bmatrix}3\times10^4 & -10^4\\ -10^4 & 10^4\end{bmatrix}\begin{bmatrix}1\\-1\end{bmatrix}$$

$$= [4\times10^4 \quad -2\times10^4]\begin{bmatrix}1\\-1\end{bmatrix} = 6\times10^4\ \mathrm{N/m}$$

式 (6.10) から,

$$\boldsymbol{\phi}_{\mathrm{I}}{}^T\boldsymbol{M}\boldsymbol{\phi}_{\mathrm{II}} = [1 \quad 2]\begin{bmatrix}2 & 0\\ 0 & 1\end{bmatrix}\begin{bmatrix}1\\-1\end{bmatrix} = [2 \quad 2]\begin{bmatrix}1\\-1\end{bmatrix} = 0\ \mathrm{kg}$$

$$\boldsymbol{\phi}_{\mathrm{II}}{}^T\boldsymbol{M}\boldsymbol{\phi}_{\mathrm{I}} = [1 \quad -1]\begin{bmatrix}2 & 0\\ 0 & 1\end{bmatrix}\begin{bmatrix}1\\2\end{bmatrix} = [2 \quad -1]\begin{bmatrix}1\\2\end{bmatrix} = 0\ \mathrm{kg}$$

$$\boldsymbol{\phi}_{\mathrm{I}}{}^T\boldsymbol{K}\boldsymbol{\phi}_{\mathrm{II}} = [1 \quad 2]\begin{bmatrix}3\times10^4 & -10^4\\ -10^4 & 10^4\end{bmatrix}\begin{bmatrix}1\\-1\end{bmatrix} = [10^4 \quad 10^4]\begin{bmatrix}1\\-1\end{bmatrix} = 0\ \mathrm{N/m}$$

$$\boldsymbol{\phi}_{\mathrm{II}}{}^T\boldsymbol{K}\boldsymbol{\phi}_{\mathrm{I}} = [1 \quad -1]\begin{bmatrix}3\times10^4 & -10^4\\ -10^4 & 10^4\end{bmatrix}\begin{bmatrix}1\\2\end{bmatrix}$$

$$= [4\times10^4 \quad -2\times10^4]\begin{bmatrix}1\\2\end{bmatrix} = 0\ \mathrm{N/m}$$

式 (6.11) から,

$$\left.\begin{aligned}\omega_{\mathrm{I}} &= \sqrt{\frac{3\times10^4}{6}} = 70.7\ \mathrm{rad/s}\\ \omega_{\mathrm{II}} &= \sqrt{\frac{6\times10^4}{3}} = 141\ \mathrm{rad/s}\end{aligned}\right\}$$

6.2 多自由度系の強制振動

多自由度系の強制振動の例として，**5.2.1** で扱った 図 5.3 に示す力入力を受ける 2 自由度系の定常振動応答を求める．運動方程式は式 (5.26) から,

$$\left.\begin{aligned}&m_1\ddot{x}_1+k_1x_1+k_2(x_1-x_2) = F_0\sin\omega t\\ &m_2\ddot{x}_2+k_2(x_2-x_1) = 0\end{aligned}\right\} \tag{5.26}$$

この式を行列を用いて表すと，

$$\begin{bmatrix} m_1 & 0 \\ 0 & m_2 \end{bmatrix}\begin{bmatrix} \ddot{x}_1 \\ \ddot{x}_2 \end{bmatrix}+\begin{bmatrix} k_1+k_2 & -k_2 \\ -k_2 & k_2 \end{bmatrix}\begin{bmatrix} x_1 \\ x_2 \end{bmatrix}=\begin{bmatrix} F_0 \sin \omega t \\ 0 \end{bmatrix} \tag{6.12}$$

式 (6.12) を式 (5.8) のように表すと，

$$\boldsymbol{M}\ddot{\boldsymbol{x}}+\boldsymbol{K}\boldsymbol{x}=\boldsymbol{F} \tag{6.13}$$

$\boldsymbol{F}$ は力ベクトルであり，次式で表される．

$$\boldsymbol{F}=\begin{bmatrix} F_0 \sin \omega t \\ 0 \end{bmatrix} \tag{6.14}$$

変位ベクトル $\boldsymbol{x}$ がモード行列 $\boldsymbol{\Phi}$ を用いて次式で表されるものと仮定する．

$$\boldsymbol{x}=\boldsymbol{\Phi}\boldsymbol{q} \tag{6.15}$$

ここで，$\boldsymbol{q}$ は一般化座標ベクトルである．2自由度系の場合には，

$$\boldsymbol{x}=\boldsymbol{\phi}_{\mathrm{I}}q_{\mathrm{I}}+\boldsymbol{\phi}_{\mathrm{II}}q_{\mathrm{II}} \tag{6.16}$$

式 (6.16) を式 (6.13) に代入し，左側から $\boldsymbol{\phi}_{\mathrm{I}}{}^T$ を掛けると，

$$\boldsymbol{\phi}_{\mathrm{I}}{}^T\boldsymbol{M}\boldsymbol{\phi}_{\mathrm{I}}\ddot{q}_{\mathrm{I}}+\boldsymbol{\phi}_{\mathrm{I}}{}^T\boldsymbol{M}\boldsymbol{\phi}_{\mathrm{II}}\ddot{q}_{\mathrm{II}}+\boldsymbol{\phi}_{\mathrm{I}}{}^T\boldsymbol{K}\boldsymbol{\phi}_{\mathrm{I}}q_{\mathrm{I}}+\boldsymbol{\phi}_{\mathrm{I}}{}^T\boldsymbol{K}\boldsymbol{\phi}_{\mathrm{II}}q_{\mathrm{II}}=\boldsymbol{\phi}_{\mathrm{I}}{}^T\boldsymbol{F} \tag{6.17}$$

式 (6.10) から，$\boldsymbol{\phi}_{\mathrm{I}}{}^T\boldsymbol{M}\boldsymbol{\phi}_{\mathrm{II}}=0$，$\boldsymbol{\phi}_{\mathrm{I}}{}^T\boldsymbol{K}\boldsymbol{\phi}_{\mathrm{II}}=0$ であるから，式 (6.17) は次式のようになる．

$$\boldsymbol{\phi}_{\mathrm{I}}{}^T\boldsymbol{M}\boldsymbol{\phi}_{\mathrm{I}}\ddot{q}_{\mathrm{I}}+\boldsymbol{\phi}_{\mathrm{I}}{}^T\boldsymbol{K}\boldsymbol{\phi}_{\mathrm{I}}q_{\mathrm{I}}=\boldsymbol{\phi}_{\mathrm{I}}{}^T\boldsymbol{F} \tag{6.18}$$

同様に式 (6.16) を式 (6.13) に代入し，左側から $\boldsymbol{\phi}_{\mathrm{II}}{}^T$ を掛けて整理すると，

$$\boldsymbol{\phi}_{\mathrm{II}}{}^T\boldsymbol{M}\boldsymbol{\phi}_{\mathrm{II}}\ddot{q}_{\mathrm{II}}+\boldsymbol{\phi}_{\mathrm{II}}{}^T\boldsymbol{K}\boldsymbol{\phi}_{\mathrm{II}}q_{\mathrm{II}}=\boldsymbol{\phi}_{\mathrm{II}}{}^T\boldsymbol{F} \tag{6.19}$$

式 (6.9) から，$\boldsymbol{\phi}_{\mathrm{I}}{}^T\boldsymbol{M}\boldsymbol{\phi}_{\mathrm{I}}=M_{\mathrm{I}}$，$\boldsymbol{\phi}_{\mathrm{II}}{}^T\boldsymbol{M}\boldsymbol{\phi}_{\mathrm{II}}=M_{\mathrm{II}}$，$\boldsymbol{\phi}_{\mathrm{I}}{}^T\boldsymbol{K}\boldsymbol{\phi}_{\mathrm{I}}=K_{\mathrm{I}}$，$\boldsymbol{\phi}_{\mathrm{II}}{}^T\boldsymbol{K}\boldsymbol{\phi}_{\mathrm{II}}=K_{\mathrm{II}}$ であるから，これらを式 (6.18) および式 (6.19) に代入すると，

$$\left.\begin{aligned} M_{\mathrm{I}}\ddot{q}_{\mathrm{I}}+K_{\mathrm{I}}q_{\mathrm{I}}&=F_{\mathrm{I}} \\ M_{\mathrm{II}}\ddot{q}_{\mathrm{II}}+K_{\mathrm{II}}q_{\mathrm{II}}&=F_{\mathrm{II}} \end{aligned}\right\} \tag{6.20}$$

ここで，

$$\left.\begin{aligned} F_{\mathrm{I}}&=\boldsymbol{\phi}_{\mathrm{I}}{}^T\boldsymbol{F} \\ F_{\mathrm{II}}&=\boldsymbol{\phi}_{\mathrm{II}}{}^T\boldsymbol{F} \end{aligned}\right\} \tag{6.21}$$

式 (6.20) の定常振動応答は，

$$\left.\begin{aligned} q_{\mathrm{I}} &= \frac{F_{\mathrm{I}}}{K_{\mathrm{I}} - M_{\mathrm{I}}\omega^2} \\ q_{\mathrm{II}} &= \frac{F_{\mathrm{II}}}{K_{\mathrm{II}} - M_{\mathrm{II}}\omega^2} \end{aligned}\right\} \tag{6.22}$$

式 (6.16) から，

$$\boldsymbol{x} = \frac{F_{\mathrm{I}}}{K_{\mathrm{I}} - M_{\mathrm{I}}\omega^2}\boldsymbol{\phi}_{\mathrm{I}} + \frac{F_{\mathrm{II}}}{K_{\mathrm{II}} - M_{\mathrm{II}}\omega^2}\boldsymbol{\phi}_{\mathrm{II}} \tag{6.23}$$

例題 6.2　例題 6.1 の結果を用いて，図 5.3 で，$m_1 = 2\,\mathrm{kg}$，$k_1 = 2 \times 10^4\,\mathrm{N/m}$，$m_2 = 1\,\mathrm{kg}$，$k_2 = 10^4\,\mathrm{N/m}$ である 2 自由度系の上の質点に振幅が 10 N，振動数が 10 Hz の入力を受ける場合のそれぞれの質点の定常振動応答を求めよ．

解

例題 6.1 から，$M_{\mathrm{I}} = 6\,\mathrm{kg}$，$M_{\mathrm{II}} = 3\,\mathrm{kg}$，$K_{\mathrm{I}} = 3 \times 10^4\,\mathrm{N/m}$，$K_{\mathrm{II}} = 6 \times 10^4\,\mathrm{N/m}$である．また，

$$\boldsymbol{\phi}_{\mathrm{I}} = \begin{bmatrix} 1 \\ 2 \end{bmatrix},\ \boldsymbol{\phi}_{\mathrm{II}} = \begin{bmatrix} 1 \\ -1 \end{bmatrix}$$

である．さらに，入力の円振動数は$\omega = 2\pi \times 10 = 62.8\,\mathrm{rad/s}$ であるから，

$$\boldsymbol{F} = \begin{bmatrix} 10\sin 62.8t \\ 0 \end{bmatrix}$$

式 (6.21) から，

$$\left.\begin{aligned} F_{\mathrm{I}} &= [1 \quad 2]\begin{bmatrix} 10\sin 62.8t \\ 0 \end{bmatrix} = 10\sin 62.8t \\ F_{\mathrm{II}} &= [1 \quad -1]\begin{bmatrix} 10\sin 62.8t \\ 0 \end{bmatrix} = 10\sin 62.8t \end{aligned}\right\}$$

これらを式 (6.23) に代入すると，

$$\begin{bmatrix} x_1 \\ x_2 \end{bmatrix} = \frac{10\sin 62.8t}{3 \times 10^4 - 6 \times 62.8^2}\begin{bmatrix} 1 \\ 2 \end{bmatrix} + \frac{10\sin 62.8t}{6 \times 10^4 - 3 \times 62.8^2}\begin{bmatrix} 1 \\ -1 \end{bmatrix}$$

$$= \begin{bmatrix} 1.79 \times 10^{-3}\sin 62.8t \\ 2.95 \times 10^{-3}\sin 62.8t \end{bmatrix}$$

したがって，$x_1 = 1.79 \sin 62.8\,t$〔mm〕，$x_2 = 2.95 \sin 62.8\,t$〔mm〕

例題 **6.3**　例題6.2で得られた定常応答の振幅が第5章の式(5.31)で与えられる振幅と等しくなることを確かめよ．

解

x_1の振幅がX_{s1}，x_2の振幅がX_{s2}に当たる．式(5.31)は次式で与えられる．

$$\left.\begin{aligned} X_{s1} &= \frac{F_0(k_2-\omega^2 m_2)}{(k_1+k_2-\omega^2 m_1)(k_2-\omega^2 m_2)-k_2{}^2} \\ X_{s2} &= \frac{F_0 k_2}{(k_1+k_2-\omega^2 m_1)(k_2-\omega^2 m_2)-k_2{}^2} \end{aligned}\right\}$$

$F_0 = 10$ N，$\omega = 62.8$ rad/sであり，これらの式に例題6.2で与えられた数値を代入すると，

$$\left.\begin{aligned} X_{s1} &= \frac{10\times(10^4-62.8^2\times 1)}{(2\times 10^4+10^4-62.8^2\times 2)(10^4-62.8^2\times 1)-(10^4)^2} = 1.79\times 10^{-3}\,\mathrm{m} \\ X_{s2} &= \frac{10\times 10^4}{(2\times 10^4+10^4-62.8^2\times 2)(10^4-62.8^2\times 1)-(10^4)^2} = 2.96\times 10^{-3}\,\mathrm{m} \end{aligned}\right\}$$

となり，例題6.2で得られた定常応答の振幅と等しくなる．

コラム

多自由度系の振動として2自由度系の例を示した．自由度が3以上になるとコンピュータを使って計算をしなければならない．この場合でも，多自由度系を1自由度系に分解して，合成することに変わりはない．コンピュータの発達に伴って，大きな自由度をもつ構造物の振動計算ができるようになった．固有値と固有ベクトルをどのように効率的に求めるかが焦点となっている．

第6章で学んだこと

○運動方程式の行列表示

質量行列・剛性行列・加速度ベクトル・変位ベクトル

固有値－固有円振動数

固有ベクトル－固有振動モード

○強制振動

力ベクトル

第6章　演習問題

1. **問題図 6.1** に示す 2 自由度系で $m = 100$ kg，$k = 4\times10^5$ N/m，$r_{\mathrm{I}} = 1$，$r_{\mathrm{II}} = -1$ であることを利用して，M_{I}，M_{II}，K_{I}，K_{II} を求めよ．

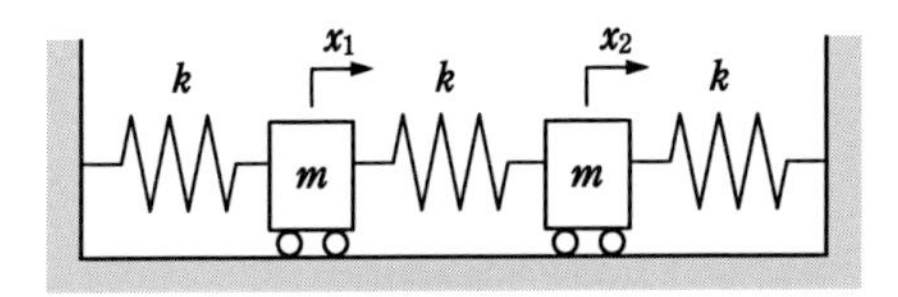

問題図 6.1

2. 問題 1 の結果を用いて，Ⅰ次およびⅡ次の固有円振動数を求めよ．さらに問題図 6.1の右側の質点に振幅が 2 500 N，振動数が 20 Hz の入力を受ける場合のそれぞれの質点の定常振動応答を求めよ．

第 7 章

連続体の振動

第5章では2自由度系の振動について述べた．第6章では2自由度系を中心にして多自由度系の振動について述べた．第5章でも述べたように，物体は厳密には無限に多くの質点やばねなどから構成されている．したがって，物体の振動を厳密に求めるためには連続体の振動を考えなければならない．この場合には，運動方程式は物体中の位置を表す座標と時間の関数となるために，偏微分方程式となる．一般に物体中の位置は3次元座標で表されるが，本書では物体中の位置が1次元で表され，すべての位置で断面積や密度などが一定である一様な連続体の固有振動数・固有振動モードを扱う．

7.1 弦の振動

図7.1 に示すように，張力 P で引っ張られている弦の振動を考える．断面積を A，密度を ρ とする．この場合に，**図7.2** に示すような長さが dx である微

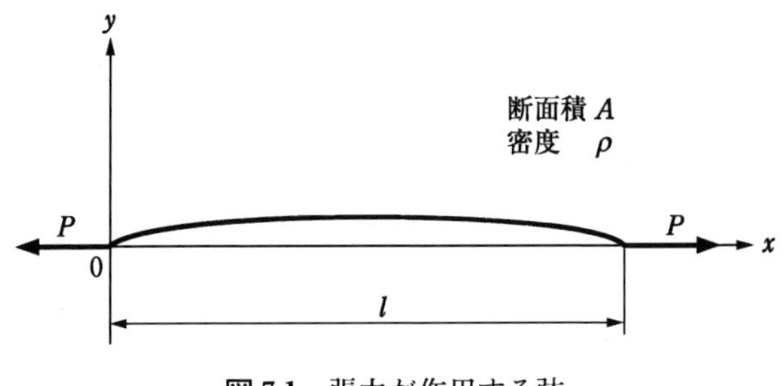

図7.1 張力が作用する弦

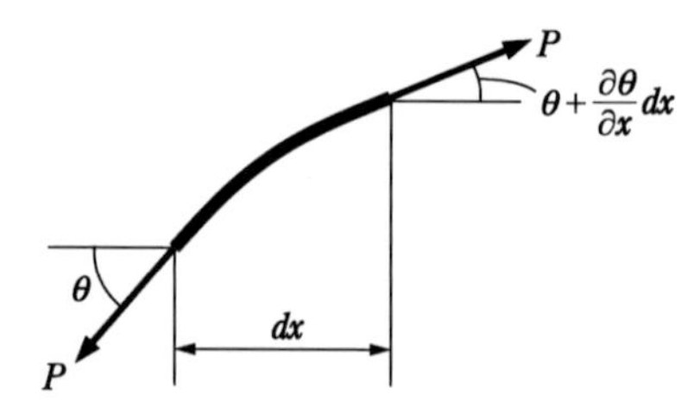

図 7.2　微小な区間に作用する力

小部分の運動を考える．

微小部分の質量は $\rho A dx$ で表される．加速度は x には無関係であるから，$\dfrac{\partial^2 y}{\partial t^2}$ となる．したがって，

$$質量\times加速度=\rho A dx\frac{\partial^2 y}{\partial t^2} \tag{7.1}$$

この部分に作用する力は，y 方向の力を考えればよいから，

$$力=P\left(\theta+\frac{\partial\theta}{\partial x}dx\right)-P\theta=P\frac{\partial\theta}{\partial x}dx \tag{7.2}$$

式 (7.1) および式 (7.2) から，運動方程式は，

$$\rho A dx\frac{\partial^2 y}{\partial t^2}=P\frac{\partial\theta}{\partial x}dx \tag{7.3}$$

θ が小さい場合には，

$$\theta=\frac{\partial y}{\partial x} \tag{7.4}$$

式 (7.4) を式 (7.3) に代入し，両辺を dx で割ると，

$$\rho A\frac{\partial^2 y}{\partial t^2}=P\frac{\partial}{\partial x}\frac{\partial y}{\partial x}=P\frac{\partial^2 y}{\partial x^2} \tag{7.5}$$

両辺を ρA で割ると，

$$\frac{\partial^2 y}{\partial t^2}=c_1{}^2\frac{\partial^2 y}{\partial x^2} \tag{7.6}$$

ここで，

$$c_1{}^2=\frac{P}{\rho A} \tag{7.7}$$

7.2 棒の縦振動

図 7.3 のような断面積が A で密度が ρ，縦弾性係数が E である棒の縦振動を考える．図 7.3 のように棒の縦方向の変位を u として，dx の長さの棒について考える．この長さの棒の質量は $\rho A dx$ で表される．加速度は，$\dfrac{\partial^2 u}{\partial t^2}$ となる．したがって，

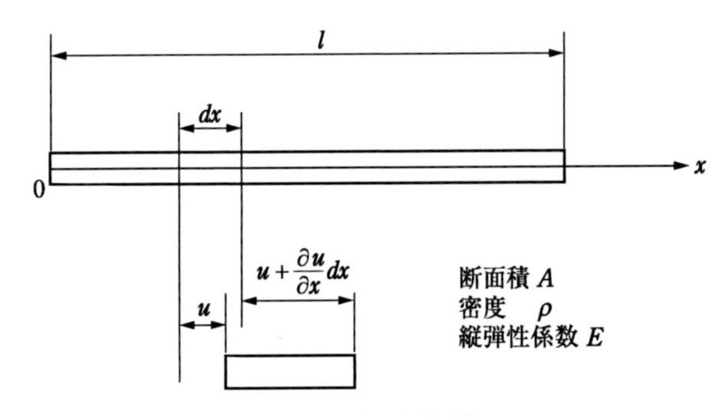

図 7.3 棒の縦振動

$$質量 \times 加速度 = \rho A dx \frac{\partial^2 u}{\partial t^2} \tag{7.8}$$

この部分に作用する力は，応力を σ とすると，応力と断面積の積になる．しかしたがって，x 方向の力を考えればよいから，

$$力 = A\left(\sigma + \frac{\partial \sigma}{\partial x} dx\right) - A\sigma = A \frac{\partial \sigma}{\partial x} dx \tag{7.9}$$

一方，長さが dx の部分の x 方向のひずみ ε は次式で与えられる．

$$\varepsilon = \frac{u + \partial u - u}{\partial x} = \frac{\partial u}{\partial x} \tag{7.10}$$

応力とひずみの関係から，

$$\sigma = E \frac{\partial u}{\partial x} \tag{7.11}$$

したがって，式 (7.9) は，

$$力 = EA\frac{\partial^2 u}{\partial x^2}dx \tag{7.12}$$

運動方程式は式 (7.8) および式 (7.12) を等しいとして，両辺を Adx で割ると，

$$\rho\frac{\partial^2 u}{\partial t^2} = E\frac{\partial^2 u}{\partial x^2} \tag{7.13}$$

両辺を ρ で割ると，

$$\frac{\partial^2 u}{\partial t^2} = {c_2}^2\frac{\partial^2 u}{\partial x^2} \tag{7.14}$$

ここで，

$${c_2}^2 = \frac{E}{\rho} \tag{7.15}$$

となり，式 (7.6) と同様の運動方程式となる．

7.3　棒のねじり振動

図 7.4 のような断面積が A で密度が ρ，横弾性係数が G である棒のねじり振動を考える．運動方程式は長さ dx の部分のモーメントについて考えること

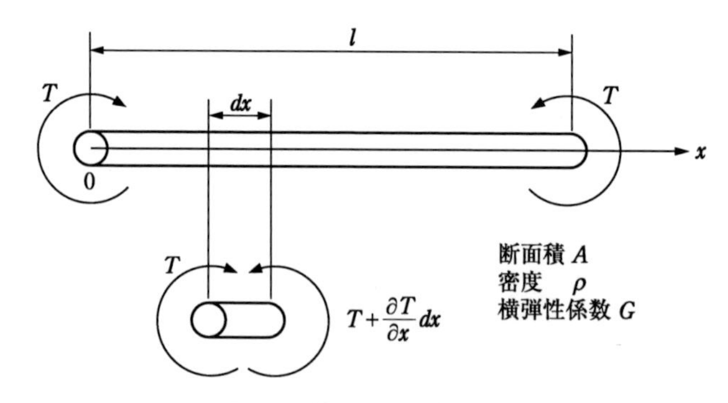

図 7.4　棒のねじり振動

になる．角変位を θ とし，中心軸回りの断面極 2 次モーメントを I_p とすると，この部分の慣性モーメントは $\rho I_p dx$ で与えられ，角加速度は $\frac{\partial^2 \theta}{\partial t^2}$ で与えられるから，

$$\text{慣性モーメント} \times \text{角加速度} = \rho I_p dx \frac{\partial^2 \theta}{\partial t^2} \tag{7.16}$$

この断面の左側に作用するトルクを T とすると，dx の部分に作用するモーメントは，

$$\text{モーメント} = T + \frac{\partial T}{\partial x} dx - T = \frac{\partial T}{\partial x} dx \tag{7.17}$$

一方，

$$T = GI_p \frac{\partial \theta}{\partial x} \tag{7.18}$$

式 (7.18) を式 (7.17) に代入すると，

$$\text{モーメント} = GI_p \frac{\partial^2 \theta}{\partial x^2} dx \tag{7.19}$$

式 (7.16) と式 (7.19) を等しいとおくと，

$$\rho I_p dx \frac{\partial^2 \theta}{\partial t^2} = GI_p \frac{\partial^2 \theta}{\partial x^2} dx \tag{7.20}$$

両辺を $\rho I_p dx$ で割ると，運動方程式は，

$$\frac{\partial^2 \theta}{\partial t^2} = c_3{}^2 \frac{\partial^2 \theta}{\partial x^2} dx \tag{7.21}$$

ここで，

$$c_3{}^2 = \frac{G}{\rho} \tag{7.22}$$

7.4　棒のせん断振動

図 7.5 のような断面積が A で密度が ρ，横弾性係数が G である棒のせん断振動を考える．運動方程式は長さ dx の部分に作用する力について考える．この部分の変位を y とすると，この部分の質量は $\rho A dx$ であり，加速度は $\dfrac{\partial^2 y}{\partial t^2}$ で与えられるから，

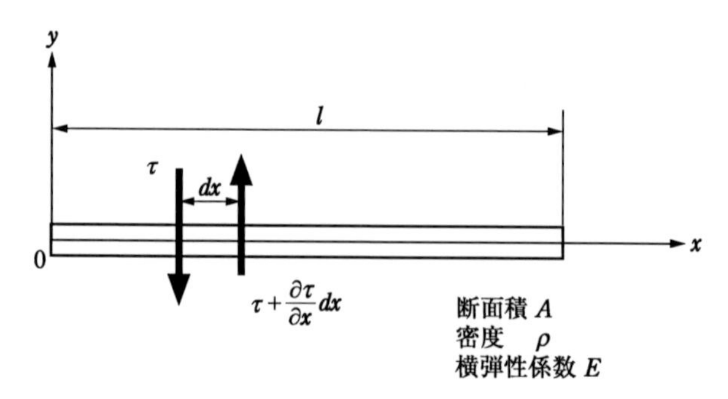

図 7.5　棒のせん断振動

$$質量\times加速度=\rho A dx \frac{\partial^2 y}{\partial t^2} \tag{7.23}$$

この断面の左側に作用するせん断応力を τ とすると，dx の部分に作用する力は，

$$力=A\left(\tau+\frac{\partial \tau}{\partial x}dx\right)-A\tau=A\frac{\partial \tau}{\partial x}dx \tag{7.24}$$

一方，せん断ひずみ γ は次式で与えられる．

$$\gamma=\frac{\partial y}{\partial x} \tag{7.25}$$

したがってせん断応力は，

$$\tau=G\frac{\partial y}{\partial x} \tag{7.26}$$

式 (7.26) を式 (7.24) に代入すると，

$$力=GA\frac{\partial^2 y}{\partial x^2}dx \tag{7.27}$$

式 (7.23) と式 (7.27) を等しいとおくと，

$$\rho A dx \frac{\partial^2 y}{\partial t^2}=GA\frac{\partial^2 y}{\partial x^2}dx \tag{7.28}$$

両辺を $\rho A dx$ で割ると，運動方程式は，

$$\frac{\partial^2 y}{\partial t^2} = c_4{}^2 \frac{\partial^2 y}{\partial x^2} \tag{7.29}$$

ここで，

$$c_4{}^2 = \frac{G}{\rho} \tag{7.30}$$

7.5 自由振動

これまで述べたように，弦の振動，棒の縦振動，棒のねじり振動，棒のせん断振動は同じ形の運動方程式となる．ここでは弦の振動を例として，自由振動の求め方を示す．

これらの運動方程式を次式のように書く．

$$\frac{\partial^2 y}{\partial t^2} = c^2 \frac{\partial^2 y}{\partial x^2} \tag{7.31}$$

式 (7.31) の解を次式のように x の関数 $Y(x)$ と t の関数 $G(t)$ の積で表すことができると仮定する．

$$y = Y(x)G(t) \tag{7.32}$$

式 (7.32) から，

$$\left.\begin{aligned} \frac{\partial^2 y}{\partial t^2} &= Y(x)\frac{\partial^2 G(t)}{\partial t^2} \\ \frac{\partial^2 y}{\partial x^2} &= G(t)\frac{\partial^2 Y(x)}{\partial x^2} \end{aligned}\right\} \tag{7.33}$$

これらを式 (7.31) に代入すると，

$$Y(x)\frac{\partial^2 G(t)}{\partial t^2} = c^2 G(t)\frac{\partial^2 Y(x)}{\partial x^2} \tag{7.34}$$

式 (7.34) は次式のようになる．

$$\frac{\partial^2 G(t)}{\partial t^2}\frac{1}{G(t)} = c^2 \frac{\partial^2 Y(x)}{\partial x^2}\frac{1}{Y(x)} = -\omega^2 \tag{7.35}$$

式 (7.35) から次のような 2 つの常微分方程式が得られる．

$$\left.\begin{aligned}&\frac{d^2Y(x)}{dx^2}+\frac{\omega^2}{c^2}Y(x)=0\\&\frac{d^2G(t)}{dt^2}+\omega^2G(t)=0\end{aligned}\right\}\tag{7.36}$$

式(7.36)の第1式の解は,

$$Y(x)=A\cos\frac{\omega}{c}x+B\sin\frac{\omega}{c}x\tag{7.37}$$

弦の振動では両端($x=0$, $x=l$)で$Y(x)=0$である．式(7.37)で$x=0$のとき$Y(x)=0$であることから，$A=0$となる．したがって，式(7.37)は次のように書くことができる．

$$Y(x)=B\sin\frac{\omega}{c}x\tag{7.38}$$

一方，$x=l$で$Y(x)=0$であるから，上の式から，

$$B\sin\frac{\omega}{c}l=0\tag{7.39}$$

この式で$B=0$とすると，式(7.37)から$Y(x)$はどこでも0となってしまう．したがって，$B\neq 0$でなければならない．この条件では，

$$\sin\frac{\omega}{c}l=0\tag{7.40}$$

となる．この式から，

$$\frac{\omega_i}{c}l=i\pi\qquad(i=1,\ 2,\ 3,\ \cdots\cdots)\tag{7.41}$$

となり，

$$\omega_i=\frac{i\pi c}{l}\qquad(i=1,\ 2,\ 3,\ \cdots\cdots)\tag{7.42}$$

式(7.42)が固有振動数を表す．この式を式(7.38)に代入すると，i次のモードに対して，

$$Y_i(x)=B_i\sin\frac{i\pi}{l}x\tag{7.43}$$

式 (7.43) が固有振動モードを表す．固有振動モードを図 7.6 に示す．

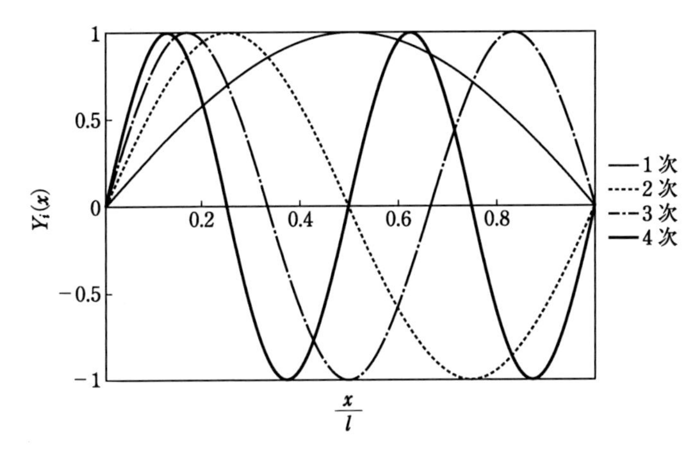

図 7.6 弦の固有振動モード

式 (7.36) の第 2 式の解は i 次のモードに対して，

$$G_i(t) = C_i \cos \omega t + D_i \sin \omega t \tag{7.44}$$

式 (7.43) および式 (7.44) を用いると，式 (7.32) から i 次のモードに対する解は，

$$y_i = B_i \sin \frac{i\pi}{l} x (C_i \cos \omega_i t + D_i \sin \omega_i t) \tag{7.45}$$

したがって，運動方程式の一般解は，

$$y = \sum_{i=1}^{\infty} y_i = \sum_{i=1}^{\infty} B_i \sin \frac{i\pi}{l} x (C_i \cos \omega t + D_i \sin \omega t) \tag{7.46}$$

7.6 波動方程式

式 (7.31) の運動方程式の解は次式のように書くことができる．

$$y = f_1(x - ct) + f_2(x + ct) \tag{7.47}$$

$f_1(x-ct)$ および $f_2(x+ct)$ に対してそれぞれ次式が成り立つ．

$$\frac{\partial^2 f_1(x-ct)}{\partial t^2} = c^2 \frac{\partial^2 f_1(x-ct)}{\partial x^2}, \quad \frac{\partial^2 f_2(x+ct)}{\partial t^2} = c^2 \frac{\partial^2 f_2(x+ct)}{\partial x^2} \tag{7.48}$$

したがって，式(7.31)が成り立つ．時間が dt 経過して dx 離れたところで，

$$f_1(x-ct)=f_1(x+dx-ct-cdt) \tag{7.49}$$

式(7.49)から，$dx=cdt$ となるから，

$$c=\frac{dx}{dt} \tag{7.50}$$

この式から，c は波が伝わる速度（伝播速度）であることがわかる．**図7.7** に示すように，$f_1(x-ct)$ は時間とともに x の正の方向に伝わる．一方，$f_2(x+ct)$ は反対に時間とともに x の負の方向に伝わる．

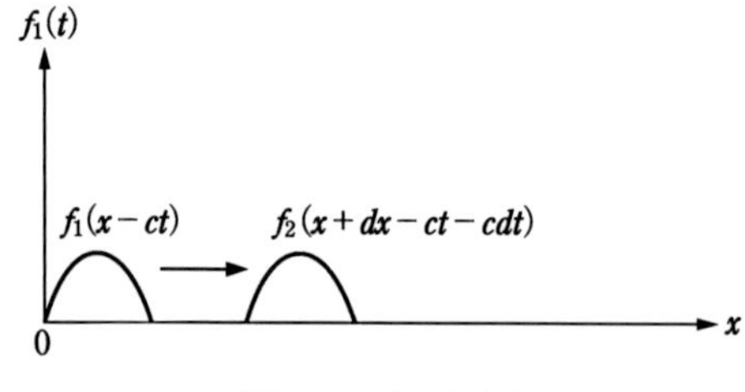

図7.7　波の伝播

例題 **7. 1**　縦弾性係数 $E=200$ GPa，横弾性係数 $G=80$ GPa，密度 $\rho=$ 8 000 kg/m^3 である棒がある．縦振動とせん断振動の波が伝わる速度を求めよ．

解

棒の縦振動に対しては，式(7.31)と式(7.15)との対応から，波が伝わる速度は，

$$c=\sqrt{\frac{E}{\rho}}=\sqrt{\frac{200\times10^9}{8\,000}}=5\,000\ \mathrm{m/s}$$

棒のせん断振動に対しては，式(7.31)と式(7.30)との対応から，波が伝わる速度は，

$$c=\sqrt{\frac{G}{\rho}}=\sqrt{\frac{80\times10^9}{8\,000}}=3\,160\ \mathrm{m/s}$$

例題 **7. 2**　長さが l であり，両端が自由である棒の縦振動の固有円振動数および固有振動モードを求めよ．

解

自由端では応力が0である．式(7.11)から，

$$\frac{\partial u}{\partial x} = 0 \tag{1}$$

で表される．式(7.32)と同様に，

$$u = Y(x)G(t) \tag{2}$$

また，

$$Y(x) = A\cos\frac{\omega}{c}x + B\sin\frac{\omega}{c}x \tag{3}$$

式(3)を用いると，式(1)と式(2)から，

$$\frac{dY(x)}{dx} = \frac{\omega}{c}\left(-A\sin\frac{\omega}{c}x + B\cos\frac{\omega}{c}x\right) \tag{4}$$

$x = 0$ で $\dfrac{dY(x)}{dx} = 0$ であるから，$B = 0$ である．また，$x = l$ で $\dfrac{dY(x)}{dx} = 0$ であるから，

$$A\sin\frac{\omega}{c}l = 0 \tag{5}$$

$A = 0$ であると振動しないことになるので $A \neq 0$ である．したがって，

$$\sin\frac{\omega}{c}l = 0 \tag{6}$$

式(6)から，

$$\frac{\omega_i}{c}l = i\pi \qquad (i = 1,\ 2,\ 3,\ \cdots\cdots) \tag{7}$$

i 次の固有円振動数は，

$$\omega_i = \frac{i\pi c}{l} \qquad (i = 1,\ 2,\ 3,\ \cdots\cdots) \tag{8}$$

$B = 0$ であり，式(3)に式(8)を代入すると，固有振動モードは，

$$Y_i(x) = A_i\cos\frac{i\pi}{l}x \qquad (i = 1,\ 2,\ 3,\ \cdots\cdots) \tag{9}$$

7.7　はりの曲げ振動

図 7.8 に示す長さが l，断面積が A，密度が ρ，曲げ剛性が EI であるはりの曲げ振動を考える．運動方程式は**図 7.9** に示す長さ dx の部分の力について考えることになる．はりの変位を y とすると，この部分の質量は $\rho A dx$ で与えられ，加速度は $\dfrac{\partial^2 y}{\partial t^2}$ で与えられるから，

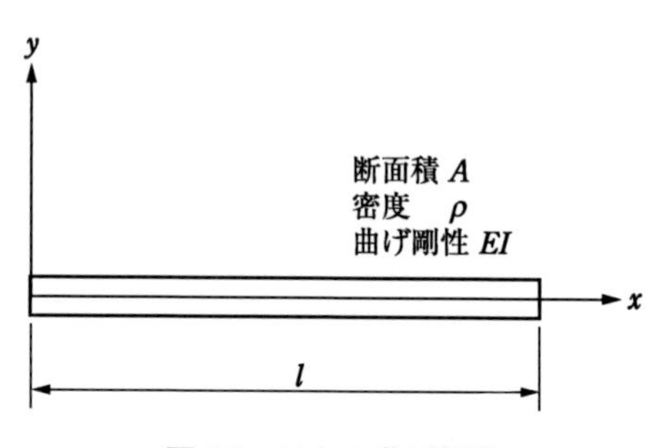

図 7.8　はりの曲げ振動

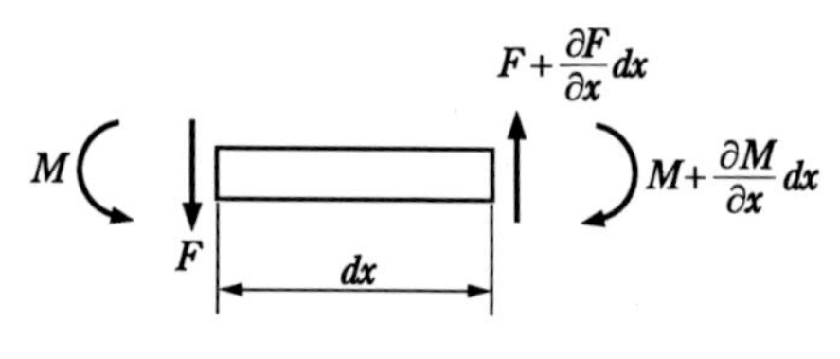

図 7.9　せん断力とモーメント

$$質量\times加速度=\rho A dx\frac{\partial^2 y}{\partial t^2} \tag{7.51}$$

左側の断面に作用するせん断力を F とすると，この部分に作用する力は，

$$力=F+\frac{\partial F}{\partial x}dx-F=\frac{\partial F}{\partial x}dx \tag{7.52}$$

一方，この部分に作用するモーメント M は次式で与えられる．

$$M=-EI\frac{\partial^2 y}{\partial x^2} \tag{7.53}$$

せん断力とモーメントの間には次式の関係がある．

$$F = \frac{\partial M}{\partial x} \tag{7.54}$$

式 (7.53) および式 (7.54) を式 (7.52) に代入すると,

$$力 = -EI\frac{\partial^4 y}{\partial x^4}dx \tag{7.55}$$

したがって，運動方程式は,

$$\rho A dx \frac{\partial^2 y}{\partial t^2} = -EI\frac{\partial^4 y}{\partial x^4}dx \tag{7.56}$$

両辺から dx を消去し，右辺を左辺に移項すると,

$$\rho A \frac{\partial^2 y}{\partial t^2} + EI\frac{\partial^4 y}{\partial x^4} = 0 \tag{7.57}$$

7.8 はりの曲げ振動の解

式 (7.57) の解が式 (7.32) と同様に x の関数 $Y(x)$ と t の関数 $G(t)$ の積で表されると仮定する.

式 (7.32) から,

$$\left.\begin{aligned} \frac{\partial^2 y}{\partial t^2} &= Y(x)\frac{\partial^2 G(t)}{\partial t^2} \\ \frac{\partial^4 y}{\partial x^4} &= G(t)\frac{\partial^4 Y(x)}{\partial x^4} \end{aligned}\right\} \tag{7.58}$$

式 (7.58) を式 (7.57) に代入すると,

$$\rho A Y(x)\frac{\partial^2 G(t)}{\partial t^2} + EIG(t)\frac{\partial^4 Y(x)}{\partial x^4} = 0 \tag{7.59}$$

式 (7.59) から,

$$\frac{1}{G(t)}\frac{\partial^2 G(t)}{\partial t^2} = -\frac{EI}{\rho A}\frac{1}{Y(x)}\frac{\partial^4 Y(x)}{\partial x^4} = -\omega^2 \tag{7.60}$$

式 (7.60) から次の 2 つの常微分方程式が得られる.

$$\left.\begin{aligned}&\frac{d^4Y(x)}{dx^4}-\frac{\omega^2}{a^2}Y(x)=0\\&\frac{d^2G(t)}{dt^2}+\omega^2G(t)=0\end{aligned}\right\}\tag{7.61}$$

ここで,

$$a=\sqrt{\frac{EI}{\rho A}}\tag{7.62}$$

第2式は式(7.36)の第2式と同様である．式(7.61)の第1式で,

$$\beta^4=\frac{\omega^2}{a^2}\tag{7.63}$$

とおくと，第1式は次のようになる．

$$\frac{d^4Y(x)}{dx^4}-\beta^4Y(x)=0\tag{7.64}$$

ここで $y=e^{sx}$ とすると，式(7.64)は,

$$(s^4-\beta^4)e^{st}=0\tag{7.65}$$

となるから,

$$s^4-\beta^4=0\tag{7.66}$$

したがって，$s=\pm\beta,\ \pm i\beta$ となるから，$Y(x)$ は次式のようになる．

$$Y(x)=d_1e^{i\beta x}+d_2e^{-i\beta x}+d_3e^{\beta x}+d_4e^{-\beta x}\tag{7.67}$$

また，次のような定義式または公式がある．

$$\left.\begin{aligned}&\cos\beta x=\frac{e^{i\beta x}+e^{-i\beta x}}{2}\\&\sin\beta x=\frac{e^{i\beta x}-e^{-i\beta x}}{2i}\\&\cosh\beta x=\frac{e^{\beta x}+e^{-\beta x}}{2}\\&\sinh\beta x=\frac{e^{\beta x}-e^{-\beta x}}{2}\end{aligned}\right\}\tag{7.68}$$

これらの式を考慮すると，式(7.67)は次の式のようになる．

$$Y(x) = D_1 \cos\beta x + D_2 \sin\beta x + D_3 \cosh\beta x + D_4 \sinh\beta x \qquad (7.69)$$

D_1, D_2, D_3 および D_4 は境界条件によって定まる.

例題 7.3 図 7.10 に示す片持ちばりの曲げ振動の固有円振動数と固有振動モードを求めよ.

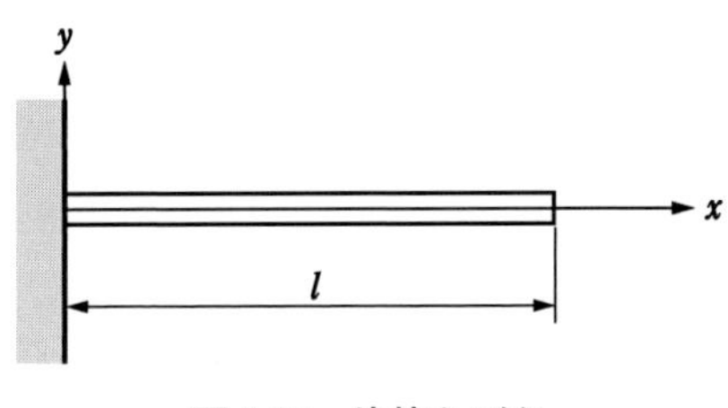

図 7.10 片持ちばり

解

式 (7.69) から,

$$Y(x) = D_1 \cos\beta x + D_2 \sin\beta x + D_3 \cosh\beta x + D_4 \sinh\beta x \qquad (1)$$

片持ちばりの境界条件は, 一端 ($x = 0$) で変位とたわみ角が 0, 他端 ($x = l$) でモーメントとせん断力が 0 であるから,

$$x = 0 \text{ で } Y(0) = 0 \qquad (2)$$

$$x = 0 \text{ で } \left.\frac{dY(x)}{dx}\right|_{x=0} = 0 \qquad (3)$$

$$x = l \text{ で } EI\left.\frac{d^2Y(x)}{dx^2}\right|_{x=l} = 0 \quad \text{したがって,} \quad \left.\frac{d^2Y(x)}{dx^2}\right|_{x=l} = 0 \qquad (4)$$

$$x = l \text{ で } EI\left.\frac{d^3Y(x)}{dx^3}\right|_{x=l} = 0 \quad \text{したがって,} \quad \left.\frac{d^3Y(x)}{dx^3}\right|_{x=l} = 0 \qquad (5)$$

式 (1) を微分すると次式が得られる.

$$\frac{dY(x)}{dx} = \beta(-D_1 \sin\beta x + D_2 \cos\beta x + D_3 \sinh\beta x + D_4 \cosh\beta x) \qquad (6)$$

$$\frac{d^2Y(x)}{d^2x} = \beta^2(-D_1 \cos\beta x - D_2 \sin\beta x + D_3 \cosh\beta x + D_4 \sinh\beta x) \qquad (7)$$

$$\frac{d^3Y(x)}{d^3x}=\beta^3(D_1\sin\beta x-D_2\cos\beta x+D_3\sinh\beta x+D_4\cosh\beta x) \quad (8)$$

式 (1) および式 (6) から式 (8) に式 (2) から式 (5) の境界条件を用いると，次の式が得られる．

$$D_1+D_3=0 \quad (9)$$

$$D_2+D_4=0 \quad (10)$$

$$-D_1\cos\beta l-D_2\sin\beta l+D_3\cosh\beta l+D_4\sinh\beta l=0 \quad (11)$$

$$D_1\sin\beta l-D_2\cos\beta l+D_3\sinh\beta l+D_4\cosh\beta l=0 \quad (12)$$

式 (9) から式 (12) を行列表示すると，

$$\begin{bmatrix} 1 & 0 & 1 & 0 \\ 0 & 1 & 0 & 1 \\ -\cos\beta l & -\sin\beta l & \cosh\beta l & \sinh\beta l \\ \sin\beta l & -\cos\beta l & \sinh\beta l & \cosh\beta l \end{bmatrix}\begin{bmatrix} D_1 \\ D_2 \\ D_3 \\ D_4 \end{bmatrix}=\begin{bmatrix} 0 \\ 0 \\ 0 \\ 0 \end{bmatrix} \quad (13)$$

式 (13) が成り立つためには次式で示される行列式が 0 でなければならない．すなわち，

$$\begin{vmatrix} 1 & 0 & 1 & 0 \\ 0 & 1 & 0 & 1 \\ -\cos\beta l & -\sin\beta l & \cosh\beta l & \sinh\beta l \\ \sin\beta l & -\cos\beta l & \sinh\beta l & \cosh\beta l \end{vmatrix}=0 \quad (14)$$

式 (14) を展開すると，

$$\begin{vmatrix} 1 & 0 & 1 \\ -\sin\beta l & \cosh\beta l & \sinh\beta l \\ -\cos\beta l & \sinh\beta l & \cosh\beta l \end{vmatrix}+\begin{vmatrix} 0 & 1 & 1 \\ -\cos\beta l & -\sin\beta l & \sinh\beta l \\ \sin\beta l & -\cos\beta l & \cosh\beta l \end{vmatrix}$$

$$=\cosh^2\beta l-\sinh\beta l\sin\beta l-\sinh^2\beta l+\cosh\beta l\cos\beta l$$

$$+\sinh\beta l\sin\beta l+\cos^2\beta l+\sin^2\beta l+\cosh\beta l\cos\beta l$$

$$=2+2\cosh\beta l\cos\beta l=0 \quad (15)$$

したがって，

$$1+\cosh\beta l\cos\beta l=0 \quad (16)$$

ここで，$\beta l=\lambda$ とおいて次式のように変形する．

$$\cos\lambda = -\frac{1}{\cosh\lambda} \tag{17}$$

この λ を解析的に求めることはできない．**図 7.11** に示すように，$\cos\lambda$ および $\dfrac{1}{\cosh\lambda}$ のグラフの交点を求めると次の値が求まる．

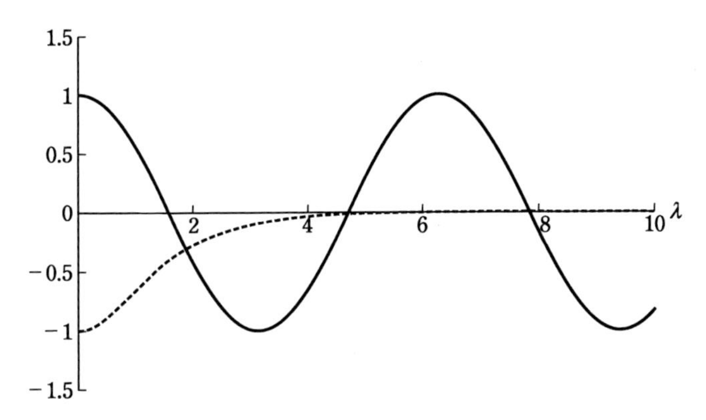

図 7.11　式 (16) の解

$$\lambda_1 = 1.875,\ \lambda_2 = 4.694,\ \lambda_3 = 7.855,\ \lambda_4 = 10.996,\ \cdots\cdots$$

したがって，式 (7.62) および (7.63) の関係から，i 次の固有円振動数は，

$$\omega_i = \frac{\lambda_i^2}{l^2}\sqrt{\frac{EI}{\rho A}} \quad (i = 1,\ 2,\ 3,\ \cdots\cdots) \tag{18}$$

固有振動モードは，次のように求める．式 (9) および式 (10) から，

$$D_1 = -D_3 \tag{19}$$

$$D_2 = -D_4 \tag{20}$$

式 (19) および式 (20) を式 (11) に代入すると，

$$D_3(\cosh\beta_i l + \cos\beta_i l) + D_4(\sinh\beta_i l + \sin\beta_i l) = 0 \tag{21}$$

式 (21) から，

$$D_4 = -\frac{\cosh\beta_i l + \cos\beta_i l}{\sinh\beta_i l + \sin\beta_i l} D_3 \tag{22}$$

式 (19)，式 (20) および式 (22) を式 (1) に代入すると，

$$Y(x) = D_3(\cosh\beta_i x - \cos\beta_i x) + D_4(\sinh\beta_i x - \sin\beta_i x)$$

$$= D_3(\cosh\beta_i x - \cos\beta_i x) - D_3\frac{(\sinh\beta_i x - \sin\beta_i x)(\cosh\beta_i l + \cos\beta_i l)}{\sinh\beta_i l + \sin\beta_i l}$$

$$= \frac{D_3}{\sinh\beta_i l + \sin\beta_i l}\{(\cosh\beta_i x - \cos\beta_i x)(\sinh\beta_i l + \sin\beta_i l)$$

$$-(\sinh\beta_i x - \sin\beta_i x)(\cosh\beta_i l + \cos\beta_i l)\} \tag{23}$$

ここで，

$$d_i = \frac{D_3}{\sinh\beta_i l + \sin\beta_i l}$$

とおくと，

$$Y_i(x) = d_i\{(\cosh\beta_i x - \cos\beta_i x)(\sinh\beta_i l + \sin\beta_i l)$$

$$-(\sinh\beta_i x - \sin\beta_i x)(\cosh\beta_i l + \cos\beta_i l)\} \quad (i = 1,\ 2,\ 3, \cdots\cdots) \tag{24}$$

式 (18) で用いた λ_i を用いると，

$$Y_i(x) = d_i\left\{\left(\cosh\frac{\lambda_i}{l}x - \cos\frac{\lambda_i}{l}x\right)(\sinh\lambda_i + \sin\lambda_i)\right.$$

$$\left.-\left(\sinh\frac{\lambda_i}{l}x - \sin\frac{\lambda_i}{l}x\right)(\cosh\lambda_i + \cos\lambda_i)\right\} \quad (i = 1,\ 2,\ 3, \cdots\cdots) \tag{25}$$

図 7.12 に固有振動モードの図を示す．

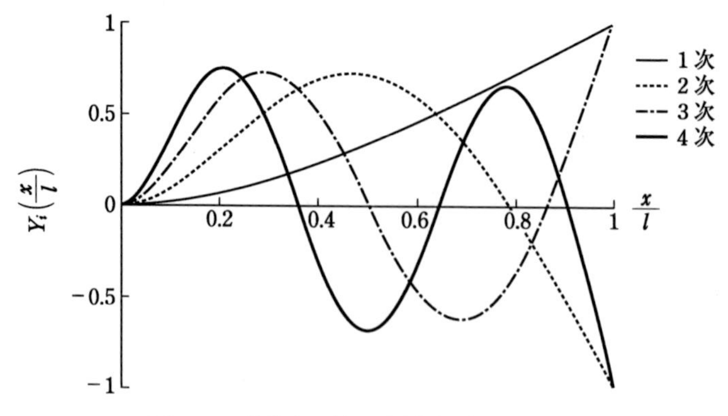

図 7.12　片持ちばりの固有振動モード

7.9 連続体の自由振動

7.5 で弦の自由振動を示した．ここでは弦以外でも使うことができる自由振動の求め方を示す．連続体の運動方程式の解が式 (7.32) のように x の関数 $Y(x)$ と t の関数 $G(t)$ の積で表されるとする．

$$y(x,\ t) = Y(x)G(t) \tag{7.32}$$

式 (7.32) の解は式 (7.43)，式 (7.44) および式 (7.45) から次のように書くことができる．

$$y(x,\ t) = \sum_{i=1}^{\infty} Y_i(x) G_i(t) = \sum_{i=1}^{\infty} Y_i(x)(C_i \cos \omega_i t + D_i \sin \omega_i t) \tag{7.70}$$

C_i および D_i は次の 2 つの初期条件で決まる．

$$\left.\begin{aligned} y(x,\ 0) &= p(x) \\ \left.\frac{\partial y(x,\ t)}{\partial t}\right|_{t=0} &= r(x) \end{aligned}\right\} \tag{7.71}$$

式 (7.70) および式 (7.71) から次式が得られる．

$$\left.\begin{aligned} y(x,\ 0) &= \sum_{i=1}^{\infty} C_i Y_i(x) = p(x) \\ \left.\frac{\partial y(x,\ t)}{\partial t}\right|_{t=0} &= \sum_{i=1}^{\infty} \omega_i D_i Y_i(x) = r(x) \end{aligned}\right\} \tag{7.72}$$

異なる振動モードに対して，連続体の全長 (0 から l) に渡って積分すると次のような関係がある．

$$\int_0^l Y_i(x) Y_j(x) dx = 0 \quad (i \neq j) \tag{7.73}$$

このことを利用して式 (7.72) の両辺に $Y_i(x)$ を乗じて全長に渡って積分すると，

$$\left.\begin{aligned} C_i \int_0^l \{Y_i(x)\}^2 dx &= \int_0^l p(x) Y_i(x) dx \\ \omega_i D_i \int_0^l \{Y_i(x)\}^2 dx &= \int_0^l r(x) Y_i(x) dx \end{aligned}\right\} \tag{7.74}$$

したがって，

$$\left.\begin{aligned} C_i &= \frac{\int_0^l p(x)\,Y_i(x)\,dx}{\int_0^l \{Y_i(x)\}^2 dx} \\ D_i &= \frac{\int_0^l r(x)\,Y_i(x)\,dx}{\omega_i \int_0^l \{Y_i(x)\}^2 dx} \end{aligned}\right\} \tag{7.75}$$

例題　7.4　弦の振動で固有振動モードが次式（式 (7.43)）で表されることを利用して，式 (7.73) が成り立つことを示せ．

$$Y_i(x) = B_i \sin\frac{i\pi}{l}x$$

解

$i \neq j$ のとき，

$$\int_0^l Y_i(x)\,Y_j(x)\,dx = \int_0^l B_i \sin\frac{i\pi}{l}x \cdot B_j \sin\frac{j\pi}{l}xdx$$

$$= B_i B_j \int_0^l \sin\frac{i\pi}{l}x \cdot \sin\frac{i\pi}{l}xdx$$

$$= \frac{B_i B_j}{2}\int_0^l \left\{\cos\frac{\pi}{l}(i-j)x - \cos\frac{\pi}{l}(i+j)x\right\}dx$$

$$= \frac{B_i B_j}{2}\,\frac{l}{\pi}\left[\frac{1}{i-j}\sin\frac{\pi}{l}(i-j)x - \frac{1}{i+j}\sin\frac{\pi}{l}(i+j)x\right]_0^l$$

$$= \frac{B_i B_j}{2}\,\frac{l}{\pi}\left\{\frac{1}{i-j}\sin\pi(i-j) - \frac{1}{i+j}\sin\pi(i+j)\right\} = 0$$

7.10　連続体の強制振動

連続体の長さ dx の部分に $f(x,\ t)$ で表される外力が作用する場合の定常振動応答を求める方法を示す．弦の振動を例にとると，式 (7.3) から，

$$\rho A\frac{\partial^2 y}{\partial t^2}=P\frac{\partial^2 y}{\partial x^2}+f(x,\ t) \tag{7.76}$$

$y(x,\ t)$ を次式のように表す.

$$\int_0^l y(x,\ t)=\sum_{i=1}^{\infty}Y_i(x)q_i(t) \tag{7.77}$$

式 (7.77) を式 (7.76) に代入し，両辺に $Y_i(x)$ を乗じて全長に渡って積分すると，

$$\ddot{q}_i(t)\int_0^l\{Y_i(x)\}^2dx=\frac{P}{\rho A}q_i(t)\int_0^l\frac{d^2Y_i(x)}{dx^2}Y_i(x)dx+\frac{1}{\rho A}\int_0^l f(x,\ t)Y_i(x)dx \tag{7.78}$$

式 (7.36) の第 1 式から，

$$\frac{d^2Y_i(x)}{dx^2}=-\frac{\omega_i{}^2}{c^2}Y_i(x) \tag{7.79}$$

また，式 (7.7) から，

$$c^2=\frac{P}{\rho A} \tag{7.7}$$

式 (7.79) および式 (7.7) を式 (7.78) に代入すると，

$$\ddot{q}_i(t)\int_0^l\{Y_i(x)\}^2dx=-\omega_i{}^2q_i(t)\int_0^l\{Y_i(x)\}^2dx+\frac{1}{\rho A}\int_0^l f(x,\ t)Y_i(x)dx \tag{7.80}$$

したがって，

$$\ddot{q}_i(t)+\omega_i{}^2q_i(t)=\frac{\int_0^l f(x,t)Y_i(x)dx}{\rho A\int_0^l\{Y_i(x)\}^2dx} \tag{7.81}$$

式 (7.81) から $q_i(t)$ を求め，式 (7.77) を用いることによって定常振動応答を求めることができる.

コラム

連続体の振動では運動方程式が偏微分方程式となる．連続体の場合は固有振動数が無限個あり，それぞれに固有振動モードが対応する．固有振動モードも式は複雑になる場合もある．固有振動モードの概観を描くためには，両端での境界条件を定め，節の数が次数－1である曲線を描けばよい．

第7章で学んだこと

○運動方程式は偏微分方程式になる．

○弦の振動・棒の縦振動・棒のねじり振動・棒のせん断振動は同じ運動方程式になる．

○固有振動数・固有振動モード

第7章　演習問題

1. 両端が単純支持され，長さが l，曲げ剛性が EI，断面積が A，密度が ρ であるはりの曲げ振動の固有円振動数および固有振動モードを求めよ．
2. 長さが l であり，一端が自由で他端が固定されている棒のねじり振動の固有円振動数および固有振動モードを求めよ．
3. 縦弾性係数 E が 70 GPa，横弾性係数 G が 25 GPa であり，密度 ρ が 2 500 kg/m^3 である物体の縦振動およびせん断振動の伝播速度を求めよ．

第 8 章

回転体の振動

機械には回転体を伴うものが多い．回転体は回転数によっては大きな振動を発生して破壊を伴う危険な状態となることがある．このようなことが発生する原因を明らかにするとともに，大きな振動が生じないように釣合せを行う必要がある．本章では，これらのことについて述べる．

8.1 危険速度

図 8.1 に示すような細い軸に取り付けられた円板が回転しているものとする．軸受の中心 O に対して円板の回転中心 C および重心 G の位置が**図 8.2** のようになっている場合を考える．回転中心の座標を $(x,\ y)$，重心の座標を $(x_G,\ y_G)$，軸受の中心 O と円板の回転中心 C の距離を r，回転中心と重心の距離を e とする．軸のばね定数を k として，円板の回転中心回りの角速度を ω とする

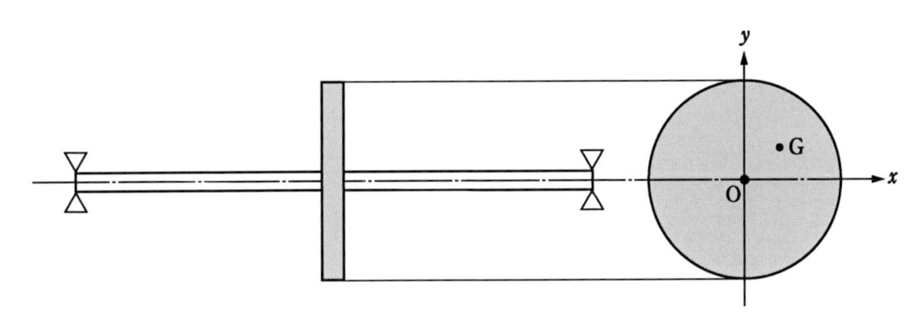

図 8.1　細い棒に取り付けられた回転する円板

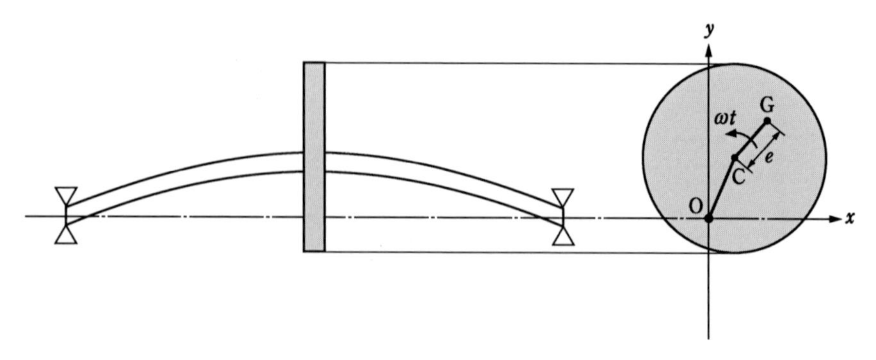

図 8.2　回転中心と重心の位置

と，重心の座標は次式で表される．

$$\left.\begin{aligned} x_G &= x + e\cos\omega t \\ y_G &= y + e\sin\omega t \end{aligned}\right\} \tag{8.1}$$

円板の質量を m，軸のばね定数を k とし，軸の質量は円板の質量と比較して無視できるほど小さいとする．減衰がない場合には運動方程式は次のようになる．

$$\left.\begin{aligned} m\ddot{x}_G + kx &= 0 \\ m\ddot{y}_G + ky &= 0 \end{aligned}\right\} \tag{8.2}$$

式 (8.1) を式 (8.2) に代入すると，

$$\left.\begin{aligned} m\ddot{x} + kx &= m\omega^2 e\cos\omega t \\ m\ddot{y} + ky &= m\omega^2 e\sin\omega t \end{aligned}\right\} \tag{8.3}$$

ここで，定常応答を考える．定常振動を次式のようにおく．

$$\left.\begin{aligned} x &= X\cos\omega t \\ y &= Y\sin\omega t \end{aligned}\right\} \tag{8.4}$$

式 (8.4) から，

$$\left.\begin{aligned} \ddot{x} &= -\omega^2 X\cos\omega t \\ \ddot{y} &= -\omega^2 Y\sin\omega t \end{aligned}\right\} \tag{8.5}$$

式 (8.4) および式 (8.5) を式 (8.3) に代入し，第 1 式については両辺を $\cos\omega t$ で割り，第 2 式については両辺を $\sin\omega t$ で割ると，定常応答振幅が次式のように求まる.

$$\left.\begin{aligned} X &= \frac{m\omega^2 e}{k-m\omega^2} \\ Y &= \frac{m\omega^2 e}{k-m\omega^2} \end{aligned}\right\} \tag{8.6}$$

このように x 軸方向に対しても，y 軸方向に対しても定常応答振幅は同じ式になる．定常応答は次式のようになる．

$$\left.\begin{aligned} x &= \frac{m\omega^2 e}{k-m\omega^2}\cos\omega t \\ y &= \frac{m\omega^2 e}{k-m\omega^2}\sin\omega t \end{aligned}\right\} \tag{8.7}$$

式 (8.6) は次式のように書くことができる．

$$\left.\begin{aligned} \frac{X}{e} &= \frac{\omega^2}{{\omega_n}^2-\omega^2} = \frac{(\omega/\omega_n)^2}{1-(\omega/\omega_n)^2} \\ \frac{Y}{e} &= \frac{\omega^2}{{\omega_n}^2-\omega^2} = \frac{(\omega/\omega_n)^2}{1-(\omega/\omega_n)^2} \end{aligned}\right\} \tag{8.8}$$

ここで，$\omega_n = \sqrt{k/m}$ は円板と軸からなる系の固有円振動数を表す．1 自由度系の場合と同様に，X/e および Y/e に対する共振曲線を示すことができる．**図 8.3** に X/e に対する共振曲線を示す．図の破線部 ($\omega/\omega_n > 1$ の領域) では式

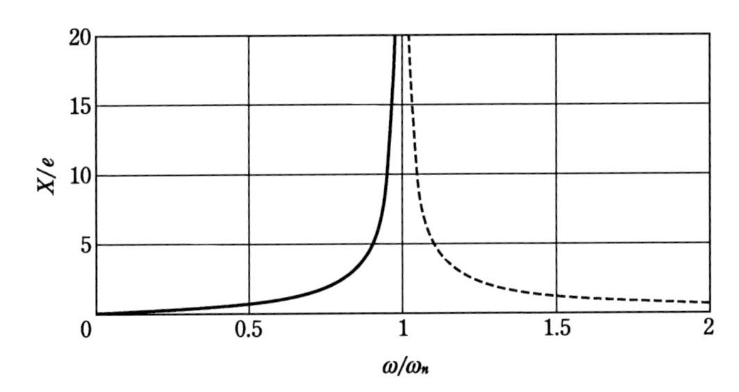

図 8.3　細い棒に取り付けられた円板の共振曲線

(8.8) で得られる振幅が負になる．この領域では応答は入力と逆位相になる．

図のように，円板の回転中心回りの角速度ωが円板と軸からなる系の固有円振動数ω_nに近づくと，定常応答振幅が非常に大きくなる．このことから，ω_nを危険速度とよぶ．回転体での速度は角速度よりも1分間の回転数（rpm：revolutions per minute）で表されることが多い．1分間の回転数をN_eとするとω_nとの間に次の関係がある．

$$N_e = \frac{60\omega_n}{2\pi} \tag{8.9}$$

例題 **8.1**　**図8.4**に示すような長さがlで曲げ剛性がEIである両端支持はりの中央に質量Mの円板があって軸が自重によってたわむものとする．円板が回転する場合の危険速度を求めよ．

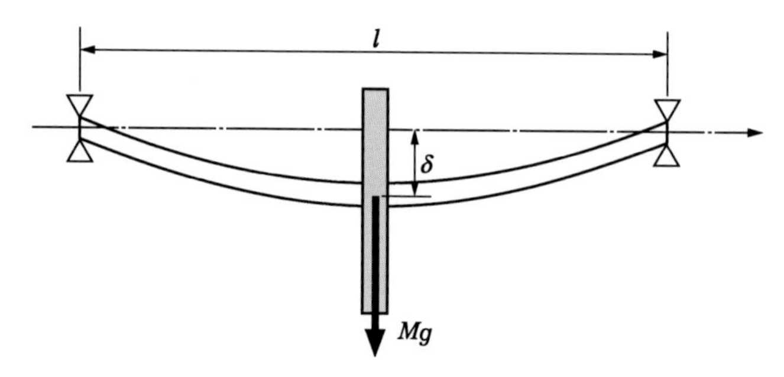

図8.4　自重によるたわみによる振動

解

はりの中央部のたわみをδとすると，

$$\delta = \frac{Mg}{48EI} l^3$$

等価的なばね定数kは，

$$k = \frac{Mg}{\delta} = \frac{48EI}{l^3}$$

したがって，固有円振動数は，

$$\omega_n = \sqrt{\frac{k}{M}} = \sqrt{\frac{48EI}{Ml^3}}$$

式 (8.9) から危険速度は，

$$N_e = \frac{60}{2\pi}\sqrt{\frac{48EI}{Ml^3}} \text{〔rpm〕}$$

8.2　不釣合い質量のある回転体による振動

図 8.5 に示すような不釣合い質量がある回転体による 1 自由度系の振動を考える．回転体も含めた質量を M とする．減衰係数 c およびばね定数 k は，x 軸方向および y 軸方向とも等しいとする．不釣合い質量を m，回転中心から不釣合い質量までの距離を r，不釣合い質量の角速度を ω とする．

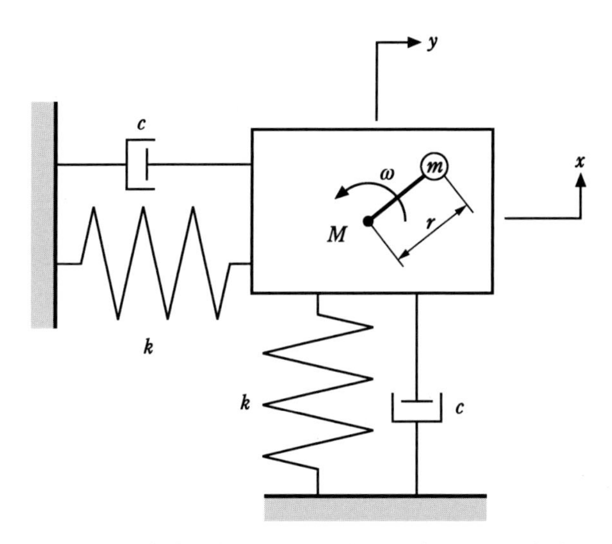

図 8.5　不釣合い質量のある回転体を含む 1 自由度系

ここでは x 軸方向の振動を考えるが，y 軸方向の振動についても同様に求めることができる．不釣合い質量によって生じる遠心力は $mr\omega^2$ である．この遠心力の x 軸方向成分は $mr\omega^2 \cos \omega t$ となる．これが x 軸方向の外力となる．運

動方程式は，

$$M\ddot{x}+c\dot{x}+kx = mr\omega^2 \cos\omega t \tag{8.10}$$

定常応答を次のようにおく．

$$x = A\cos\omega t+B\sin\omega t \tag{8.11}$$

式 (8.11) から，

$$\dot{x} = -\omega A\sin\omega t+\omega B\cos\omega t \tag{8.12}$$

$$\ddot{x} = -\omega^2 A\cos\omega t-\omega^2 B\sin\omega t \tag{8.13}$$

式 (8.11) ～式 (8.13) を式 (8.10) に代入すると，

$$\begin{aligned}&-\omega^2 MA\cos\omega t-\omega^2 MB\sin\omega t-\omega cA\sin\omega t+\omega cB\cos\omega t\\&+kA\cos\omega t+kB\sin\omega t\\&=\{(k-\omega^2 M)A+\omega cB\}\cos\omega t+\{-\omega cA+(k-\omega^2 M)B\}\sin\omega t\\&= mr\omega^2\cos\omega t\end{aligned} \tag{8.14}$$

式 (8.14) で両辺の $\cos\omega t$ の係数と $\sin\omega t$ の係数が等しくなければならないから，

$$\left.\begin{aligned}(k-\omega^2 M)A+\omega cB = mr\omega^2\\-\omega cA+(k-\omega^2 M)B = 0\end{aligned}\right\} \tag{8.15}$$

式 (8.15) から A および B は次のように求まる．

$$\left.\begin{aligned}A &= \frac{k-\omega^2 M}{(k-\omega^2 M)^2+(\omega c)^2}mr\omega^2\\B &= \frac{\omega c}{(k-\omega^2 M)^2+(\omega c)^2}mr\omega^2\end{aligned}\right\} \tag{8.16}$$

式 (8.11) を次のように書く．

$$x = X\cos(\omega t-\phi) \tag{8.17}$$

ここで，

$$\left.\begin{aligned}X &= \sqrt{A^2+B^2}\\\phi &= \tan^{-1}\frac{B}{A}\end{aligned}\right\} \tag{8.18}$$

式 (8.16) を式 (8.18) に代入すると，

$$\left.\begin{aligned} X &= \frac{mr\omega^2}{\sqrt{(k-\omega^2 M)^2+(\omega c)^2}} \\ \phi &= \tan^{-1}\left(\frac{\omega c}{k-\omega^2 M}\right) \end{aligned}\right\} \tag{8.19}$$

式 (8.19) で，$\omega_n=\sqrt{k/M}$，$\zeta=c/(2\sqrt{Mk})$，$\mu=m/M$ とおくと，

$$\left.\begin{aligned} \frac{X}{\mu r} &= \frac{(\omega/\omega_n)^2}{\sqrt{\{1-(\omega/\omega_n)^2\}^2+(2\zeta\omega/\omega_n)^2}} \\ \phi &= \tan^{-1}\left\{\frac{2\zeta\omega/\omega_n}{1-(\omega/\omega_n)^2}\right\} \end{aligned}\right\} \tag{8.20}$$

図 8.6 に共振曲線および位相曲線を示す．

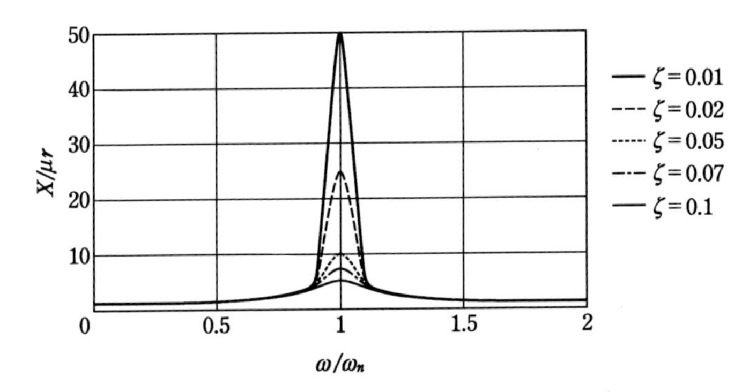

図 8.6　不釣合いのある回転体の共振曲線

例題 8.2　図 8.5 で，減衰係数 c が 0 で，不釣合い質量も含めた全体の質量 M = 10 kg，ばね定数 k = 10^5 N/m，不釣合い質量 m = 100 g，回転中心から不釣合い質量までの距離 r = 10 mm，回転数が 1 000 rpm であるときに，定常応答振幅 X を求めよ．

解

回転の角速度は，

$$\omega = \frac{2\pi\times 1\,000}{60} = 105 \text{ rad/s}$$

式 (8.19) から，

$$X=\frac{mr\omega^2}{|k-\omega^2M|}=\frac{0.1\times0.01\times105^2}{|10^5-105^2\times10|}=1.08\times10^{-3}\,\mathrm{m}=1.08\,\mathrm{mm}$$

8.3　不釣合い量の釣合せ

これまで述べたように，回転体に不釣合いがあると回転速度によっては大きな振動を生じる．このようなことが生じないように，不釣合いを小さくするように釣合せをする．釣合せには 1 面釣合せと 2 面釣合せがある．これらについて述べる．

8.3.1　1 面釣合せ

図 8.7 に示すように角速度 ω で回転している薄い円板の中心から r のところに不釣合い質量 m がある．角速度 ω で回転していると遠心力 $mr\omega^2$ が作用する．このような場合には，回転軸の中心に対して反対側に同じ遠心力を生じるようなところに質量を付加する．

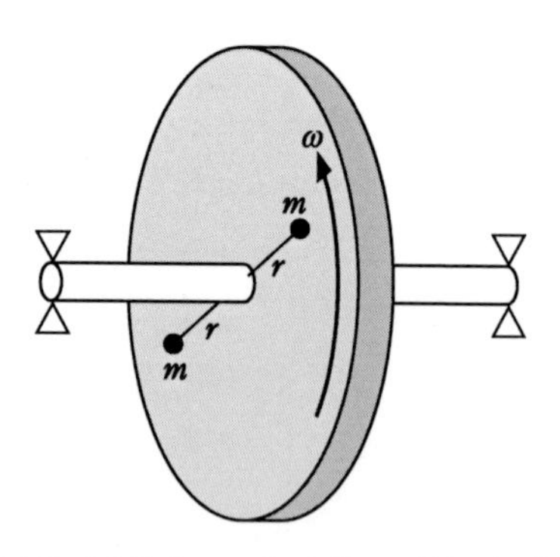

図 8.7　不釣合いのある薄い円板の釣合せ

ここで mr のことを不釣合い量とよぶ．回転中心に対して反対側に mr と等しい不釣合い量となる位置に質量を付加することによって釣り合わせることができる．

8.3.2 2面釣合せ

図 8.8 に示すように，厚い円板または円筒を釣り合わせるためには，1面で釣り合わせただけでは不釣合い量が残ってしまう．そのため，2つの面で次の条件が成り立つように質量を付加して釣り合わせる．

(1) 全体の不釣合い量が0となる．

(2) 任意の点の回りの不釣合い量によるモーメントが0となる．

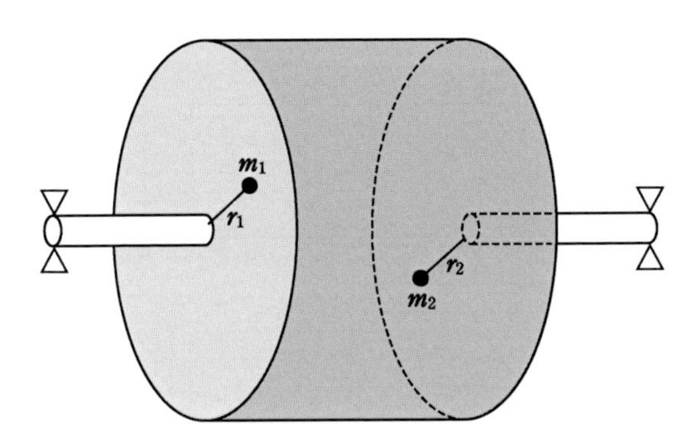

図 8.8 不釣合いのある回転体

図 8.9 のように，左側の支持点から l_1 および l_2 にそれぞれ m_1r_1 および m_2r_2 の不釣合い量がある場合を考える．図の下のほうに z 軸方向から見た不釣合い量の位置を示す．それぞれ x 軸からの角度が θ_1 および θ_2 の位置に不釣合い量がある．それぞれ A 面および B 面に修正不釣合い量 U_A および U_B をそれぞれ θ_A および θ_B の位置に付加して釣り合わせる．

(1) の条件に対して次式が成り立つ．

$$\left.\begin{aligned} m_1r_1\cos\theta_1+m_2r_2\cos\theta_2+U_A\cos\theta_A+U_B\cos\theta_B=0 \\ m_1r_1\sin\theta_1+m_2r_2\sin\theta_2+U_A\sin\theta_A+U_B\sin\theta_B=0 \end{aligned}\right\} \tag{8.21}$$

(2) の条件に対して次式が成り立つ．

$$\left.\begin{aligned} l_1m_1r_1\cos\theta_1+l_2m_2r_2\cos\theta_2+l_AU_A\cos\theta_A+l_BU_B\cos\theta_B=0 \\ l_1m_1r_1\sin\theta_1+l_2m_2r_2\sin\theta_2+l_AU_A\sin\theta_A+l_BU_B\sin\theta_B=0 \end{aligned}\right\} \tag{8.22}$$

これらの式から，$U_A\cos\theta_A$，$U_A\sin\theta_A$，$U_B\cos\theta_B$ および $U_B\sin\theta_B$ を求めると，

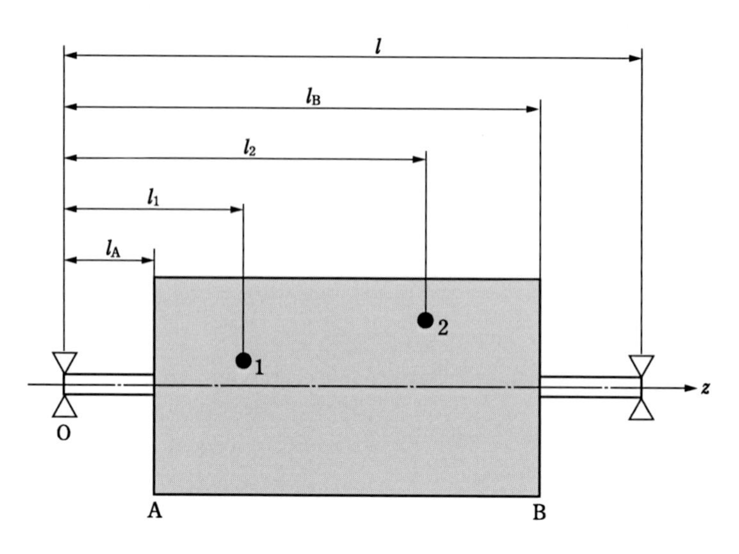

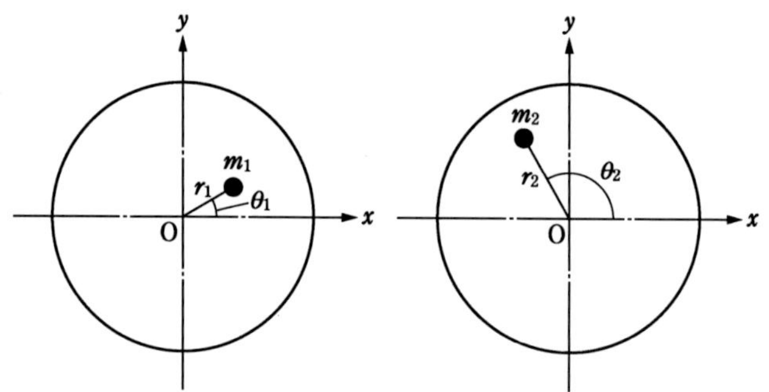

図 8.9　不釣合いのある回転体の釣合せ

$$\left.\begin{aligned}
U_A\cos\theta_A &= \frac{(l_B-l_1)m_1r_1\cos\theta_1+(l_B-l_2)m_2r_2\cos\theta_2}{l_A-l_B}\\
U_A\sin\theta_A &= \frac{(l_B-l_1)m_1r_1\sin\theta_1+(l_B-l_2)m_2r_2\sin\theta_2}{l_A-l_B}\\
U_B\cos\theta_B &= \frac{(l_A-l_1)m_1r_1\cos\theta_1+(l_A-l_2)m_2r_2\cos\theta_2}{l_B-l_A}\\
U_B\sin\theta_B &= \frac{(l_A-l_1)m_1r_1\sin\theta_1+(l_A-l_2)m_2r_2\sin\theta_2}{l_B-l_A}
\end{aligned}\right\} \quad (8.23)$$

したがって，修正不釣合い量の大きさと位置は次のようになる．

$$\left.\begin{aligned} U_A &= \sqrt{(U_A \cos\theta_A)^2 + (U_A \sin\theta_A)^2} \\ \theta_A &= \tan^{-1}\left(\frac{U_A \sin\theta_A}{U_A \cos\theta_A}\right) \\ U_B &= \sqrt{(U_B \cos\theta_B)^2 + (U_B \sin\theta_B)^2} \\ \theta_B &= \tan^{-1}\left(\frac{U_B \sin\theta_B}{U_B \cos\theta_B}\right) \end{aligned}\right\} \qquad (8.24)$$

例題 8.3 **図 8.10** に示すように，直径 50 mm，長さが 100 mm の円筒が両側に 20 mm の長さの軸に取り付けられている．円筒の左端から 15 mm，x 軸

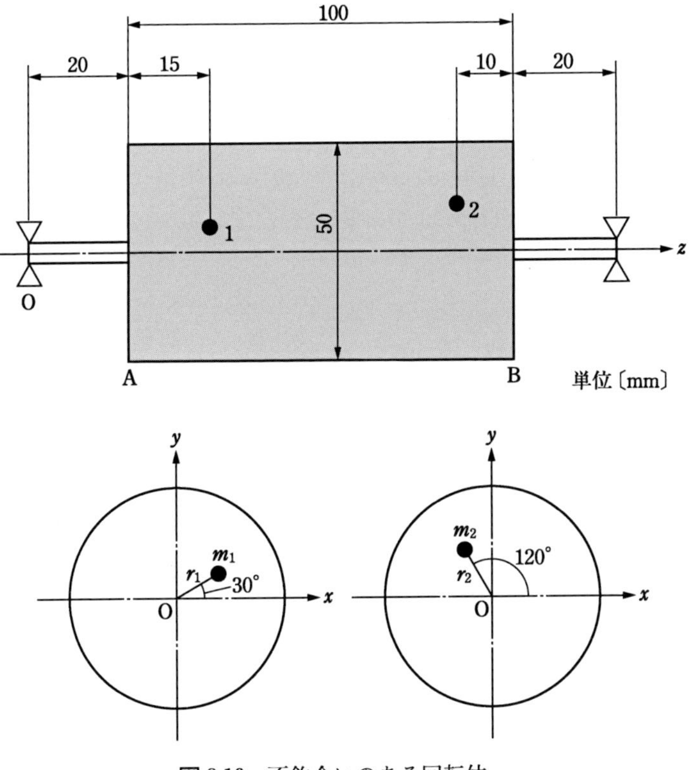

図 8.10 不釣合いのある回転体

から 30° のところに 50 gcm，円筒の右端から 10 mm，x 軸から 120° のところに 80 gcm の不釣合い量がある．この回転体を釣り合わせるために円筒の両端に付加する修正不釣合い量および x 軸からの角度を求めよ．

解

図 8.9 との対応を考える．

$m_1r_1 = 50$ gcm，$m_2r_2 = 80$ gcm，$l_A = 20$ mm，$l_1 = 35$ mm，$l_2 = 110$ mm，$l_B = 120$ mm，$l = 140$ mm である．

式 (8.21) から，

$$\left.\begin{aligned} 50\cos 30^\circ + 80\cos 120^\circ + U_A\cos\theta_A + U_B\cos\theta_B = 0 \\ 50\sin 30^\circ + 80\sin 120^\circ + U_A\sin\theta_A + U_B\sin\theta_B = 0 \end{aligned}\right\}$$

であるので，

$$\left.\begin{aligned} U_A\cos\theta_A + U_B\cos\theta_B = -3.30 \\ U_A\sin\theta_A + U_B\sin\theta_B = -94.28 \end{aligned}\right\} \qquad (1)$$

式 (8.22) から，

$$\left.\begin{aligned} 35\times 50\cos 30^\circ + 110\times 80\cos 120^\circ + 20U_A\cos\theta_A + 120U_B\cos\theta_B = 0 \\ 35\times 50\sin 30^\circ + 110\times 80\sin 120^\circ + 20U_A\sin\theta_A + 120U_B\sin\theta_B = 0 \end{aligned}\right\}$$

となるから，

$$\left.\begin{aligned} 20U_A\cos\theta_A + 120U_B\cos\theta_B = 2\,884 \\ 20U_A\sin\theta_A + 120U_B\sin\theta_B = -8\,496 \end{aligned}\right\} \qquad (2)$$

式 (1) および式 (2) から $U_A\cos\theta_A$，$U_A\sin\theta_A$，$U_B\cos\theta_B$ および $U_B\sin\theta_B$ を求めると，

$$U_A\cos\theta_A = -32.80 \text{ gcm}$$

$$U_A\sin\theta_A = -28.18 \text{ gcm}$$

$$U_B\cos\theta_B = 29.50 \text{ gcm}$$

$$U_B\sin\theta_B = -66.10 \text{ gcm}$$

式 (8.24) から，

$$U_A = \sqrt{(-32.80)^2 + (-28.18)^2} = 43.24 \text{ gcm}$$

$$U_B = \sqrt{29.50^2 + (-66.10)^2} = 72.38 \text{ gcm}$$

$$\theta_A = \tan^{-1}\frac{-28.18}{-32.80} = 220°$$

$$\theta_B = \tan^{-1}\frac{-66.10}{29.50} = 294°$$

コラム

回転体の振動は工作機械をはじめエンジン，ポンプなどにも見られる．危険速度がある場合にはそれに対応する振動数より高い振動数で使うか，低い振動数で使う．危険速度より高い振動数で使う場合には，危険速度を通過しなければならない．そのような場合にはできるだけ周波数を速く上げて，共振現象が起こることを避けている．

第8章で学んだこと

○危険速度

○不釣合い質量のある回転体による振動（共振曲線）

○不釣合いの釣合せ

不釣合い量＝質量×中心と質量の間の距離

1面釣合せ

2面釣合せ

第8章　演習問題

1. **問題図 8.1** に示すように，両端が固定支持されている軸の中央に円板が取り付けられている．円板の自重によって軸がたわんだ状態で回転する場合の危険速度を求めよ．

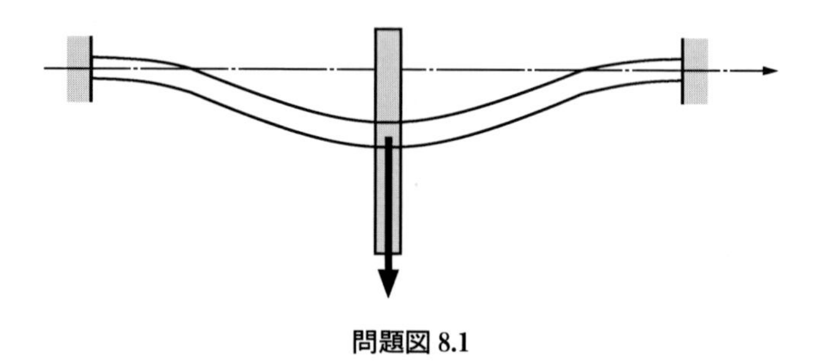

問題図 8.1

2. **問題図 8.2** に示す不釣合い質量のある回転体による1自由度系の振動を考える．回転体を含む質量が 10 kg，不釣合い質量を 0.5 kg，回転中心から不

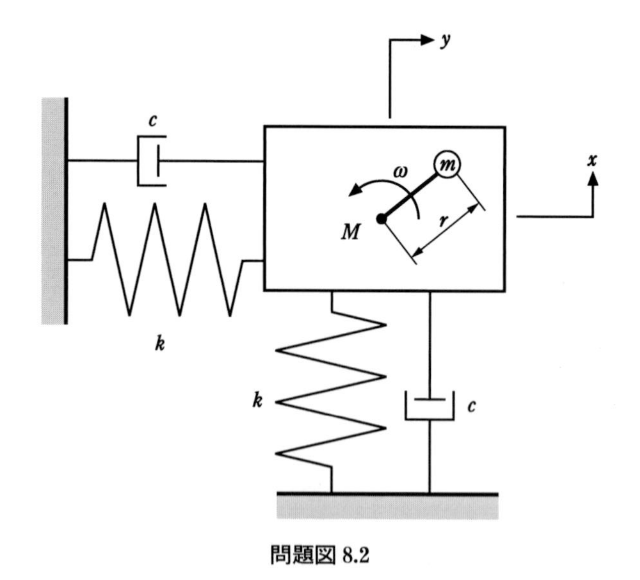

問題図 8.2

釣合い質量までの距離を 0.02 m，不釣合い質量の回転数を 200 rpm とする．1 自由度系の定常振動振幅を 0.002 m 以下にしたい．減衰を無視することができるものとしてばね定数の範囲を求めよ．

3. **問題図 8.3** に示すように，直径 60 mm，長さが 100 mm の円筒が両側に 25 mm の長さの軸に取り付けられている．円筒の左端から 20 mm，x 軸から 60° のところに 6 gcm，円筒の右端から 15 mm，x 軸から 210° のところに 7 gcm の不釣合い量がある．この回転体を釣り合わせるために円筒の両端面の外周に質量を付加する．修正質量および x 軸からの角度を求めよ．

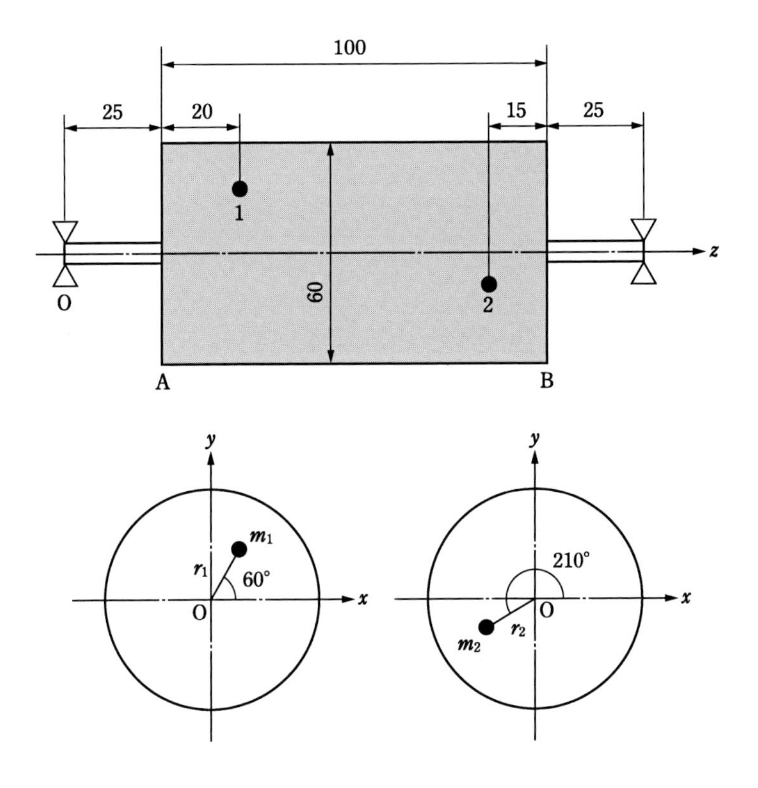

問題図 8.3

第 9 章

非線形振動

これまでは運動方程式が線形微分方程式で表される場合を扱ってきた．しかし，必ずしもそうでない場合がある．たとえば，物体が大きな変形をするとばねに作用する力と変形量の間の関係は，比例関係から離れてくる．また，物体の運動に摩擦が作用する，衝突などによる拘束がある場合などもある．その他にも多くの非線形特性がある．このような場合，複雑な振動が発生することがあり，いろいろな振動計算法がある．これらの詳細については多くの参考書が発行されている．本書では，非線形振動の振動計算法についての基礎的なことを紹介する．

9.1 非線形特性の例

機械構造物でよく見られる非線形特性を示す．

図 9.1 に示すような滑らかでない床などに置かれた物体の振動について考え

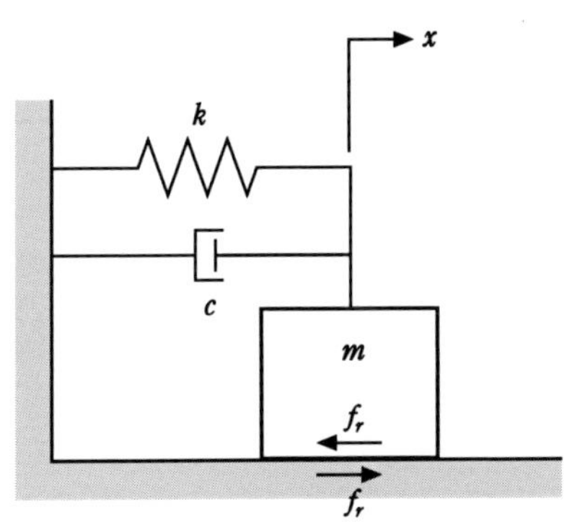

図 9.1 摩擦のある振動系

ると，床と振動系の間には摩擦力が作用する．摩擦力が作用する方向は，振動している物体の速度の方向によって変わる．したがって，このような物体の振動は非線形振動となる．

図 9.2 に示すような物体の両側または片側が，他の物体に衝突しながら振動する場合には，衝突しているときとしていないときではばね定数が異なる．したがって，このような物体の振動も非線形振動となる．

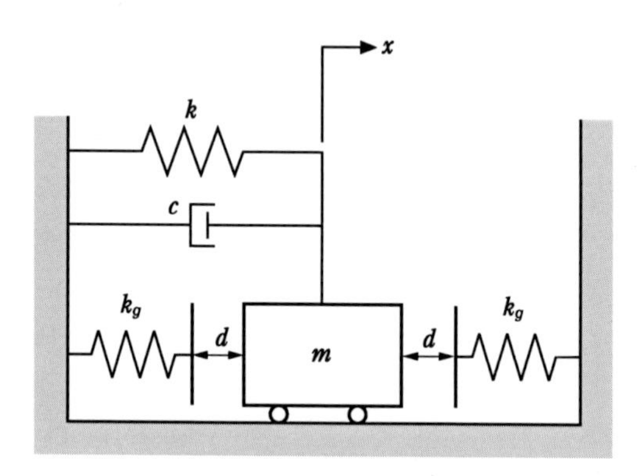

図 9.2　衝突のある振動系

物体が降伏力を超えるような大きな力を受けると，力と変位の間が比例しなくなる．したがって，このような大きな力が作用する物体の振動は非線形振動となる．

9.2　硬化ばね特性・軟化ばね特性をもつ系の固有振動数

図 9.3 に示す **2.1.2** で述べた単振り子の運動方程式は，

$$ml\ddot{\theta}+mg\sin\theta=0 \tag{9.1}$$

となる．θ が小さい場合には $\sin\theta=\theta$ となることから線形系として扱うことができた．この近似が成り立たないほど θ が大きくなると，非線形振動となる．sin をテーラー展開の第2項まで考慮すると，

$$\sin\theta=\theta-\frac{\theta^3}{6} \tag{9.2}$$

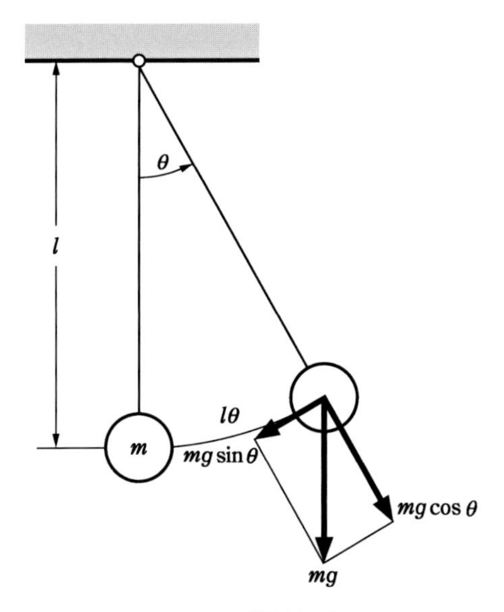

図 9.3　単振り子

式 (9.2) を式 (9.1) に代入すると，

$$ml\ddot{\theta}+mg\theta-mg\frac{\theta^3}{6}=0 \tag{9.3}$$

となる．

並進運動に対しても同様に，復元力が非線形となることがある．式 (9.3) を並進運動に対して記述すると次のようになる．

$$m\ddot{x}+kx+\beta x^3=0 \tag{9.4}$$

$\beta>0$ のときにばね定数が変位とともに大きくなるので，硬化ばねとよばれる．$\beta<0$ のときにばね定数が変位とともに小さくなるので，軟化ばねとよばれる．

$\dot{x}=v$ とおくと，

$$\ddot{x}=\frac{dv}{dt}=\frac{dv}{dx/v} \tag{9.5}$$

であるから，式 (9.4) は，

$$mv\frac{dv}{dx}+kx+\beta x^3=0 \tag{9.6}$$

式 (9.6) を x で積分すると，

$$\frac{1}{2}mv^2+\frac{1}{2}kx^2+\frac{1}{4}\beta x^4=C \tag{9.7}$$

縦軸に v をとり，横軸に x をとると，式 (9.7) は**図 9.4** のようになる．このような図を位相平面トラジェクトリーという．変位は $v=0$ のときに最大値をとる．式 (9.7) に $v=0$ を代入して整理すると，

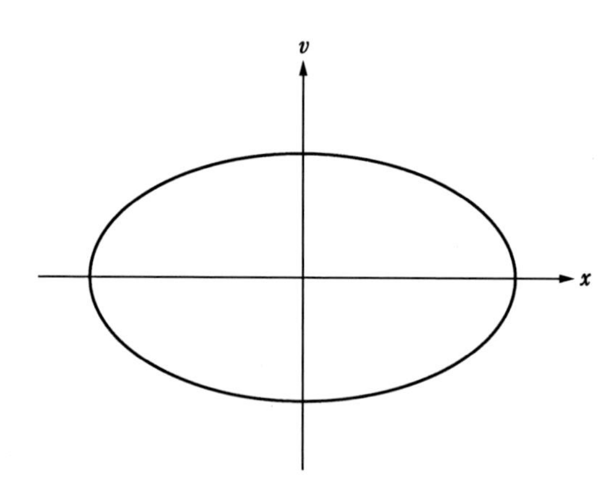

図 9.4　位相平面トラジェクトリー

$$\beta x^4+2kx^2-4C=0 \tag{9.8}$$

であるから，

$$x_{\max}{}^2=\frac{-k\pm\sqrt{k^2+4\beta C}}{\beta} \tag{9.9}$$

この運動の周期は，位相平面トラジェクトリーが対称であることから，

$$T=4\int_0^{x_{\max}}\frac{dx}{v}=4\int_0^{x_{\max}}\frac{dx}{\sqrt{\dfrac{2\left(C-\dfrac{1}{2}kx^2-\dfrac{1}{4}\beta x^4\right)}{m}}} \tag{9.10}$$

$x_{\max}$ は式 (9.8) から根号内を 0 とおいて得られる解だから，根号内は次式のように表すことができる．

$$C-\frac{1}{2}kx^2-\frac{1}{4}\beta x^4=\frac{1}{4}\beta(x_{\max}{}^2-x^2)\left(x_{\max}{}^2+\frac{2k}{\beta}+x^2\right) \tag{9.11}$$

となる．さらに，

$$x = x_{\max} \sin\theta \tag{9.12}$$

とおくと，

$$T = 4\int_0^{x_{\max}} \frac{dx}{v} = 4\sqrt{2m}\int_0^{\pi/2} \frac{d\theta}{\sqrt{2k+\beta x_{\max}{}^2+\beta x_{\max}{}^2 \sin^2\theta}} \tag{9.13}$$

9.3　断片線形復元力特性をもつ系の固有振動数

図 9.5 に示す復元力特性をもつ系の固有円振動数を求める．この場合，$x \geqq 0$ の領域で考えると運動方程式は，

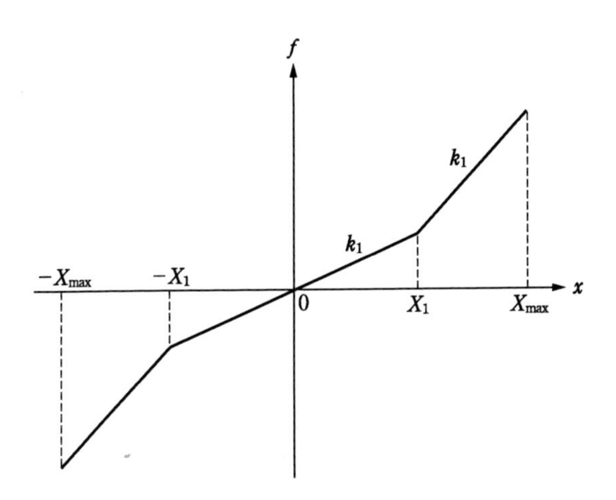

図 9.5　断片線形復元力特性

$$m\ddot{x}+k_1 x = 0 \qquad : 0 \leqq x < X_1 \tag{9.14}$$

$$m\ddot{x}+k_2(x-X_1)+k_1 X_1 = 0 : x \geqq X_1 \tag{9.15}$$

式 (9.15) は次のように書くことができる．

$$m\ddot{x}+k_2 x = (k_2-k_1)X_1 \tag{9.16}$$

特解を $x = A$ とおいて式 (9.16) に代入すると，

$$k_2 A = (k_2-k_1)X_1 \tag{9.17}$$

したがって，

$$A = \frac{k_2 - k_1}{k_2} X_1 \tag{9.18}$$

式 (9.16) の解は次のようになる．

$$x = c_1 \cos \omega_2 t + c_2 \sin \omega_2 t + \frac{k_2 - k_1}{k_2} X_1 \tag{9.19}$$

ここで，

$$\omega_2 = \sqrt{\frac{k_2}{m}} \tag{9.20}$$

$t = 0$ で静止状態で $x = X_{\max}$ の位置から振動が始まるとすると，

$$X_{\max} = c_1 + \frac{k_2 - k_1}{k_2} X_1 \tag{9.21}$$

したがって，

$$c_1 = X_{\max} - \frac{k_2 - k_1}{k_2} X_1 \tag{9.22}$$

また，式 (9.19) から，

$$\dot{x} = \omega_2(-c_1 \sin \omega_2 t + c_2 \cos \omega_2 t) \tag{9.23}$$

$t = 0$ で $\dot{x} = 0$ であるから，$c_2 = 0$ であるので，式 (9.22) を式 (9.19) に代入すると，

$$x = \left(X_{\max} - \frac{k_2 - k_1}{k_2} X_1\right) \cos \omega_2 t + \frac{k_2 - k_1}{k_2} X_1 \tag{9.24}$$

$x = X_1$ となるときの時刻を t_1 とすると，式 (9.24) から，

$$\left(X_{\max} - \frac{k_2 - k_1}{k_2} X_1\right) \cos \omega_2 t_1 = \left(1 - \frac{k_2 - k_1}{k_2}\right) X_1 \tag{9.25}$$

t_1 は次式で与えられる．

$$t_1 = \frac{1}{\omega_2} \cos^{-1} \frac{\left(1 - \frac{k_2 - k_1}{k_2}\right) X_1}{X_{\max} - \frac{k_2 - k_1}{k_2} X_1} \tag{9.26}$$

t_1 のときの速度 $\dot{x}_1$ は式 (9.22) と式 (9.23) および式 (9.26) から，

$$\dot{x}_1 = -\omega_2\left(X_{\max} - \frac{k_2-k_1}{k_2}X_1\right)\sin\omega_2 t_1$$

$$= -\omega_2\left(X_{\max} - \frac{k_2-k_1}{k_2}X_1\right)\sin\cos^{-1}\frac{\left(1-\frac{k_2-k_1}{k_2}\right)X_1}{X_{\max}-\frac{k_2-k_1}{k_2}X_1}$$

$$= -\omega_2\left(X_{\max} - \frac{k_2-k_1}{k_2}X_1\right)\frac{\sqrt{\left(X_{\max}-\frac{k_2-k_1}{k_2}X_1\right)^2-\left(\frac{k_1}{k_2}X_1\right)^2}}{X_{\max}-\frac{k_2-k_1}{k_2}X_1}$$

$$= -\omega_2\sqrt{\left(X_{\max}-\frac{k_2-k_1}{k_2}X_1\right)^2-\left(\frac{k_1}{k_2}X_1\right)^2} \tag{9.27}$$

$x = X_1$ となったときを改めて $t = 0$ とおくと，このときの速度は $\dot{x}_1$ であるから，式 (9.14) の解は式 (2.15) を用いて，

$$x = X_1\cos\omega_1 t + \frac{\dot{x}_1}{\omega_1}\sin\omega_1 t \tag{9.28}$$

ここで，

$$\omega_1 = \sqrt{\frac{k_1}{m}} \tag{9.29}$$

$x = 0$ となる時刻を t_2 とすると，式 (9.28) から，

$$0 = X_1\cos\omega_1 t_2 + \frac{\dot{x}_1}{\omega_1}\sin\omega_1 t_2 \tag{9.30}$$

したがって，

$$\tan\omega_1 t_2 = -\frac{X_1}{\frac{\dot{x}_1}{\omega_1}} \tag{9.31}$$

さらに，

$$\sin^2\omega_1 t_2 = 1 - \frac{1}{1+\tan^2\omega_1 t_2} = 1 - \frac{1}{1+\frac{X_1{}^2}{\left(\frac{\dot{x}_1}{\omega_1}\right)^2}}$$

$$= 1 - \frac{\dot{x}_1{}^2}{\dot{x}_1{}^2 + \omega_1{}^2 X_1{}^2} = \frac{\omega_1{}^2 X_1{}^2}{\dot{x}_1{}^2 + \omega_1{}^2 X_1{}^2}$$

$$= \frac{\omega_1{}^2 X_1{}^2}{\omega_2{}^2 \left\{ \left(X_{\max} - \frac{k_2 - k_1}{k_2} X_1 \right)^2 - \left(\frac{k_1}{k_2} X_1 \right)^2 \right\} + \omega_1{}^2 X_1{}^2}$$

$$= \frac{1}{\left(\frac{\omega_2}{\omega_1} \right)^2 \left\{ \left(\frac{X_{\max}}{X_1} - \frac{k_2 - k_1}{k_2} \right)^2 - \left(\frac{k_1}{k_2} \right)^2 \right\} + 1} \tag{9.32}$$

t_2 は次式で表される．

$$t_2 = \frac{1}{\omega_1} \sin^{-1} \frac{1}{\left(\frac{\omega_2}{\omega_1} \right) \sqrt{\left\{ \left(\frac{X_{\max}}{X_1} - \frac{k_2 - k_1}{k_2} \right)^2 - \left(\frac{k_1}{k_2} \right)^2 \right\} + \left(\frac{\omega_1}{\omega_2} \right)^2}} \tag{9.33}$$

$t_1 + t_2$ が固有周期 T_n の 1/4 であるから，

$$T_n = 4(t_1 + t_2) \tag{9.34}$$

したがって，式 (9.26) および式 (9.33) から，

$$\omega_n = \frac{2\pi}{T_n} = \frac{\pi}{2(t_1 + t_2)} =$$

$$\frac{\pi}{2} \cdot \frac{1}{\frac{1}{\omega_2} \cos^{-1} \frac{\left(1 - \frac{k_2 - k_1}{k_2} \right) X_1}{X_{\max} - \frac{k_2 - k_1}{k_2} X_1} + \frac{1}{\omega_1} \sin^{-1} \frac{1}{\left(\frac{\omega_2}{\omega_1} \right) \sqrt{\left\{ \left(\frac{X_{\max}}{X_1} - \frac{k_2 - k_1}{k_2} \right)^2 - \left(\frac{k_1}{k_2} \right)^2 \right\} + \left(\frac{\omega_1}{\omega_2} \right)^2}}} \tag{9.35}$$

9.4　非線形系の強制振動

これまで扱ってきた系で粘性減衰が作用する系が正弦波で表される入力を受ける場合の定常振動応答を求める方法を示す．運動方程式は，

$$m\ddot{x} + c\dot{x} + kx + \beta x^3 = F \sin \omega t \tag{9.36}$$

線形系の場合と同様に，この系の定常振動応答を次式のように仮定する．

$$x = X \sin(\omega t - \varphi) \tag{9.37}$$

応答と入力の位相をφだけ進めると，

$$m\ddot{x}+c\dot{x}+kx+\beta x^3 = F\sin(\omega t+\varphi) \tag{9.38}$$

式 (9.37) およびこの式を微分した式を式 (9.38) に代入し，さらに，

$$\sin^3 \omega t = \frac{3}{4}\sin \omega t - \frac{1}{4}\sin 3\omega t \tag{9.39}$$

であることを利用すると，

$$-m\omega^2 X \sin \omega t + \omega c X \cos \omega t + kX \sin \omega t + \varepsilon X^3\left(\frac{3}{4}\sin \omega t - \frac{1}{4}\sin 3\omega t\right)$$
$$= F\sin \omega t \cos \varphi + F\cos \omega t \sin \varphi \tag{9.40}$$

両辺をmで割って整理すると，

$$\left\{(\omega_n{}^2-\omega^2)X+\varepsilon\frac{3}{4}X^3\right\}\sin \omega t + 2\zeta\omega_n\omega X\cos \omega t - \varepsilon\frac{1}{4}X^3\sin 3\omega t$$
$$= \frac{F}{m}\sin \omega t \cos \varphi + \frac{F}{m}\cos \omega t \sin \varphi \tag{9.41}$$

ここで，

$$\varepsilon = \frac{\beta}{m} \tag{9.42}$$

$\sin 3\omega t$は後述するように違う型の振動をする項目に関連するので，この項を無視して両辺の$\sin \omega t$と$\cos \omega t$の係数を比較すると，

$$\left.\begin{aligned} &(\omega_n{}^2-\omega^2)X+\varepsilon\frac{3}{4}X^3 = \frac{F}{m}\cos \varphi \\ &2\zeta\omega_n\omega X = \frac{F}{m}\sin \varphi \end{aligned}\right\} \tag{9.43}$$

両方の式を自乗して加算すると，

$$\left\{(\omega_n{}^2-\omega^2)X+\varepsilon\frac{3}{4}X^3\right\}^2 + (2\zeta\omega_n\omega X)^2 = \left(\frac{F}{m}\right)^2 \tag{9.44}$$

この式はX^2に関する3次方程式である．したがって，ひとつの実数根をもつか3つの実数根をもつ．この式からXを求めると，共振曲線が求まる．**図 9.6** (a) および (b) にそれぞれ$\beta > 0$および$\beta < 0$の場合の共振曲線を示す．

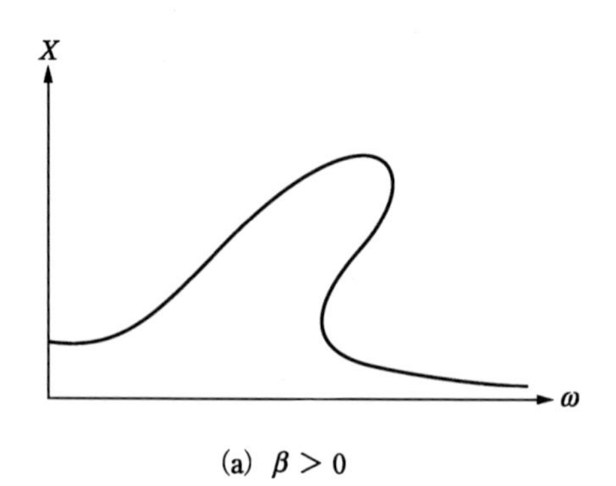

(a)　$\beta > 0$

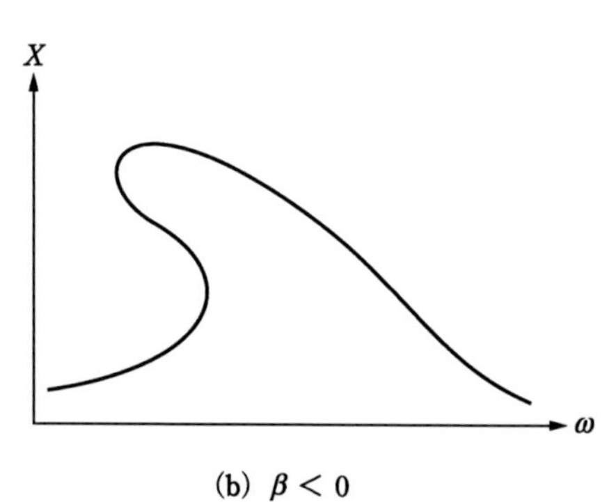

(b)　$\beta < 0$

図 9.6　共振曲線

9.5　分数調波

非線形系の定常振動応答では，入力の振動数以外の振動数の周波数成分をもつ応答が発生することがある．運動方程式が式 (9.38) で表される場合で考える．簡単のために $\zeta = 0$ とすると運動方程式は，

$$\ddot{x} + \omega_n^2 x + \varepsilon x^3 = \frac{F}{m} \sin \omega t \tag{9.45}$$

この解を次式のように仮定する．

$$x = A_1 \sin \frac{1}{3} \omega t + A_2 \sin \omega t \tag{9.46}$$

式 (9.46) の右辺の第 1 項を 1/3 次分数調波とよぶ．この式を微分して得られる加速度と式 (9.46) を運動方程式に代入すると，

$$-\frac{1}{9}\omega^2 A_1 \sin\frac{1}{3}\omega t-\omega^2 A_2 \sin\omega t+\omega_n^2 A_1 \sin\frac{1}{3}\omega t+\omega_n^2 A_2 \sin\omega t$$

$$+\varepsilon\left(A_1 \sin\frac{1}{3}\omega t+A_2 \sin\omega t\right)^3=\frac{F}{m}\sin\omega t \tag{9.47}$$

式 (9.47) は次のようになる．

$$-\frac{1}{9}\omega^2 A_1 \sin\frac{1}{3}\omega t-\omega^2 A_2 \sin\omega t+\omega_n^2 A_1 \sin\frac{1}{3}\omega t+\omega_n^2 A_2 \sin\omega t$$

$$+\varepsilon\left(A_1^3 \sin^3\frac{1}{3}\omega t+3A_1^2 A_2 \sin^2\frac{1}{3}\omega t\sin\omega t\right.$$

$$\left.+3A_1 A_2^2 \sin\frac{1}{3}\omega t\sin^2\omega t+A_2^3 \sin^3\omega t\right)$$

$$=\frac{F}{m}\sin\omega t \tag{9.48}$$

式 (9.48) をさらに展開し，$\sin\frac{1}{3}\omega t$ の係数に注目すると，

$$\left\{\left(\omega_n^2-\frac{1}{9}\omega^2\right)+\frac{3}{4}\varepsilon(A_1^2+A_1A_2+2A_2^2)\right\}A_1=0 \tag{9.49}$$

分数調波が存在するためには，{　} 内の A_1 に関する 2 次方程式の解が実数でなければならない．したがって，判別式が正または 0 であるから，

$$\omega^2-9\left(\omega_n^2+\frac{21}{16}\varepsilon A_2^2\right)\geqq 0 \tag{9.50}$$

9.6 エネルギーを用いた等価減衰係数の計算法

図 9.7 (a) に示す入力が $F_0 \sin\omega t$ で，摩擦のある 1 自由度系の定常振動を考える．この 1 自由度系を図 9.7 (b) に示す等価減衰係数が C_{eq} であるダンパをもつ等価線形化モデルに置き換える．摩擦力は**図 9.8** に示す速度の符号のみに従うクーロン摩擦で表されるものとする．定常振動が次式で表されるものとす

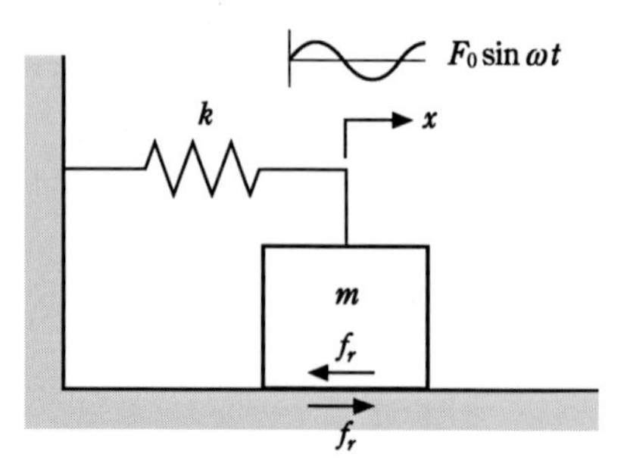

(a) 摩擦のある 1 自由度系

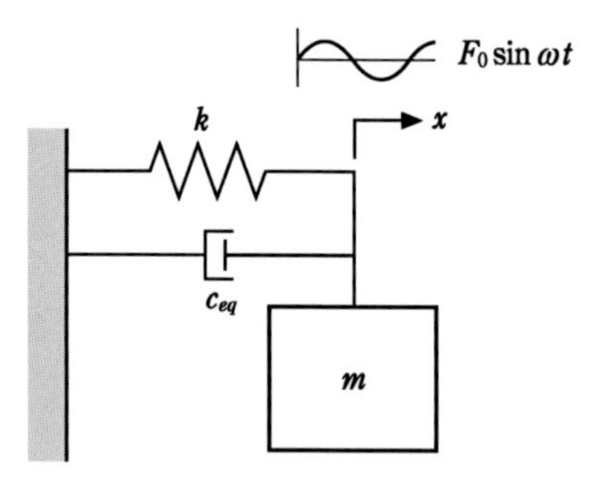

(b) 等価線形系

図 9.7　摩擦のある振動系

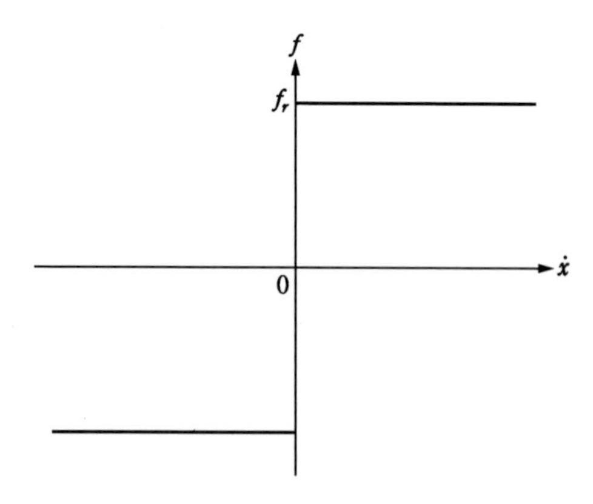

図 9.8　クーロン摩擦

る．

$$x_s = X_s \sin(\omega t - \phi) \tag{9.51}$$

振動1サイクル中の質点の移動距離は$4X_s$であるから摩擦力f_rによって消費されるエネルギーは，

$$W_a = 4X_s f_r \tag{9.52}$$

速度は，

$$\dot{x}_s = \omega X_s \cos(\omega t - \phi) \tag{9.53}$$

振動1サイクル中Tに等価減衰係数によって吸収されるエネルギーは，

$$W_e = \int_0^T C_{eq} \dot{x}_s \cdot \dot{x}_s dt = \int_0^{\frac{2\pi}{\omega}} C_{eq} \omega^2 X_s^2 \cos^2(\omega t - \phi) dt$$

$$= C_{eq} \omega^2 X_s^2 \int_0^{\frac{2\pi}{\omega}} \frac{1 + \cos 2(\omega t - \phi)}{2} dt$$

$$= C_{eq} \omega^2 X_s^2 \left[\frac{t}{2} + \frac{\sin 2(\omega t - \phi)}{4\omega} \right]_0^{\frac{2\pi}{\omega}}$$

$$= \pi C_{eq} \omega X_s^2 \tag{9.54}$$

ここで，$W_a = W_e$とおくと，

$$4X_s f_r = \pi C_{eq} \omega X_s^2 \tag{9.55}$$

であるから，

$$C_{eq} = \frac{4f_r}{\pi \omega X_s} \tag{9.56}$$

定常振動振幅は，式(3.11)から，

$$X_s = \frac{F_0}{\sqrt{(k - m\omega^2)^2 + (C_{eq}\omega)^2}} \tag{9.57}$$

式(9.56)を式(9.57)に代入し，X_sを求めると，

$$X_s = \sqrt{\frac{F_0^2 - \left(\frac{4f_r}{\pi}\right)^2}{(k - m\omega^2)^2}} \tag{9.58}$$

したがって，根号内が正でなければならず，次式が成り立つ場合に定常振動となる．

$$f_r < \frac{\pi}{4} F_0 \tag{9.59}$$

また，X_s が求まれば位相角は次式で与えられる．

$$\phi = \tan^{-1} \frac{C_{eq}\omega}{k - m\omega^2} \tag{9.60}$$

コラム

非線形振動とは文字通り線形でない振動である．そのために，多くの種類の振動がある．これらの振動のなかには，分数調波のように入力の振動数以外の振動数成分が含まれることがある．さらに，カオス振動のような複雑な振動が発生することもある．このような振動が発生する条件などに関する多くの研究がなされている．

第9章で学んだこと

○線形系と異なる固有振動数

○位相平面トラジェクトリーに特徴がある

○自由振動　連続の条件を用いる

○強制振動　線形系と異なる特徴がある

○分数調波振動　入力の振動数の $1/n$ の振動数の振動が発生することがある

○等価線形化法

第9章　演習問題

1. **問題図 9.1** のモデルの固有円振動数を求めよ.

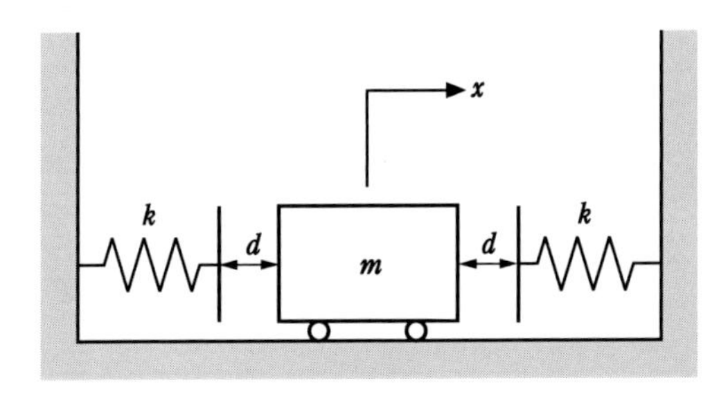

問題図 9.1

2. 速度の自乗に比例する抵抗（$\dot{x} \geqq 0$ のとき $c\dot{x}^2$, $\dot{x} < 0$ のとき $-c\dot{x}^2$）が作用する 1 自由度系の定常振動における等価減衰係数を求めよ.

第 10 章

フーリエ級数を用いた振動解析

三角関数（正弦波と余弦波）で表せない周期的な関数で表される入力を受ける系の振動を求めることは複雑な計算を伴うことが多い．このような場合に，周期的な関数を三角関数（正弦波と余弦波）で表すことができれば，これまでに学んできた計算法を応用することによって振動を計算することができる．このような計算に必要なフーリエ級数について述べる．

10.1　フーリエ級数

図 10.1 に示すような周期が T である関数 $f(t)$ を考える．円振動数を ω とす

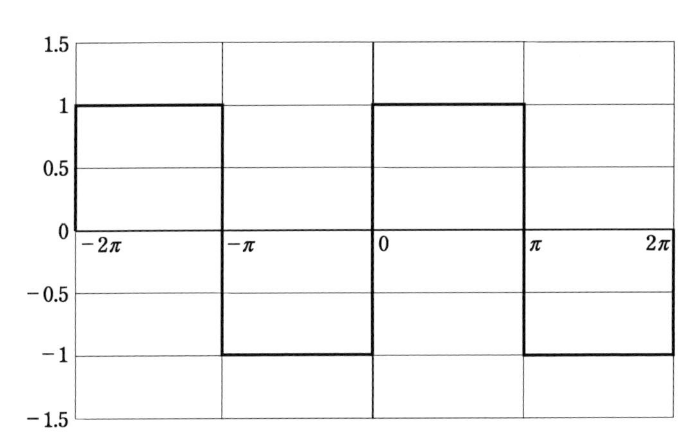

図 10.1　矩形波

ると，$\omega = 2\pi/T$ となる．$f(t)$ を三角関数を用いて次のような式に展開することができる．

$$f(t) = \frac{a_0}{2} + \sum_{n=1}^{\infty}(a_n \cos n\omega t + b_n \sin n\omega t) \tag{10.1}$$

この級数をフーリエ級数（Fourier series）とよぶ．n は整数であり，a_0，a_n および b_n はフーリエ係数（Fourier coefficient）という．これらの係数は次のように求める．式 (10.1) の両辺を1周期 T について積分すると，

$$\int_{-T/2}^{T/2} f(t)\,dt = \frac{a_0}{2}T + \int_{-T/2}^{T/2} \sum_{n=1}^{\infty}(a_n \cos n\omega t + b_n \sin n\omega t)\,dt \tag{10.2}$$

右辺の第2項の級数の総和と積分の順序を入れ替えると，

$$\int_{-T/2}^{T/2} f(t)\,dt = \frac{a_0}{2}T + \sum_{n=1}^{\infty}\int_{-T/2}^{T/2}(a_n \cos n\omega t + b_n \sin n\omega t)\,dt \tag{10.3}$$

一方，

$$\begin{aligned}\int_{-T/2}^{T/2} a_n \cos n\omega t\,dt &= \int_{-\pi/\omega}^{\pi/\omega} a_n \cos n\omega t\,dt \\ &= \left[\frac{a_n}{n\omega}\sin n\omega t\right]_{-\pi/\omega}^{\pi/\omega} \\ &= 0\end{aligned} \tag{10.4}$$

$$\begin{aligned}\int_{-T/2}^{T/2} b_n \sin n\omega t\,dt &= \int_{-\pi/\omega}^{\pi/\omega} b_n \sin n\omega t\,dt \\ &= \left[-\frac{b_n}{n\omega}\cos n\omega t\right]_{-\pi/\omega}^{\pi/\omega} \\ &= 0\end{aligned} \tag{10.5}$$

したがって，

$$a_0 = \frac{2}{T}\int_{-T/2}^{T/2} f(t)\,dt \tag{10.6}$$

次に，式 (10.1) の両辺に $\cos m\omega t$ を乗じて1サイクルについて積分すると，

$$\int_{-T/2}^{T/2} f(t) \cos m\omega t\,dt$$

$$=\int_{-T/2}^{T/2}\frac{a_0}{2}\cos m\omega t dt+\sum_{n=1}^{\infty}\int_{-T/2}^{T/2}(a_n\cos m\omega t\cos n\omega t+b_n\cos m\omega t\sin n\omega t)dt \tag{10.7}$$

ここで，右辺第 2 項で総和と積分の順序を入れ替えた．右辺第 1 項は式 (10.4) から 0 となる．右辺第 2 項の積分は，$a_n\cos n\omega t$ の項について $m\neq n$ のとき，

$$\int_{-T/2}^{T/2}a_n\cos m\omega t\cos n\omega t dt$$

$$=\frac{a_n}{2}\int_{-T/2}^{T/2}\{\cos(m-n)\omega t+\cos(m+n)\omega t\}dt$$

$$=\frac{a_n}{2}\left[\frac{\sin(m-n)\omega t}{(m-n)\omega}+\frac{\sin(m+n)\omega t}{(m+n)\omega}\right]_{-\pi/\omega}^{\pi/\omega}$$

$$=0 \tag{10.8}$$

$n=m$ のとき，

$$\int_{-T/2}^{T/2}a_n\cos m\omega t\cos n\omega t dt=a_n\int_{-T/2}^{T/2}\cos^2 n\omega t dt$$

$$=a_n\int_{-T/2}^{T/2}\frac{1+\cos 2\omega t}{2}dt$$

$$=a_n\left[\frac{t}{2}+\frac{\sin 2\omega t}{4\omega}\right]_{-\pi/\omega}^{\pi/\omega}$$

$$=a_n\frac{\pi}{\omega}=a_n\frac{T}{2} \tag{10.9}$$

また，式 (10.7) の $b_n\sin n\omega t$ の項について $m\neq n$ のとき，

$$\int_{-T/2}^{T/2}b_n\cos m\omega t\sin n\omega t dt$$

$$=\frac{b_n}{2}\int_{-T/2}^{T/2}\{-\sin(m-n)\omega t+\sin(m+n)\omega t\}dt$$

$$=\frac{b_n}{2}\left[\frac{\cos(m-n)\omega t}{(m-n)\omega}+\frac{-\cos(m+n)\omega t}{(m+n)\omega}\right]_{-\pi/\omega}^{\pi/\omega}$$

$$=0 \tag{10.10}$$

$n = m$ のとき,

$$\int_{-T/2}^{T/2} b_n \cos m\omega t \sin n\omega t dt = b_n \int_{-T/2}^{T/2} \sin n\omega t \cos n\omega t dt$$

$$= b_n \int_{-T/2}^{T/2} \frac{\sin 2\omega t}{2} dt$$

$$= b_n \left[\frac{-\cos 2\omega t}{4\omega} \right]_{-\pi/\omega}^{\pi/\omega}$$

$$= 0 \qquad (10.11)$$

したがって,

$$a_n = \frac{2}{T} \int_{-T/2}^{T/2} f(t) \cos n\omega t dt \qquad (10.12)$$

同様に，式(10.1)の両辺に $\sin m\omega t$ を掛けて1サイクルについて積分すると次式が得られる.

$$b_n = \frac{2}{T} \int_{-T/2}^{T/2} f(t) \sin n\omega t dt \qquad (10.13)$$

したがって，フーリエ係数は次式で与えられる.

$$\left. \begin{aligned} a_0 &= \frac{2}{T} \int_{-T/2}^{T/2} f(t) dt \\ a_n &= \frac{2}{T} \int_{-T/2}^{T/2} f(t) \cos n\omega t dt \\ b_n &= \frac{2}{T} \int_{-T/2}^{T/2} f(t) \sin n\omega t dt \end{aligned} \right\} \qquad (10.14)$$

$f(t)$ が奇関数のとき,

$$a_0 = 0, \ a_n = 0, \ b_n = \frac{4}{T} \int_0^{T/2} f(t) \sin n\omega t dt \qquad (10.15)$$

$f(t)$ が偶関数のとき,

$$a_0 = \frac{4}{T} \int_0^{T/2} f(t) dt, \ a_n = \frac{4}{T} \int_0^{T/2} f(t) \cos n\omega t dt, \ b_n = 0 \qquad (10.16)$$

例題 10.1 図 10.1 に示す矩形波のフーリエ級数を求めよ.

解

図 10.1 の関数は次式のように表される.

$$f(t)=\begin{cases}-1\ ;\ -\dfrac{T}{2}\leqq t\leqq 0\\ 1\ ;\ 0\leqq t\leqq \dfrac{T}{2}\end{cases}$$

この関数は奇関数だから，式 (10.15) から，$a_0=0$，$a_n=0$ である．さらに，$\omega=2\pi/T$ であるから，式 (10.15) の第 3 式は次のようになる.

$$b_n=\frac{4}{T}\int_0^{T/2}\sin n\omega t dt=\frac{4}{T}\left[\frac{-\cos n\omega t}{n\omega}\right]_0^{T/2}$$

$$=\frac{4}{T}\frac{1}{n\omega}\left(1-\cos\frac{n\omega T}{2}\right)$$

$$=\frac{4}{T}\frac{T}{2\pi n}(1-\cos n\pi)=\frac{2}{n\pi}(1-\cos n\pi)=\begin{cases}\dfrac{4}{n\pi}\ ; n\text{ が奇数のとき}\\ 0\quad ; n\text{ が偶数のとき}\end{cases}$$

式 (10.1) から，

$$f(t)=\frac{4}{\pi}\left(\sin\omega t+\frac{1}{3}\sin 3\omega t+\frac{1}{5}\sin 5\omega t+\cdots\cdots\right)$$

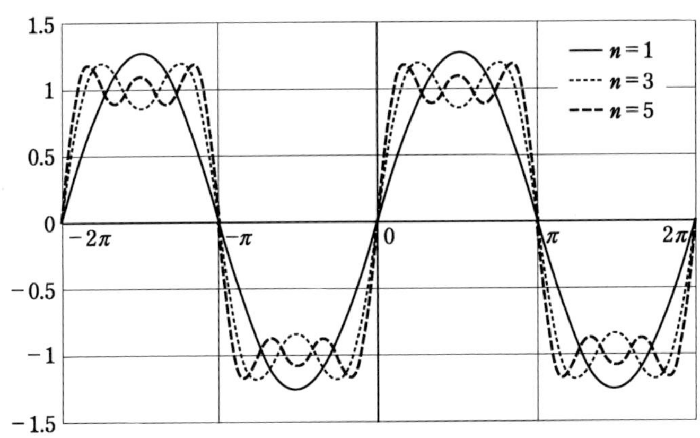

図 10.2 フーリエ級数で得られた波形（矩形波）

図 10.2 にフーリエ級数で得られた波形を示す．項数が増えるにつれて図 10.1 の関数に近づくことがわかる．

例題 **10. 2**　**図 10.3** に示す三角波のフーリエ級数を求めよ．

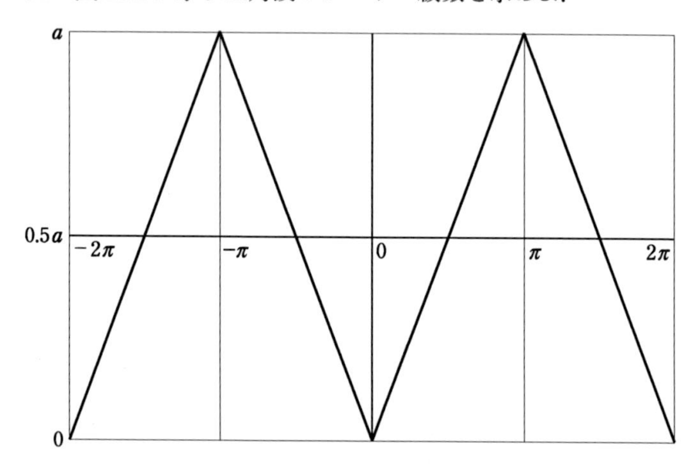

図 10.3　三角波

解

図 10.3 の関数は次式のように表される．

$$f(t) = \begin{cases} -\dfrac{2a}{T}t\ ;\ -\dfrac{T}{2} \leqq t \leqq 0 \\ \dfrac{2a}{T}t\ ;\ 0 \leqq t \leqq \dfrac{T}{2} \end{cases}$$

この関数は偶関数だから，式 (10.16) から，$b_n = 0$ である．さらに，$\omega = 2\pi/T$ であるから，式 (10.16) の第 1 式および第 2 式は次のようになる．

$$a_0 = \frac{4}{T}\int_0^{T/2} \frac{2a}{T}tdt = \frac{8a}{T^2}\left[\frac{t^2}{2}\right]_0^{T/2}$$

$$= \frac{8a}{T^2}\frac{T^2}{8} = a$$

$$a_n = \frac{4}{T}\int_0^{T/2} \frac{2a}{T}t\cos n\omega tdt = \frac{8a}{T^2}\int_0^{T/2} t\cos n\omega tdt$$

$$= \frac{8a}{T^2}\left\{\left[\frac{t\sin n\omega t}{n\omega}\right]_0^{T/2} - \int_0^{T/2}\frac{\sin n\omega t}{n\omega}dt\right\}$$

$$= \frac{8a}{T^2}\left\{\frac{T}{2n\omega}\sin\frac{n\omega T}{2} + \left[\frac{\cos n\omega t}{n^2\omega^2}\right]_0^{T/2}\right\}$$

$$= \frac{8a}{T^2n^2\omega^2}\left(\cos\frac{n\omega T}{2} - 1\right)$$

$$= \frac{2a}{n^2\pi^2}(\cos n\pi - 1)$$

$$= \begin{cases} 0 & ; n \text{ が偶数のとき} \\ -\dfrac{4a}{n^2\pi^2} & ; n \text{ が奇数のとき} \end{cases}$$

式 (10.1) から,

$$f(t) = \frac{a}{2} - \frac{4a}{\pi^2}\left(\cos\omega t + \frac{1}{9}\cos 3\omega t + \frac{1}{25}\cos 5\omega t + \cdots\cdots\right)$$

図 10.4 にフーリエ級数で得られた波形を示す．項数が増えるにつれて図 10.3 の関数に近づくことがわかる．

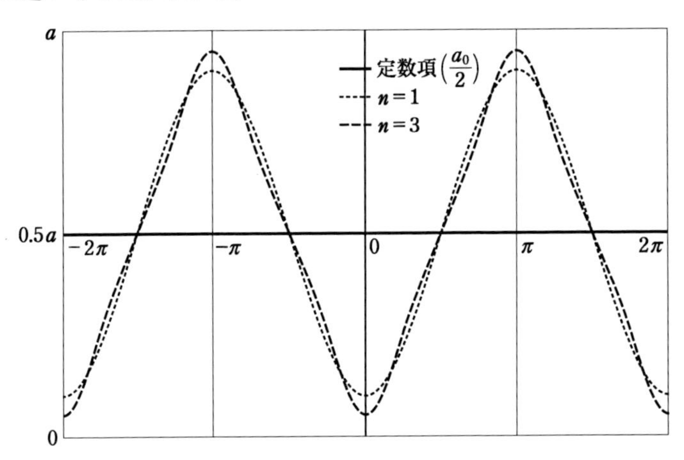

図 10.4　フーリエ級数で得られた波形（三角波）

10.2　フーリエ級数で表される力入力を受ける 1 自由度系の応答

フーリエ級数で表される入力を受ける減衰のある 1 自由度系の運動方程式は次式で表される．

$$m\ddot{x}+c\dot{x}+kx=\frac{a_0}{2}+\sum_{n=1}^{\infty}(a_n\cos n\omega t+b_n\sin\omega t) \tag{10.17}$$

定常振動を考えると，右辺第 1 項の $a_0/2$ に対する定常応答は，

$$x_0=\frac{a_0}{2k} \tag{10.18}$$

また，$b_1\sin\omega t$ に対する定常振動は，式 (3.10) から，

$$x_{s1}=X_{s1}\sin(\omega t+\phi_1) \tag{10.19}$$

ここで式 (3.13) および式 (3.14) を用いると，

$$\left.\begin{aligned} X_{s1}&=\frac{1}{\sqrt{\left\{1-\left(\frac{\omega}{\omega_n}\right)^2\right\}^2+\left(2\zeta\frac{\omega}{\omega_n}\right)^2}}\frac{b_1}{k}\\ \phi&=-\tan^{-1}\left\{\frac{2\zeta\frac{\omega}{\omega_n}}{1-\left(\frac{\omega}{\omega_n}\right)^2}\right\}\end{aligned}\right\} \tag{10.20}$$

$a_1\cos\omega t$ に対する定常振動は，同様に，

$$x_{c1}=X_{c1}\cos(\omega t+\phi_1) \tag{10.21}$$

ここで，

$$\left.\begin{aligned} X_{c1}&=\frac{1}{\sqrt{\left\{1-\left(\frac{\omega}{\omega_n}\right)^2\right\}^2+\left(2\zeta\frac{\omega}{\omega_n}\right)^2}}\frac{a_1}{k}\\ \phi&=-\tan^{-1}\left\{\frac{2\zeta\frac{\omega}{\omega_n}}{1-\left(\frac{\omega}{\omega_n}\right)^2}\right\}\end{aligned}\right\} \tag{10.22}$$

n が 2 以上の場合についても同様に定常応答を求めることができる．したがって，定常応答は，

$$x_s=\frac{a_0}{2k}+\sum_{n=1}^{\infty}\{X_{cn}\cos(n\omega t+\phi_n)+X_{sn}\sin(n\omega t+\phi_n)\} \tag{10.23}$$

ここで,

$$\left.\begin{aligned}
X_{cn}&=\frac{1}{\sqrt{\left\{1-\left(\frac{n\omega}{\omega_n}\right)^2\right\}^2+\left(2\zeta\frac{n\omega}{\omega_n}\right)^2}}\frac{a_n}{k}\\
X_{sn}&=\frac{1}{\sqrt{\left\{1-\left(\frac{n\omega}{\omega_n}\right)^2\right\}^2+\left(2\zeta\frac{n\omega}{\omega_n}\right)^2}}\frac{b_n}{k}\\
\phi_n&=-\tan^{-1}\left\{\frac{2\zeta\frac{n\omega}{\omega_n}}{1-\left(\frac{n\omega}{\omega_n}\right)^2}\right\}
\end{aligned}\right\}\ (n=1,\ 2,\ 3,\cdots\cdots) \tag{10.24}$$

例題　10.3　図10.1で与えられる関数で表される力入力を受ける減衰のある1自由度系の定常応答を求めよ.

解

例題10.1から,

$$f(t)=\frac{4}{\pi}\left(\sin\omega t+\frac{1}{3}\sin 3\omega t+\frac{1}{5}\sin 5\omega t+\cdots\cdots\right)$$

であるから, 運動方程式は,

$$m\ddot{x}+c\dot{x}+kx=\frac{4}{\pi}\left(\sin\omega t+\frac{1}{3}\sin 3\omega t+\frac{1}{5}\sin 5\omega t+\cdots\cdots\right)$$

式(10.23)から,

$$x_s=\frac{4}{\pi}\sum_{n=1}^{\infty}X_{sn}\sin(n\omega t+\phi_n)\qquad(n=1,\ 3,\ 5,\cdots\cdots)$$

ここで,

$$\left.\begin{aligned}
X_{sn}&=\frac{1}{\sqrt{\left\{1-\left(\frac{n\omega}{\omega_n}\right)^2\right\}^2+\left(2\zeta\frac{n\omega}{\omega_n}\right)^2}}\frac{1}{kn}\\
\phi_n&=-\tan^{-1}\left[\frac{2\zeta\frac{n\omega}{\omega_n}}{1-\left(\frac{n\omega}{\omega_n}\right)^2}\right]
\end{aligned}\right\}\ (n=1,\ 3,\ 5,\cdots\cdots)$$

付録

積分範囲は1サイクルであればよい．したがって，たとえば積分範囲を0からTとすると，

$$\int_0^T f(t)dt = \frac{a_0}{2}T + \int_0^T \sum_{n=1}^{\infty} (a_n \cos n\omega t + b_n \sin n\omega t)dt \tag{10.25}$$

右辺の第2項の級数の総和と積分の順序を入れ替えると，

$$\int_0^T f(t)dt = \frac{a_0}{2}T + \sum_{n=1}^{\infty} \int_0^T (a_n \cos n\omega t + b_n \sin n\omega t)dt \tag{10.26}$$

一方，

$$\begin{aligned}\int_0^T a_n \cos n\omega t dt &= \int_0^{2\pi/\omega} a_n \cos n\omega t dt \\ &= \left[\frac{a_n}{n\omega} \sin n\omega t\right]_0^{2\pi/\omega} \\ &= 0\end{aligned} \tag{10.27}$$

$$\begin{aligned}\int_0^T b_n \sin n\omega t dt &= \int_0^{2\pi/\omega} b_n \cos n\omega t dt \\ &= \left[-\frac{b_n}{n\omega} \cos n\omega t\right]_0^{2\pi/\omega} \\ &= 0\end{aligned} \tag{10.28}$$

したがって，

$$a_0 = \frac{2}{T}\int_0^T f(t)dt \tag{10.29}$$

次に，式(10.1)の両辺に$\cos m\omega t$を乗じて1サイクルについて積分すると，

$$\begin{aligned}\int_0^T f(t) \cos m\omega t dt &= \int_0^T \frac{a_0}{2} \cos m\omega t dt \\ &+ \sum_{n=1}^{\infty} \int_0^T (a_n \cos m\omega t \cos n\omega t + b_n \cos m\omega t \sin n\omega t)dt\end{aligned} \tag{10.30}$$

ここで，右辺第2項で総和と積分の順序を入れ替えた．右辺第1項は式(10.27)から0となる．右辺第2項の積分は，$a_n \cos n\omega t$の項について$m \neq n$

のとき，

$$\int_0^T a_n \cos m\omega t \cos n\omega t dt = \frac{a_n}{2}\int_0^T \{\cos(m-n)\omega t + \cos(m+n)\omega t\}\, dt$$

$$= \frac{a_n}{2}\left[\frac{\sin(m-n)\omega t}{(m-n)\omega} + \frac{\sin(m+n)\omega t}{(m+n)\omega}\right]_0^{2\pi/\omega}$$

$$= 0 \tag{10.31}$$

$n = m$ のとき，

$$\int_0^T a_n \cos m\omega t \cos n\omega t dt = a_n \int_0^T \cos^2 n\omega t dt$$

$$= a_n \int_0^T \frac{1+\cos 2n\omega t}{2} dt$$

$$= a_n \left[\frac{t}{2} + \frac{\sin 2n\omega t}{4n\omega}\right]_0^{2\pi/\omega}$$

$$= a_n \frac{\pi}{\omega} = a_n \frac{T}{2} \tag{10.32}$$

また，$b_n \sin n\omega t$ の項について $m \neq n$ のとき，

$$\int_0^T b_n \cos m\omega t \sin n\omega t dt = \frac{b_n}{2}\int_0^T \{-\sin(m-n)\omega t + \sin(m+n)\omega t\}\, dt$$

$$= \frac{b_n}{2}\left[\frac{\cos(m-n)\omega t}{(m-n)\omega} + \frac{-\cos(m+n)\omega t}{(m+n)\omega}\right]_0^{2\pi/\omega}$$

$$= 0 \tag{10.33}$$

$n = m$ のとき，

$$\int_0^T b_n \cos m\omega t \sin n\omega t dt = b_n \int_0^T \sin n\omega t \cos n\omega t dt$$

$$= b_n \int_0^T \frac{\sin 2n\omega t}{2} dt$$

$$= b_n \left[\frac{-\cos 2n\omega t}{4n\omega}\right]_0^{2\pi/\omega}$$

$$= 0 \tag{10.34}$$

したがって，

$$a_n = \frac{2}{T}\int_0^T f(t)\cos n\omega t dt \tag{10.35}$$

同様に，式 (10.1) の両辺に $\sin m\omega t$ をかけて1サイクルについて積分すると次式が得られる．

$$b_n = \frac{2}{T}\int_0^T f(t)\sin n\omega t dt \tag{10.36}$$

したがって，フーリエ係数は式 (10.37) で与えられ，式 (10.14) と同じ結果が得られる．

$$\left.\begin{aligned} a_0 &= \frac{2}{T}\int_0^T f(t)dt \\ a_n &= \frac{2}{T}\int_0^T f(t)\cos n\omega t dt \\ b_n &= \frac{2}{T}\int_0^T f(t)\sin n\omega t dt \end{aligned}\right\} \tag{10.37}$$

コラム

フーリエ級数展開は，規則的な関数であるが三角関数で表すことができない場合に用いる．規則的な関数の振動数の n 倍（n は自然数）の振動数の正弦波と余弦波を合成することによって表すことができる．これを規則的でない一般の関数に応用したものが，次の第11章で示すフーリエ変換である．

第10章で学んだこと

○フーリエ級数　一般の周期関数を三角関数の和で表す

周期関数が奇関数または偶関数の場合にはすべての係数を求める必要はない．

第10章　演習問題

1. **問題図 10.1** に示す関数のフーリエ級数を求めよ.

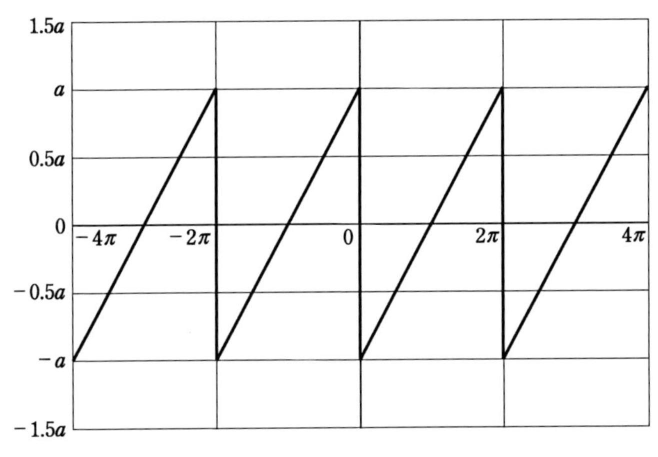

問題図 10.1

2. 問題 1 で得られたフーリエ級数を用いて問題図 10.1 に示す関数で表される入力を受ける減衰のある 1 自由度系の応答を求めよ.

第 11 章 不規則振動

地震・風・波浪や，機械や交通機関による振動・雑音などは明らかな時間の関数で表すことができない振動となる．このような振動を不規則振動という．不規則振動を入力として受ける構造物の応答も不規則振動となる．不規則振動は統計的に処理をしてその特徴をつかまなければならない．このような処理法について多くの参考書が発行されている．本書では，系を線形系に限定し，基礎的なことを紹介する．

11.1 不規則振動を表す基礎的な統計量

不規則振動の特徴は統計量で表される．よく用いられるものに，平均値 (mean value) または期待値 (expected value) がある．統計量で表されるような変数を確率変数 (random variable) という．**図 11.1** に示すように，確率変数を X として，その中の n 個の量 x_i ($i=1, 2, 3, \cdots, n$) が測定されたとする．平均値または期待値は次式で与えられる．

$$E[X]=\frac{\sum_{i=1}^{n} x_i}{n} \tag{11.1}$$

また，不規則な量がもつ広がりを表すために，次式で表される自乗平均値 (mean square value) もよく用いられる．

$$E[X^2]=\frac{\sum_{i=1}^{n} x_i^2}{n} \tag{11.2}$$

平均値まわりの自乗平均値は分散 (variance) とよばれ，次式で表される．

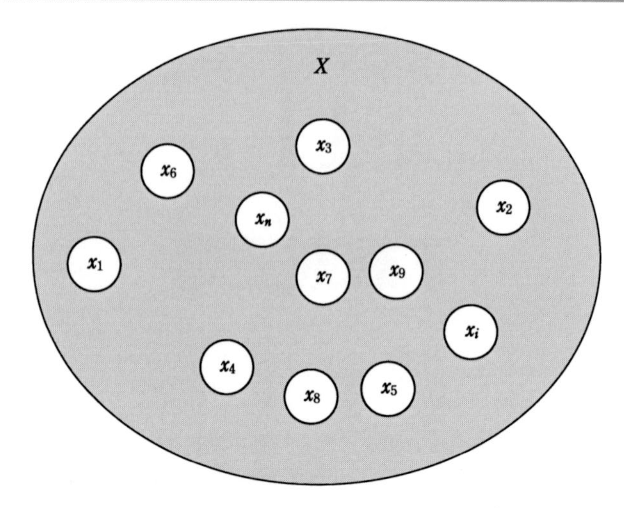

図 11.1　確率変数

$$\begin{aligned}\mathrm{Var}[X] &= E[(X-E[X])^2] \\ &= \frac{\sum_{i=1}^{n}(x_i-E[X])^2}{n} \\ &= E[X^2]-E[X]^2\end{aligned} \tag{11.3}$$

平均値が 0 の場合は自乗平均値と分散は等しくなる．分散の平方根をとったものは標準偏差 (standard deviation) とよばれる．

$$\sigma_X = \sqrt{\mathrm{Var}[X]} \tag{11.4}$$

また，次式のように標準偏差と平均値の比である変動係数または変異係数 (coefficient of variation) が使われることもある．

$$\nu_X = \frac{\sigma_X}{E[X]} \tag{11.5}$$

式 (11.2) の自乗平均値以上の次数の統計量も定義できる．しかしながら，この章で扱う線形不規則振動であれば，自乗平均値で十分にその特性を評価できる．したがって，ここでは自乗平均値までについて述べることにする．

11.2 確率密度関数

n 個の量 x_i に対して各 x_i が区間 Δx_j に入る数を頻度とよび，それを**図 11.2** に示すような棒グラフで表したものがヒストグラムである．頻度を n で割った値がその区間に入る確率（probability）である．j 番目の区間に入る確率を P_j とし，区間の数を m とすると，

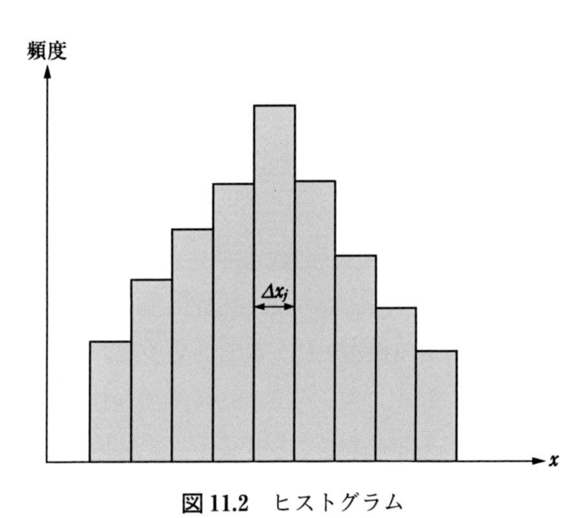

図 11.2 ヒストグラム

$$\sum_{j=1}^{m} P_j = 1 \tag{11.6}$$

Δx_j を小さくすると図 11.2 は曲線になる．この場合の頻度を n で割って得られる関数 $p(x)$ を確率密度関数（probability density function）とよぶ．この場合，式（11.6）は次式のようになる．

$$\int_{-\infty}^{\infty} p(x)dx = 1 \tag{11.7}$$

また，式（11.1）で与えられる平均値および式（11.2）で表される自乗平均値はそれぞれ，

$$E[X] = \int_{-\infty}^{\infty} xp(x)dx \tag{11.8}$$

$$E[X^2] = \int_{-\infty}^{\infty} x^2 p(x) dx \tag{11.9}$$

また，$X \leqq x$ となる確率を表す関数 $P(x)$ を確率分布関数（probability distribution function）という．確率分布関数と確率密度関数の間には次の関係がある．

$$P(x) = \int_{-\infty}^{x} p(x) dx \tag{11.10}$$

11.3　定常確率過程とエルゴード確率過程

不規則振動は確率過程（random process）ともよばれ，その特徴は，**図 11.3** に示すような同一条件で測定された多数の波形を統計処理することによって明らかにされる．図 11.3 全体を母集団（ensemble），個々の波形をサンプル関数とよぶ．同一時刻 t_1 における振幅 $x_i(t_1)$ を x_i と書くと，x_i の平均値および自乗平均値はそれぞれ式 (11.1) および式 (11.2) で与えられる．統計量は別の時刻，たとえば t_2 においても求めることができる．平均値と自乗平均値がどの時刻においても等しいとき，母集団 $X(t)$ は定常確率過程（stationary random process）であるという（厳密には，これを弱定常確率過程という．3 乗，4 乗……の高次の平均値がどの時刻においても等しいときに定常確率過程または強定常確率過程という．しかしながら，前述したように，自乗平均値まで考えれば十分であることが多い．）．

一方，統計量は時間軸方向に対しても求めることができる．時間軸方向に対する平均値および自乗平均値は，それぞれ次のようになる．

$$\langle x(t) \rangle = \lim_{T \to \infty} \frac{1}{T} \int_{0}^{T} x(t) dt \tag{11.11}$$

$$\langle x(t)^2 \rangle = \lim_{T \to \infty} \frac{1}{T} \int_{0}^{T} \{x(t)\}^2 dt \tag{11.12}$$

母集団に対する統計量と時間軸に対する統計量が等しいとき，$x(t)$ はエルゴード確率過程（ergodic random process）であるという．エルゴード確率

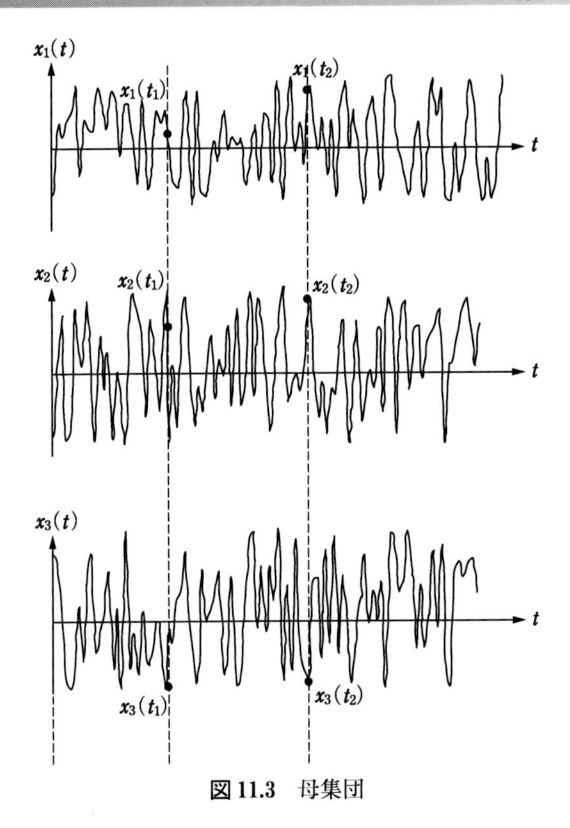

図 11.3　母集団

過程であればひとつのサンプル関数についての統計量を考えればよいことになる．多くの研究ではエルゴード確率過程として解析していることが多い．また，実際の不規則振動の測定で，多数のサンプル関数を測定することは困難であることが多く，エルゴード確率過程であるとして統計量を求めることが多い．

11.4　フーリエ変換

次式で表される積分を $x(t)$ のフーリエ変換（Fourier transform）とよぶ．

$$X(\omega)=\frac{1}{2\pi}\int_{-\infty}^{\infty}x(t)e^{-i\omega t}dt \tag{11.13}$$

一方，次式で表される積分をフーリエ逆変換（inverse Fourier transform）とよぶ.

$$x(t)=\int_{-\infty}^{\infty}X(\omega)e^{i\omega t}dt \tag{11.14}$$

フーリエ変換は第10章で学んだフーリエ級数を拡張したものである．時間領域の関数を周波数領域の関数に変換するものであり，不規則振動の解析によく用いられる．

11.5　相関関数とスペクトル密度

これまでに述べたことを応用して，不規則振動の特徴をつかむ方法を示す．

11.5.1　自己相関関数とパワースペクトル密度関数

母集団 $X(t)$ の n 個のサンプル関数 $x_i(t)$ ($i=1$，2，3，……，n) が測定されたとする．時刻 t_1 および t_2 における振幅それぞれ $x_i(t_1)$ と $x_i(t_2)$ の積の期待値は自己相関関数 (autocorrelation function) とよばれ，次式で表される．

$$R_X(t_1,t_2)=E[X(t_1)X(t_2)]$$

$$=\frac{\sum_{i=1}^{n}x_i(t_1)x_i(t_2)}{n} \tag{11.15}$$

定常確率過程のとき，自己相関関数は時間差 $\tau=t_2-t_1$ のみの関数となる．エルゴード確率過程のとき，

$$R_X(\tau)=\lim_{T\to\infty}\frac{1}{T}\int_{-T/2}^{T/2}x(t)x(t+\tau)dt \tag{11.16}$$

$\tau=0$ のとき，式 (11.16) は，

$$R_X(0)=\lim_{T\to\infty}\int_{-T/2}^{T/2}\{x(t)\}^2dt \tag{11.17}$$

この式は，式 (11.12) と等しい (定常確率過程ではどの時刻においても統計量が等しいから，積分はどの時刻から始めても同じである)．したがって，自己相関関数で $\tau=0$ とおくことによって，自乗平均値を求めることができる．自

己相関関数には次のような特徴がある．

$$R_X(\tau) = R_X(-\tau) \tag{11.18}$$

$$R_X(0) \geqq |R_X(\tau)| \tag{11.19}$$

すなわち，自己相関関数は偶関数であり，$\tau = 0$ で最大値をとる．

自己相関関数のフーリエ変換は，

$$S_X(\omega) = \frac{1}{2\pi}\int_{-\infty}^{\infty} R_X(\tau)e^{-i\omega\tau}d\tau \tag{11.20}$$

逆変換は，

$$R_X(\tau) = \int_{-\infty}^{\infty} S_X(\omega)e^{i\omega\tau}d\omega \tag{11.21}$$

$S_X(\omega)$ はパワースペクトル密度関数（power spectral density function）とよばれ，不規則振動が含んでいる周波数成分を表す．式（11.20）と式（11.21）の関係をウィーナー・ヒンチンの関係（Wiener-Khintchine formulas）という．式（11.21）で $\tau = 0$ とおくと，

$$R_X(0) = \int_{-\infty}^{\infty} S_X(\omega)d\omega \tag{11.22}$$

式（11.22）の右辺はパワースペクトル密度関数のグラフと横軸で囲まれる面積となり，式（11.17）からこれが自乗平均値に等しいことを示している．

自己相関関数およびパワースペクトル密度関数はいずれも偶関数である．とくにパワースペクトル密度関数で $\omega > 0$ の領域のみで定義することがある．$\omega > 0$ で定義されたパワースペクトル密度関数を $G_X(\omega)$ とすると，

$$G_X(\omega) = 2S_X(\omega) \quad ; \quad \omega > 0 \tag{11.23}$$

$G_X(\omega)$ と $S_X(\omega)$ の関係を**図 11.4** に示す．自己相関関数 $R_X(\tau)$ が偶関数であることを考慮すると，式（11.20）および式（11.21）はそれぞれ次のようになる．

$$G_X(\omega) = \frac{2}{\pi}\int_{0}^{\infty} R_X(\tau)e^{-i\omega\tau}d\tau \tag{11.24}$$

$$R_X(\tau) = \int_{0}^{\infty} G_X(\omega)e^{i\omega\tau}d\omega \tag{11.25}$$

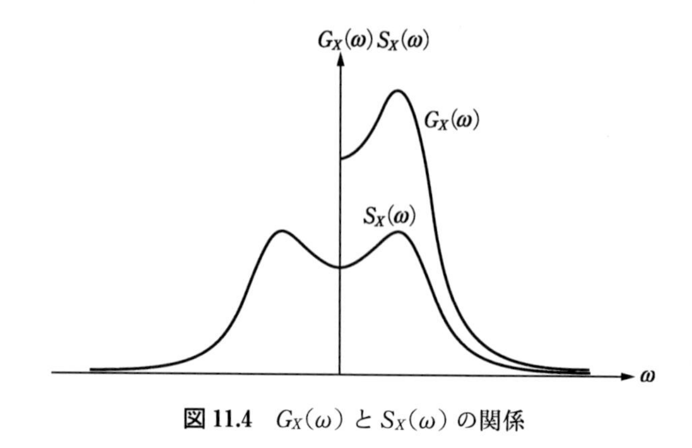

図 11.4　$G_X(\omega)$ と $S_X(\omega)$ の関係

11. 5. 2　不規則過程の種類

・白色雑音またはホワイトノイズ（white noise）

$S_X(\omega) = S_0$ である不規則波のことで，すべての周波数成分を均等に含むため非常に不規則性が強い．

・広帯域不規則過程（wide band random process）

$S_X(\omega)$ の広がりが比較的広い不規則波で，多くの周波数成分を含む．

・狭帯域不規則過程（narrow band random process）

$S_X(\omega)$ の広がりが比較的狭い不規則波で，特定の周波数成分を多く含む．

表 11.1 にそれぞれの波形，自己相関関数，パワースペクトル密度関数の例を示す．

11. 6　線形系の不規則振動

ある系の応答が不規則になる場合として，1) 振動系のパラメータの値が変動する場合，2) 入力が不規則振動である場合がある．1) の場合に対しては，摂動法を用いた方法などが提案されている．ここでは 2) の場合について述べる．この場合の不規則振動特性を求める際には，平均値は 0 とし，自乗平均値

表 11.1　不規則振動の波形・自己相関関数・パワースペクトル密度関数

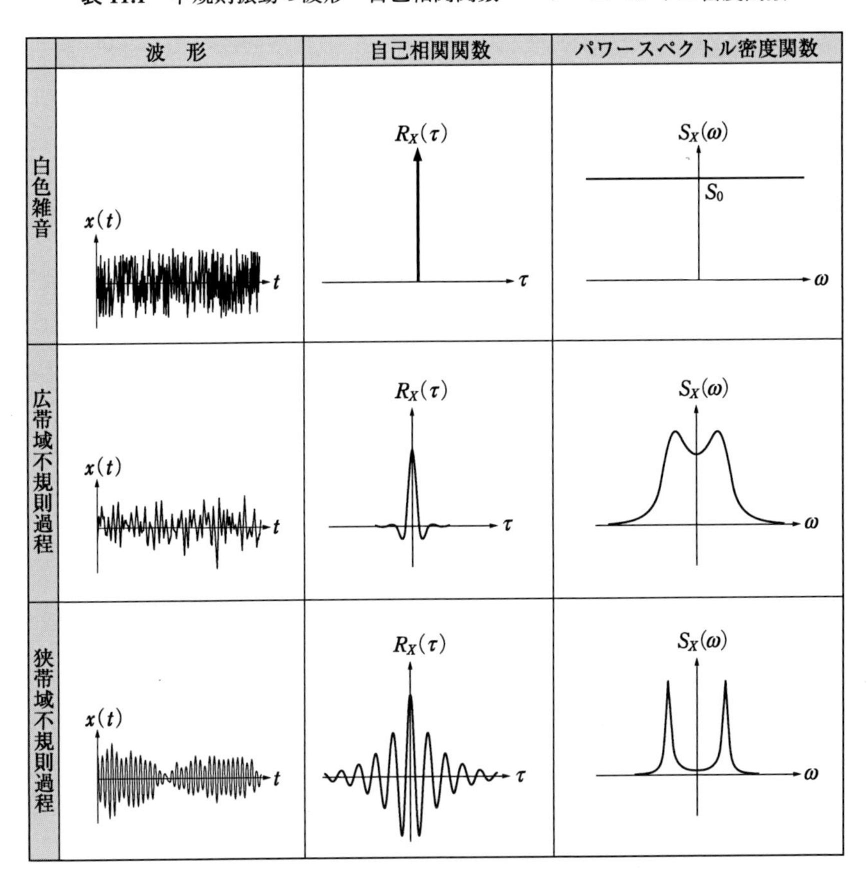

(分散) または必要に応じてパワースペクトル密度関数が求められる場合が多い.

11.6.1　不規則振動応答特性の求め方

任意の入力 $f(t)$ を受ける系の応答 $x(t)$ は,

$$x(t)=\int_0^t h(t-\xi)f(\xi)d\xi \tag{11.26}$$

ここで, $h(t)$ は単位インパルス応答関数 (unit impulse response function) である.

式 (11.26) をフーリエ変換すると，

$$X(\omega) = H(\omega)F(\omega) \tag{11.27}$$

ここで，$H(\omega)$ は周波数応答関数 (frequency response function) である．$h(t)$ と $H(\omega)$ は次のようにフーリエ変換の対になっている．

$$H(\omega) = \int_{-\infty}^{\infty} h(t)e^{-i\omega t}dt \tag{11.28}$$

$$h(t) = \frac{1}{2\pi}\int_{-\infty}^{\infty} H(\omega)e^{i\omega t}d\omega \tag{11.29}$$

入力 $f(t)$ が定常確率過程の場合の応答の自己相関関数は，

$$\begin{aligned} R_X(\tau) &= E\left[\int_0^t h(t-\xi)f(\xi)d\xi\int_0^{t+\tau} h(t+\tau-\eta)f(\eta)d\eta\right] \\ &= \int_{-\infty}^{\infty}\int_{-\infty}^{\infty} h(\lambda)h(\mu)E[f(t-\lambda)f(t+\tau-\mu)]\,d\mu d\lambda \\ &= \int_{-\infty}^{\infty}\int_{-\infty}^{\infty} h(\lambda)h(\mu)R_f(\tau+\lambda-\mu)\,d\mu d\lambda \end{aligned} \tag{11.30}$$

ここでは，$\lambda = t - \xi$，$\mu = t + \tau - \eta$ とし，積分と期待値の演算の順序を交換できることと，式 (11.26) の積分範囲を $-\infty$ から ∞ にできることを利用している．

不規則振動応答については一般に応答の自乗平均値が重要である．式 (11.30) に式 (11.28) を用いると，自己相関関数は，

$$R_X(\tau) = \int_{-\infty}^{\infty} |H(\omega)|^2 S_f(\omega)e^{i\omega\tau}d\omega \tag{11.31}$$

ここで，$S_f(\omega)$ は入力のパワースペクトル密度関数を表す．式 (11.31) で $\tau = 0$ とおくことによって応答の自乗平均値を求めることができる．また，応答のパワースペクトル密度関数を $S_X(\omega)$ とすると，

$$S_X(\omega) = |H(\omega)|^2 S_f(\omega) \tag{11.32}$$

11. 6. 2　1 自由度系の応答

図 11.5 に示す 1 自由度系の応答を考える．運動方程式は，

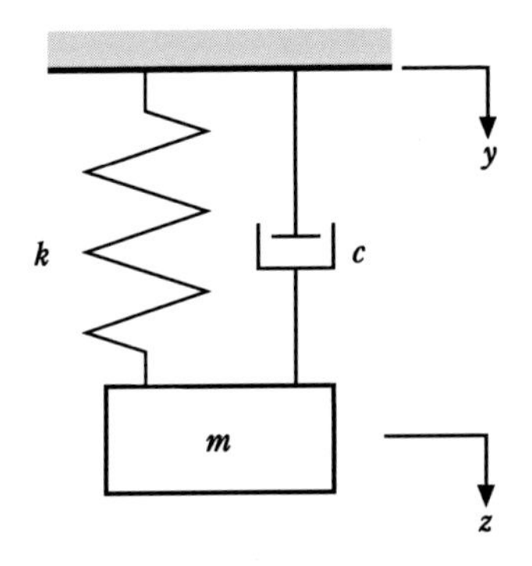

図 11.5 減衰のある 1 自由度系

$$m\ddot{z}+c(\dot{z}-\dot{y})+k(z-y)=0 \tag{11.33}$$

減衰比を ζ，固有円振動数を ω_n とすると，質点と入力端の相対変位 ($x=z-y$) に関する運動方程式は，

$$\ddot{x}+2\zeta\omega_n\dot{x}+\omega_n^2x=-\ddot{y} \tag{11.34}$$

この場合，加速度入力に対する相対変位応答の単位インパルス応答関数は，

$$h(t)=\frac{e^{-\zeta\omega_n t}}{\sqrt{1-\zeta^2}\,\omega_n}\sin\sqrt{1-\zeta^2}\,\omega_n t \tag{11.35}$$

であるから，式 (11.28) から相対変位応答と加速度入力に関する周波数応答関数は，

$$H(\omega)=\frac{1}{\omega_n^2-\omega^2+2\zeta\omega_n\omega i} \tag{11.36}$$

である．**図 11.6** に単位インパルス応答関数，**図 11.7** に周波数応答関数の絶対値 (振幅) と偏角 (位相角) の例を示す．

$\ddot{y}$ がパワースペクトル密度が S_0 で一定であるホワイトノイズであるとすると，応答のパワースペクトル密度関数は式 (11.32) から，

$$S_X(\omega)=\frac{S_0}{(\omega_n^2-\omega^2)^2+(2\zeta\omega_n\omega)^2} \tag{11.37}$$

であり，自己相関関数は式 (11.31) から，

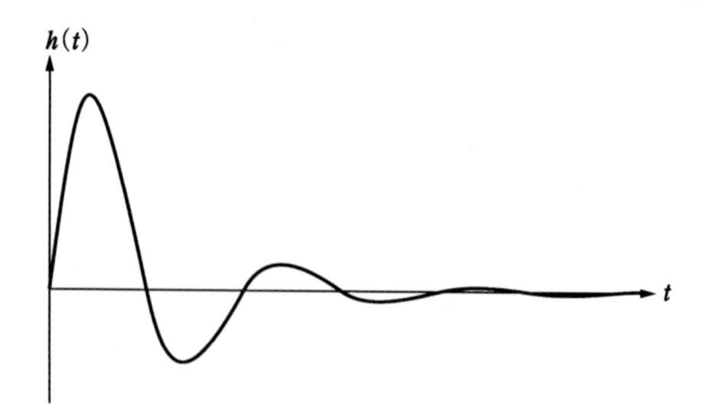

図 11.6　単位インパルス応答関数

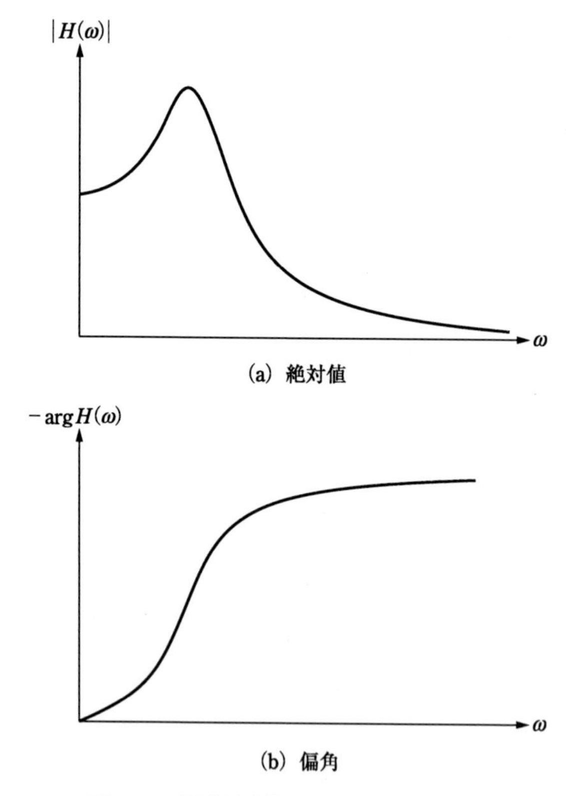

図 11.7　周波数応答関数の絶対値と偏角

$$R_X(\tau)=\frac{\pi S_0 e^{-\zeta\omega_n|\tau|}}{2\zeta\omega_n{}^3}\left(\cos\sqrt{1-\zeta^2}\,\omega_n|\tau|+\frac{\zeta}{\sqrt{1-\zeta^2}}\sin\sqrt{1-\zeta^2}\,\omega_n|\tau|\right) \tag{11.38}$$

応答の自乗平均値は $\tau=0$ とおくと，

$$R_X(0)=\sigma_x{}^2=\frac{\pi S_0}{2\zeta\omega_n{}^3} \tag{11.39}$$

相対速度 $\dot{X}$ の自己相関関数は，

$$R_{\dot{X}}(\tau)=-\frac{d^2}{d\tau^2}R_X(\tau) \tag{11.40}$$

したがって，

$$R_{\dot{X}}(\tau)=\frac{\pi S_0 e^{-\zeta\omega_n|\tau|}}{2\zeta\omega_n}\left(\cos\sqrt{1-\zeta^2}\,\omega_n|\tau|-\frac{\zeta}{\sqrt{1-\zeta^2}}\sin\sqrt{1-\zeta^2}\,\omega_n|\tau|\right) \tag{11.41}$$

相対速度 $\dot{X}$ の自乗平均値は $\tau=0$ とおくと，

$$R_{\dot{X}}(0)=\sigma_{\dot{X}}{}^2=\frac{\pi S_0}{2\zeta\omega_n} \tag{11.42}$$

また，X と $\dot{X}$ の相互相関関数は，

$$R_{X\dot{X}}(\tau)=\frac{d}{d\tau}R_X(\tau) \tag{11.43}$$

したがって，

$$R_{X\dot{X}}(\tau)=-\frac{\pi S_0 e^{-\zeta\omega_n|\tau|}}{2\sqrt{1-\zeta^2}\,\zeta\omega_n{}^2}\sin\sqrt{1-\zeta^2}\,\omega_n\tau \tag{11.44}$$

X と $\dot{X}$ の共分散は $\tau=0$ とおくと，

$$\kappa_{X\dot{X}}=0 \tag{11.45}$$

したがって，定常不規則振動では X と $\dot{X}$ は相関がない．**図 11.8** に $R_X(\tau)$，$R_{\dot{X}}(\tau)$ および $R_{X\dot{X}}(\tau)$ の例を示す．さらに，**図 11.9** にいくつかの減衰比 ζ と固有円振動数 ω_n に対する自己相関関数とパワースペクトル密度関数を示す．

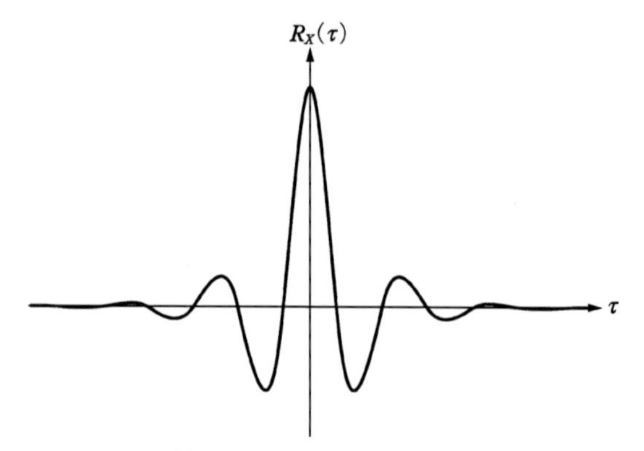

(a) 相対変位の自己相関関数

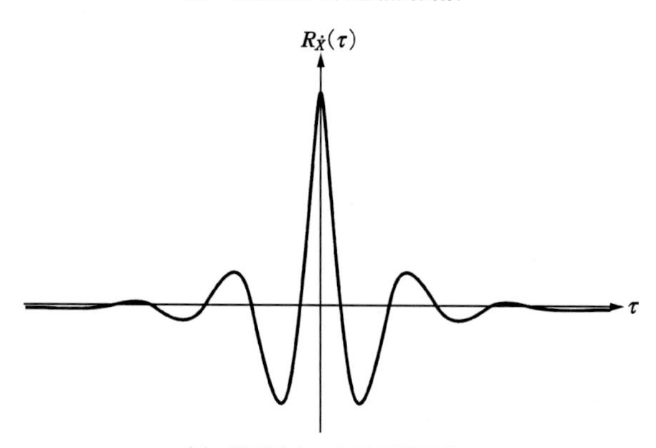

(b) 相対速度の自己相関関数

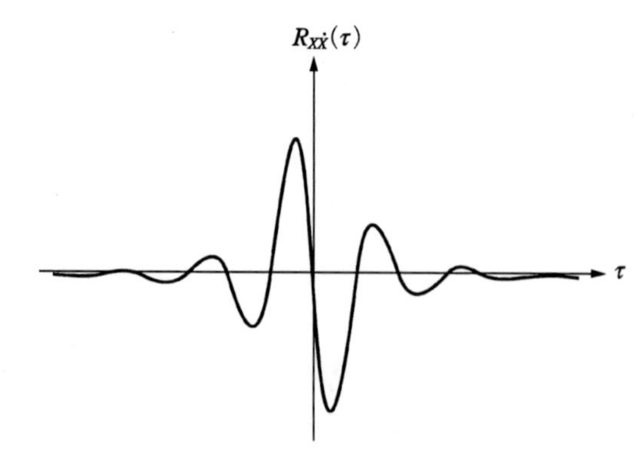

(c) 相対変位と相対速度の相互相関関数

図 11.8　自己相関関数と相互相関関数

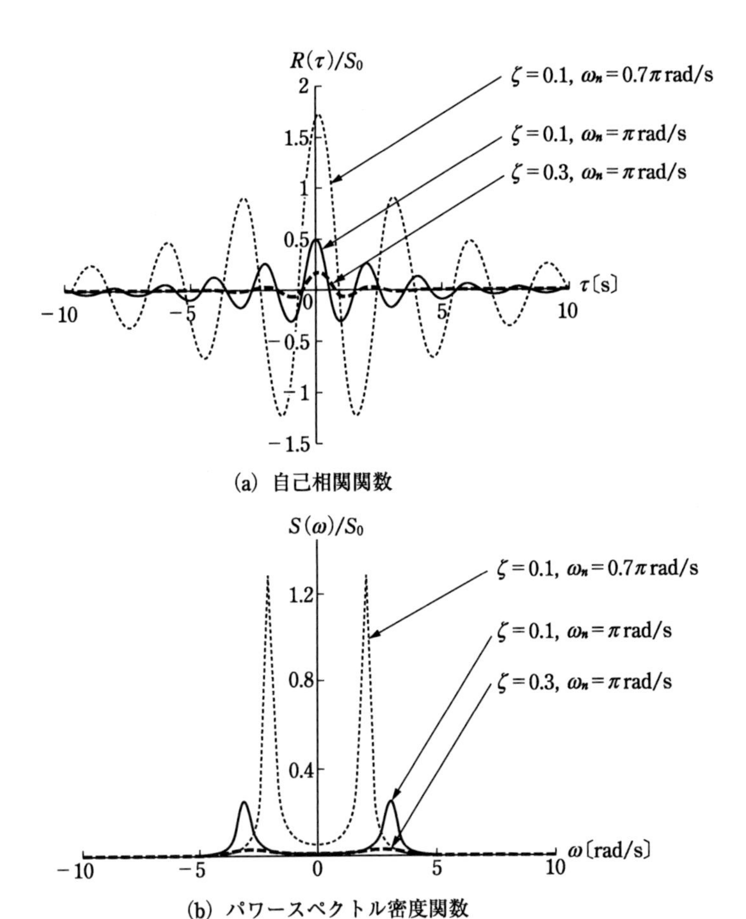

図 11.9 1 自由度系の応答の自己相関関数とパワースペクトル密度関数

コラム

不規則振動はその大きさで表す場合と周波数成分で表す場合がある．いずれにしても統計の知識が必要となる．周波数成分を求めるために用いたフーリエ変換は第 10 章で学んだフーリエ級数を一般化したものである．

第 11 章で学んだこと

○統計量（期待値・自乗平均値・分散・標準偏差）

○確率と確率密度関数

○確率過程（定常確率過程・エルゴード確率過程）

○フーリエ変換（時間領域の関数を周波数領域の関数に変換する）

○自己相関関数とパワースペクトル密度関数

第 11 章　演習問題

1. 確率密度関数が**問題図 11.1** で表される場合の，期待値・自乗平均値・分散・標準偏差を求めよ．

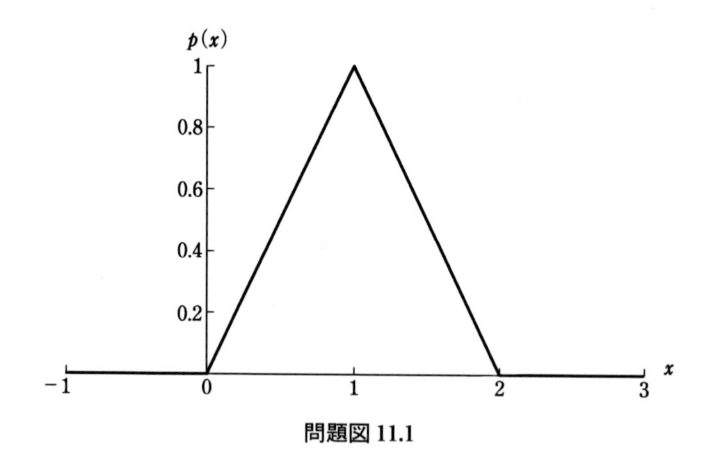

問題図 11.1

2. **問題図 11.2** で表される関数のフーリエ変換を求めよ．

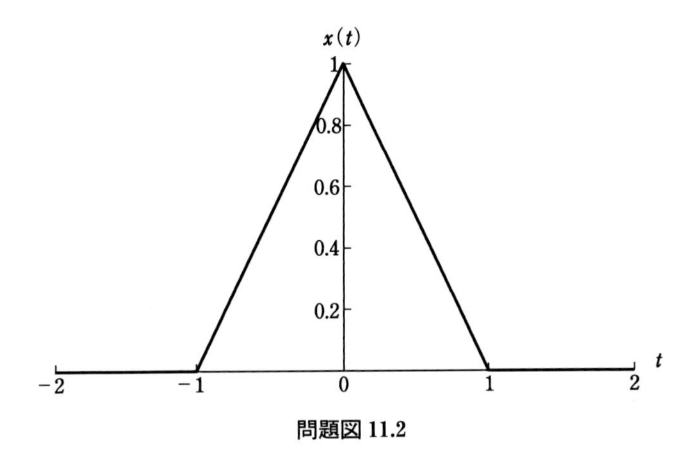

問題図 11.2

3. **問題図 11.3** の 1 自由度系への加速度入力が平均値が 0 でパワースペクトル密度が 20 $m^2/s^4/rad/s$ である定常白色雑音で表される．減衰比が 0.05，固有振動数が 10 Hz である場合，質点と入力の相対変位の自乗平均値を求めよ．

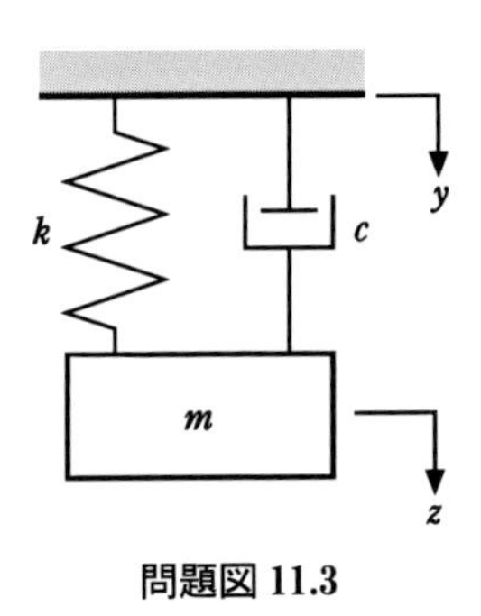

問題図 11.3

第 12 章

ラプラス変換を用いた振動解析

ラプラス変換は微分・積分を簡単に表すことが可能である．このことを応用することによって振動問題を解くことができる．これまでに学んできた振動に関する問題について，ラプラス変換を用いて解く方法を示す．

12.1 ラプラス変換

ラプラス変換は次の式で定義される．

$$F(s) = \mathcal{L}f(t) = \int_0^{\infty} f(t)e^{-st}dt \quad ; \quad t > 0 \tag{12.1}$$

s はラプラス演算子であり複素数である．ただし，実数として扱って計算してよいことが多い．

例題 12.1 $f(t) = 1$ のラプラス変換を求めよ．

解

式 (12.1) から，

$$F(s) = \int_0^{\infty} 1 \cdot e^{-st}dt$$

$$= \left[-\frac{e^{-st}}{s} \right]_0^{\infty}$$

$$= \lim_{t \to \infty}\left(-\frac{e^{-st}}{s} \right) + \frac{1}{s}$$

$$= \frac{1}{s}$$

表 12.1 に代表的なラプラス変換を示す.

表 12.1　代表的なラプラス変換

	$f(t)$	$F(s)$
1	1	$\frac{1}{s}$
2	t	$\frac{1}{s^2}$
3	t^n	$\frac{n!}{s^{n+1}}$
4	e^{-at}	$\frac{1}{s+a}$
5	$\sin \omega t$	$\frac{\omega}{s^2+\omega^2}$
6	$\cos \omega t$	$\frac{s}{s^2+\omega^2}$
7	$e^{-at} \sin \omega t$	$\frac{\omega}{(s+a)^2+\omega^2}$
8	$e^{-at} \cos \omega t$	$\frac{s+a}{(s+a)^2+\omega^2}$
9	$f'(t)$	$sF(s)-f(+0)$
10	$f''(t)$	$s^2F(s)-sf(+0)-f'(+0)$
11	$\int_0^t f(\tau)d\tau$	$\frac{1}{s}F(s)$
12	$\int_0^t f(t-\tau)g(\tau)d\tau$	$F(s)G(s)$
13	$\delta(t)$	1

この表で, $f(+0)$ および $f'(+0)$ は初期条件, $G(s)$ は $g(t)$ のラプラス変換を表す.

例題 12. 2　$f(t)=t$ のラプラス変換を求めよ.

解

式 (12.1) から,

$$F(s)=\int_0^{\infty} t\cdot e^{-st}dt$$

$$=\left[-\frac{te^{-st}}{s}\right]_0^{\infty}+\int_0^{\infty}\frac{e^{-st}}{s}dt$$

$$=\left[-\frac{e^{-st}}{s^2}\right]_0^{\infty}$$

$$=\lim_{t\to\infty}\left(-\frac{e^{-st}}{s^2}\right)+\frac{1}{s^2}$$

$$=\frac{1}{s^2}$$

12.2 ラプラス逆変換

ラプラス変換して得られた関数をもとの時間の関数に戻す演算をラプラス逆変換（inverse Laplace transform）という．ラプラス逆変換は次式の演算で求まる．

$$f(t)=\mathcal{L}^{-1}F(s)=\frac{1}{2\pi i}\int_{s-i\infty}^{s+i\infty}F(s)e^{st}ds \tag{12.2}$$

式 (12.2) はやや複雑であるが，振動に関してはラプラス変換した式を表 12.1 の公式 5 から 8 の形にするとラプラス逆変換をすることができる．

例題 12.3 次の式のラプラス逆変換を求めよ．

(1) $F(s)=\dfrac{2}{s^2+2s+5}$

(2) $F(s)=\dfrac{s+1}{s^2+2s+5}$

(3) $F(s)=\dfrac{s+5}{s^2+4s+8}$

解

(1) $F(s)=\dfrac{2}{s^2+2s+5}=\dfrac{2}{(s+1)^2+2^2}$

表12.1の公式7から，

$$f(t)=e^{-t}\sin 2t$$

(2) $F(s)=\dfrac{s+1}{s^2+2s+5}=\dfrac{s+1}{(s+1)^2+2^2}$

表12.1の公式8から，

$$f(t)=e^{-t}\cos 2t$$

(3) $F(s)=\dfrac{s+4}{s^2+4s+8}=\dfrac{s+2}{(s+2)^2+2^2}+\dfrac{2}{(s+2)^2+2^2}$

表12.1の公式7および8から，

$$f(t)=e^{-2t}\cos 2t+e^{-2t}\sin 2t$$

12.3 ラプラス変換を用いた1自由度系の自由振動の解法例

減衰がない1自由度系と減衰がある1自由度系の自由振動をラプラス変換を用いて求める方法を示す．

12.3.1 減衰のない1自由度系

図12.1に示す減衰のない1自由度系の運動方程式は式(2.8)から，

$$\ddot{x}+\omega_n^2x=0$$

$x(t)$ のラプラス変換を $X(s)$ とすると，式(2.8)のラプラス変換は，表12.1の公式10を用いると，

$$s^2X(s)-sx(+0)-x'(+0)+\omega_n^2X(s)=0 \tag{12.3}$$

初期条件として，$x(+0)=x_0$，$x'(+0)=v_0$ とすると，

$$s^2X(s)-sx_0-v_0+\omega_n^2X(s)=0 \tag{12.4}$$

したがって，

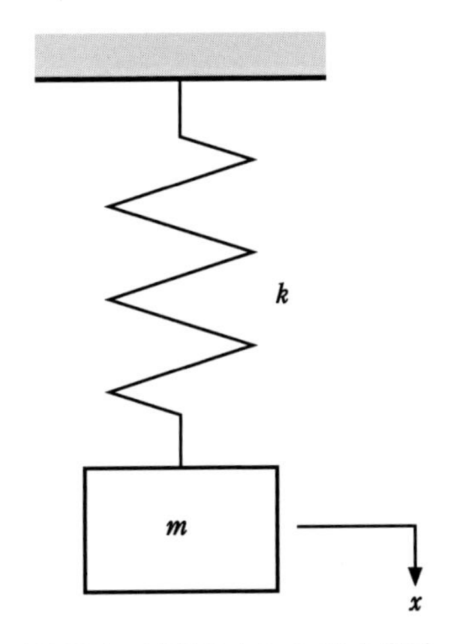

図 12.1　減衰のない1自由度系

$$(s^2+\omega_n^2)X(s) = sx_0+v_0 \tag{12.5}$$

この式を次のように表すことができる．

$$X(s) = \frac{sx_0}{s^2+\omega_n^2}+\frac{v_0}{s^2+\omega_n^2}$$

$$= x_0\frac{s}{s^2+\omega_n^2}+\frac{v_0}{\omega_n}\frac{\omega_n}{s^2+\omega_n^2} \tag{12.6}$$

表 12.1 の公式 7 および 8 から，

$$x(t) = x_0\cos\omega_n t+\frac{v_0}{\omega_n}\sin\omega_n t \tag{12.7}$$

したがって，式 (2.15) と同じ式が得られる．

12.3.2　減衰のある1自由度系

図 12.2 に示す減衰のある1自由度系の運動方程式は，式 (2.57) から，

$$\ddot{x}+2\zeta\omega_n\dot{x}+\omega_n^2x = 0$$

式 (2.57) のラプラス変換は，表 12.1 の公式 9 および 10 を用いると，

$$s^2X(s)-sx(+0)-x'(+0)+2\zeta\omega_n sX(s)-2\zeta\omega_n x(+0)+\omega_n^2X(s) = 0 \tag{12.8}$$

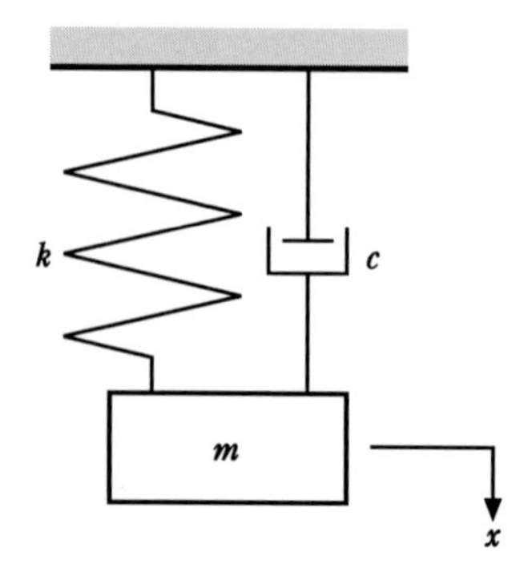

図 12.2　減衰のある 1 自由度系

初期条件として，$x(+0)=x_0$，$x'(+0)=v_0$ とすると，

$$s^2X(s)-sx_0-v_0+2\zeta\omega_n sX(s)-2\zeta\omega_n x_0+\omega_n^2X(s)=0 \tag{12.9}$$

したがって，

$$(s^2+2\zeta\omega_n s+\omega_n^2)X(s)=sx_0+v_0+2\zeta\omega_n x_0 \tag{12.10}$$

この式を次のように表すことができる．

$$\begin{aligned}X(s)&=\frac{sx_0}{s^2+2\zeta\omega_n s+\omega_n^2}+\frac{v_0+2\zeta\omega_n x_0}{s^2+2\zeta\omega_n s+\omega_n^2}\\&=x_0\frac{s+\zeta\omega_n}{(s+\zeta\omega_n)^2+\omega_n^2-\zeta^2\omega_n^2}-\frac{\zeta\omega_n x_0}{(s+\zeta\omega_n)^2+\omega_n^2-\zeta^2\omega_n^2}\\&\quad+\frac{v_0+2\zeta\omega_n x_0}{(s+\zeta\omega_n)^2+\omega_n^2-\zeta^2\omega_n^2}\\&=x_0\frac{s+\zeta\omega_n}{(s+\zeta\omega_n)^2+(\sqrt{1-\zeta^2}\,\omega_n)^2}\\&\quad+\frac{v_0+\zeta\omega_n x_0}{\sqrt{1-\zeta^2}\,\omega_n}\cdot\frac{\sqrt{1-\zeta^2}\,\omega_n}{(s+\zeta\omega_n)^2+(\sqrt{1-\zeta^2}\,\omega_n)^2}\end{aligned} \tag{12.11}$$

表 12.1 の公式 7 および 8 から，

$$x(t)=e^{-\zeta\omega_n t}\left(x_0\cos\sqrt{1-\zeta^2}\,\omega_n t+\frac{v_0+\zeta\omega_n x_0}{\sqrt{1-\zeta^2}\,\omega_n}\sin\sqrt{1-\zeta^2}\,\omega_n t\right) \tag{12.12}$$

したがって，式 (2.67) および式 (2.69) の結果と同じになる．

12.4　衝撃入力を受ける1自由度系の振動の解法例

図 12.3 に示す減衰のない1自由度系が静止している状態から**図 12.4** に示す単位インパルス入力が作用するときの応答をラプラス変換を用いて求める．このときの運動方程式は，

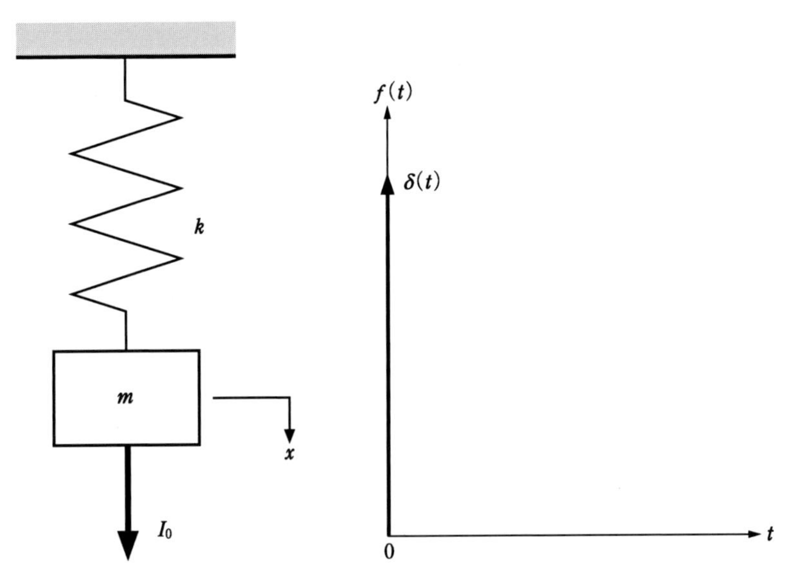

図 12.3　衝撃的な力を受ける減衰のない1自由度系

図 12.4　単位インパルス関数

$$\ddot{x}+\omega_n{}^2x=\frac{f(t)}{m} \tag{12.13}$$

であり，$f(t)=\delta(t)$ である．表 12.1 の公式 10 および 13 を用いて両辺をラプラス変換すると，

$$s^2X(s)-sx(+0)-x'(+0)+\omega_n{}^2X(s)=\frac{1}{m} \tag{12.14}$$

静止している状態からインパルス入力を受けるから，初期条件は，$x(+0)=0$，$x'(+0)=0$ である．したがって，

$$s^2X(s)+\omega_n^2X(s)=\frac{1}{m} \tag{12.15}$$

であるから，

$$X(s)=\frac{1}{m}\cdot\frac{1}{s^2+\omega_n^2}=\frac{1}{m\omega_n}\cdot\frac{\omega_n}{s^2+\omega_n^2} \tag{12.16}$$

表12.1の公式5を用いると，

$$x(t)=\frac{1}{m\omega_n}\sin\omega_n t \tag{12.17}$$

となり，式(4.5)の結果と同じになる．上の式を微分して速度を求めると，

$$x'(t)=\frac{1}{m}\cos\omega_n t \tag{12.18}$$

となり，$t=0$を代入すると，$x'(0)=1/m$となり，$x'(+0)=0$とおいたこととと矛盾する．これは，力が作用する直前は$x'(+0)=0$であり，力が作用した瞬間に$x'(0)=1/m$となることを示している．したがって矛盾するものではない．

例題 **12.4**　図12.3に示す減衰のない1自由度系が静止している状態から図**12.5**に示すステップ入力が作用するときの応答をラプラス変換を用いて求めよ．

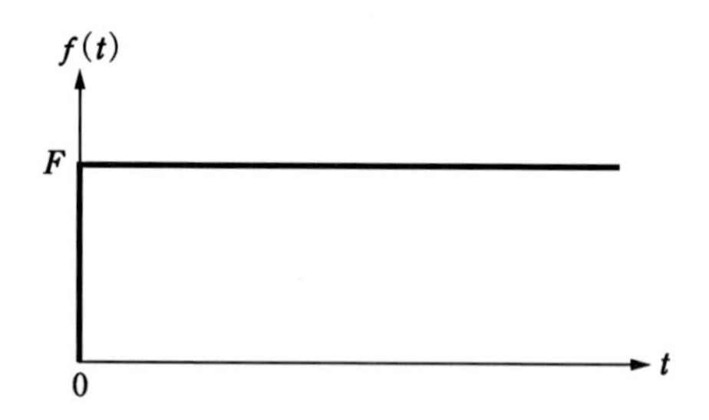

図12.5　ステップ入力

解

このときの運動方程式は，

$$\ddot{x}+\omega_n^2x=\frac{F}{m}$$

静止している状態からステップ入力を受けるから，初期条件は，$x(+0)=0$，$x'(+0)=0$ である．このことを考慮して運動方程式の両辺をラプラス変換すると，

$$s^2X(s)+\omega_n{}^2X(s)=\frac{F}{ms}$$

したがって，

$$X(s)=\frac{F}{m}\cdot\frac{1}{s}\cdot\frac{1}{s^2+\omega_n{}^2}$$

$$=\frac{F}{m\omega_n{}^2}\left(\frac{1}{s}-\frac{s}{s^2+\omega_n{}^2}\right)$$

したがって，表12.1の公式1および6を用いて，$\omega_n{}^2=k/m$ であることから，

$$x(t)=\frac{F}{m\omega_n{}^2}(1-\cos\omega_n t)$$

$$=\frac{F}{k}(1-\cos\omega_n t)$$

例題　**12.5**　図12.6に示す減衰のある1自由度系が静止している状態から図12.5に示すステップ入力が作用するときの応答をラプラス変換を用いて求めよ．

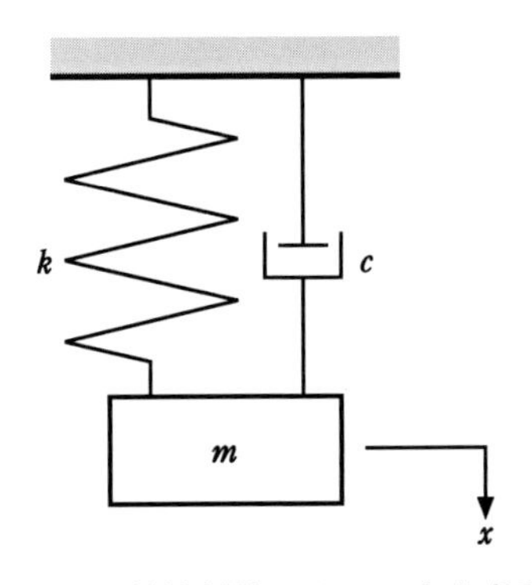

図12.6　粘性抵抗のある1自由度系

解

このときの運動方程式は，

$$\ddot{x}+2\zeta\omega_n\dot{x}+\omega_n^2x=\frac{F}{m}$$

静止している状態からステップ入力を受けるから，初期条件は，$x(+0)=0$，$x'(+0)=0$ である．このことを考慮して運動方程式の両辺をラプラス変換すると，

$$s^2X(s)+2\zeta\omega_n sX(s)+\omega_n^2X(s)=\frac{F}{ms}$$

したがって，

$$X(s)=\frac{F}{m}\cdot\frac{1}{s}\cdot\frac{1}{s^2+2\zeta\omega_n s+\omega_n^2}$$

$$=\frac{F}{m\omega_n^2}\left(\frac{1}{s}-\frac{s+2\zeta\omega_n}{s^2+2\zeta\omega_n s+\omega_n^2}\right)$$

$$=\frac{F}{m\omega_n^2}\left(\frac{1}{s}-\frac{s+\zeta\omega_n}{(s+\zeta\omega_n)^2+\omega_n^2-\zeta^2\omega_n^2}\right.$$

$$\left.-\frac{\zeta\omega_n}{\sqrt{1-\zeta^2}\,\omega_n}\cdot\frac{\sqrt{1-\zeta^2}\,\omega_n}{(s+\zeta\omega_n)^2+\omega_n^2-\zeta^2\omega_n^2}\right)$$

したがって，表 12.1 の公式 1，7 および 8 を用いて，$\omega_n^2=k/m$ であることから，

$$x(t)=\frac{F}{m\omega_n^2}\left(1-e^{-\zeta\omega_n t}\cos\sqrt{1-\zeta^2}\,\omega_n t-\frac{\zeta\omega_n}{\sqrt{1-\zeta^2}\,\omega}e^{-\zeta\omega_n t}\sin\sqrt{1-\zeta^2}\,\omega_n t\right)$$

$$=\frac{F}{k}\left(1-e^{-\zeta\omega_n t}\cos\sqrt{1-\zeta^2}\,\omega_n t-\frac{\zeta\omega_n}{\sqrt{1-\zeta^2}\,\omega_n}e^{-\zeta\omega_n t}\sin\sqrt{1-\zeta^2}\,\omega_n t\right)$$

12.5　強制振動入力を受ける 1 自由度系の振動の解法例

図 12.7 に示す $F_0\sin\omega t$ で表される外力を受ける 1 自由度系の定常振動を求

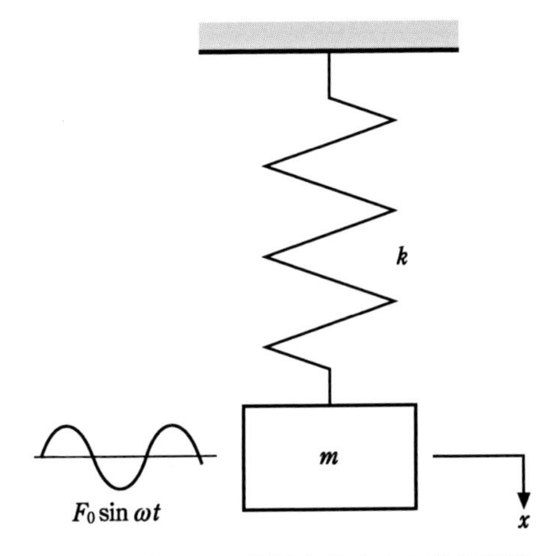

図 12.7 力による励振を受ける1自由度系

める．運動方程式は式 (3.2) から，

$$\ddot{x} + 2\zeta\omega_n \dot{x} + \omega_n^2 x = \frac{f(t)}{m} \tag{12.19}$$

ここで，$f(t) = F_0 \sin \omega t$ である．$f(t)$ のラプラス変換を $F(s)$ とする．

定常振動は次の手順で求める．

① 初期条件をすべて0として運動方程式をラプラス変換する．

② $s = i\omega$ とおく．ただし，$i = \sqrt{-1}$ である．

③ 絶対値をとることによって定常振動の振幅が求まる．

④ $\tan^{-1}$(虚数部/実数部) で位相角が求まる．

この手順で定常振動を求める．初期条件をすべて0として両辺をラプラス変換すると，

$$s^2 X(s) + 2\zeta\omega_n s X(s) + \omega_n^2 X(s) = \frac{F(s)}{m} \tag{12.20}$$

したがって，

$$(s^2 + 2\zeta\omega_n s + \omega_n^2) X(s) = \frac{F(s)}{m} \tag{12.21}$$

となり，

$$\frac{X(s)}{F(s)}=\frac{1}{m(s^2+2\zeta\omega_n s+\omega_n^2)} \tag{12.22}$$

$s=i\omega$ とおくと，

$$\frac{X(i\omega)}{F(i\omega)}=\frac{1}{m(\omega_n^2-\omega^2+2\zeta\omega_n\omega i)}$$

$$=\frac{(\omega_n^2-\omega^2)^2-2\zeta\omega_n\omega i}{m\{(\omega_n^2-\omega^2)^2+(2\zeta\omega_n\omega)^2\}} \tag{12.23}$$

両辺の絶対値をとると，

$$\frac{|X(i\omega)|}{|F(i\omega)|}=\frac{1}{m\sqrt{(\omega_n^2-\omega^2)^2+(2\zeta\omega_n\omega)^2}} \tag{12.24}$$

$|X(i\omega)|=X$，$|F(i\omega)|=F_0$ である．したがって，

$$X=\frac{1}{m\sqrt{(\omega_n^2-\omega^2)^2+(2\zeta\omega_n\omega)^2}}\cdot\frac{F_0}{m} \tag{12.25}$$

となって，式 (3.11) の第1式と同じになる．また，位相角は例題 1.5 から，

$$\phi=\tan^{-1}\frac{-2\zeta\omega_n\omega}{\omega_n^2-\omega^2}=-\tan^{-1}\frac{2\zeta\omega_n\omega}{\omega_n^2-\omega^2} \tag{12.26}$$

となり，式 (3.11) の第2式と同じになる．したがって，定常振動は次式のようになる．

$$x=X\sin(\omega t+\phi) \tag{12.27}$$

例題 **12. 6**　**図 12.8** に示すような $Y\sin\omega t$ で表される変位入力を受ける1自

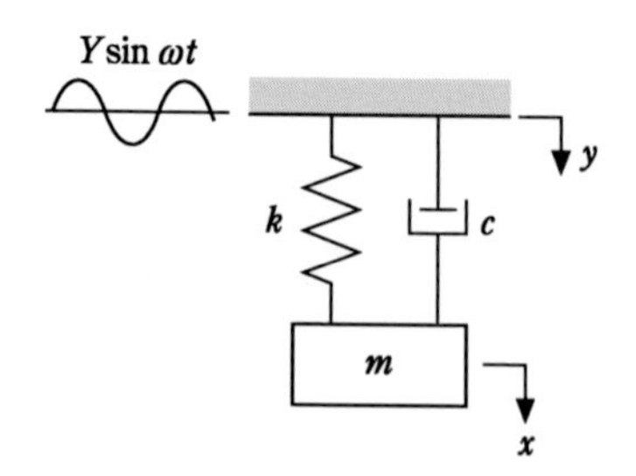

図 12.8　変位による励振を受ける1自由度系

由度系の定常振動の振幅と位相角を求めよ．

解

運動方程式は式 (3.17) から，

$$\ddot{x}+2\zeta\omega_n\dot{x}+\omega_n^2x=2\zeta\omega_n\dot{y}+\omega_n^2y$$

初期条件をすべて0として両辺をラプラス変換すると，

$$(s^2+2\zeta\omega_n s+\omega_n^2)X(s)=(2\zeta\omega_n s+\omega_n^2)Y(s)$$

したがって，

$$\frac{X(s)}{Y(s)}=\frac{2\zeta\omega_n s+\omega_n^2}{s^2+2\zeta\omega_n s+\omega_n^2}$$

$s=i\omega$ とおくと，

$$\frac{X(i\omega)}{Y(i\omega)}=\frac{\omega_n^2+2\zeta\omega_n\omega i}{\omega_n^2-\omega^2+2\zeta\omega_n\omega i}$$

両辺の絶対値をとると，

$$\frac{|X(i\omega)|}{|Y(i\omega)|}=\sqrt{\frac{\omega_n^4+(2\zeta\omega_n\omega)^2}{(\omega_n^2-\omega^2)^2+(2\zeta\omega_n\omega)^2}}$$

$|X(i\omega)|=X$，$|Y(i\omega)|=Y$ であるから，

$$X=\sqrt{\frac{\omega_n^4+(2\zeta\omega_n\omega)^2}{(\omega_n^2-\omega^2)^2+(2\zeta\omega_n\omega)^2}}\,Y$$

したがって，式 (3.27) の第1式と一致する．

偏角は式 (1.34) から，

$$\begin{aligned}\phi&=\tan^{-1}\left\{\frac{2\zeta\omega_n\omega(\omega_n^2-\omega^2)-2\zeta\omega_n^3\omega}{\omega_n^2(\omega_n^2-\omega^2)+(2\zeta\omega_n\omega)^2}\right\}\\&=\tan^{-1}\left\{\frac{-2\zeta\omega_n\omega^3}{\omega_n^2(\omega_n^2-\omega^2)+(2\zeta\omega_n\omega)^2}\right\}\\&=-\tan^{-1}\left\{\frac{-2\zeta\omega_n\omega^3}{\omega_n^2(\omega_n^2-\omega^2)+(2\zeta\omega_n\omega)^2}\right\}\end{aligned}$$

したがって，式 (3.27) の第2式と一致する．

コラム

ラプラス変換では，微分方程式を代数方程式にすることができる．このことによって，微分方程式を比較的簡単に解くことができる．ラプラス変換は自動制御で応答と入力の比である周波数伝達関数を表すためにも使われる．周波数伝達関数の分母が特性方程式で，固有振動数を求めるために用いる．

第 12 章で学んだこと

○ラプラス変換　微分方程式を代数方程式に変換する

○ラプラス逆変換　ラプラス変換で得られた代数方程式から時間領域の関数に変換する（ラプラス変換表を使う）

○自由振動および強制振動に応用することができる

第 12 章　演 習 問 題

1. 表 12.1のなかで，次に示すラプラス変換を証明せよ．

(1)　$\mathcal{L}(e^{-at}) = \dfrac{1}{s+a}$

(2)　$\mathcal{L}(\sin \omega t) = \dfrac{\omega}{s^2+\omega^2}$

2. 次の式のラプラス逆変換を求めよ．

(1)　$F(s) = \dfrac{2}{s^2+6s+13}$

(2)　$F(s) = \dfrac{s+2}{s^2+4s+5}$

(3)　$F(s) = \dfrac{s+3}{s^2+2s+5}$

3. **問題図 12.1** に示す 1 自由度系の定常振動応答振幅および位相角をラプラス変換を用いて求めよ.

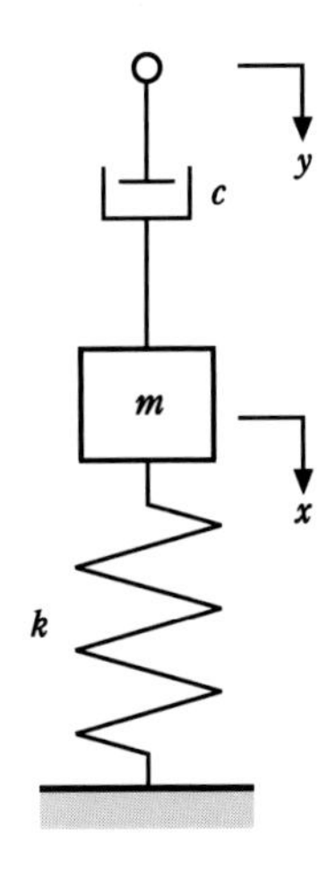

問題図 12.1

第 13 章 エネルギーを用いた振動解析

運動エネルギーおよびポテンシャルエネルギーを用いることによって，複雑な系の固有振動数や運動方程式を容易に求めることができる．本章では，このような，エネルギーを用いた振動解析について述べる．

13.1　エネルギーを用いた固有振動数の計算

外力が加わらなければ，運動エネルギーとポテンシャルエネルギーの和が一定となる (エネルギー保存則)．このことを利用して固有円振動数を求める．

13.1.1　減衰のない 1 自由度系

エネルギーを用いて**図 13.1** に示す減衰のない 1 自由度系の固有円振動数を求める．自由振動では質点の運動は式 (2.19) から，$x = a\cos(\omega_n t - \beta)$ で与えられる．式の展開を簡単にするために，自由振動を次式で表す．

$$x = a\sin\omega_n t \tag{13.1}$$

質点の運動エネルギー T は次式で与えられる．

$$T = \frac{1}{2}m\dot{x}^2 \tag{13.2}$$

式 (13.1) から，

$$\dot{x} = \omega_n a\cos\omega_n t \tag{13.3}$$

式 (13.3) を式 (13.2) に代入すると，

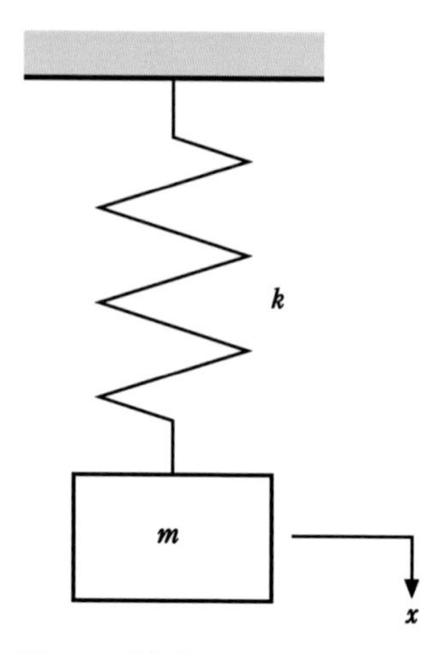

図 13.1　減衰のない 1 自由度系

$$T = \frac{1}{2} m\omega_n^2 a^2 \cos^2 \omega_n t \tag{13.4}$$

一方，ばねのポテンシャルエネルギーは，

$$U = \frac{1}{2} kx^2 \tag{13.5}$$

式 (13.1) を式 (13.5) に代入すると，

$$U = \frac{1}{2} ka^2 \sin^2 \omega_n t \tag{13.6}$$

式 (13.4) および式 (13.6) からそれぞれ運動エネルギーとポテンシャルエネルギーの最大値を求めると，

$$T_{\max} = \frac{1}{2} m\omega_n^2 a^2 \tag{13.7}$$

$$U_{\max} = \frac{1}{2} ka^2 \tag{13.8}$$

外力が作用しなければ運動エネルギーとポテンシャルエネルギーの和が一定となるから，両者の最大値は等しくなる．したがって，

$$T_{\max} = U_{\max} \tag{13.9}$$

式 (13.7) および式 (13.8) を式 (13.9) に代入すると,

$$\frac{1}{2}m\omega_n^2a^2 = \frac{1}{2}ka^2 \tag{13.10}$$

したがって,固有円振動数は,

$$\omega_n = \sqrt{\frac{k}{m}} \tag{13.11}$$

13.1.2 回転を伴う振動

図 13.2 に示す滑車とおもりからなる系の固有円振動数を求める.滑車の中心回りの慣性モーメントを I_O とすると,運動エネルギーは滑車の回転とおもりの直線運動によって生じる.全体の運動エネルギーは,

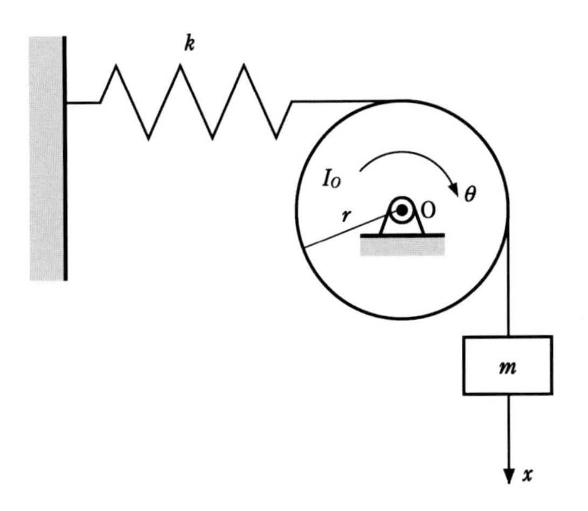

図 13.2 回転を伴う振動

$$T = \frac{1}{2}I_O\dot{\theta}^2 + \frac{1}{2}m\dot{x}^2 \tag{13.12}$$

回転運動に対しても並進 (直線) 運動に対しても運動エネルギーは同じ単位〔N•m〕をもつ.おもりの移動距離 x と滑車の角変位 θ との間には,滑車の半径を r とすると $x = r\theta$ の関係があるから,運動エネルギーは,

$$T=\frac{1}{2}I_O\dot{\theta}^2+\frac{1}{2}mr^2\dot{\theta}^2=\frac{1}{2}(I_O+mr^2)\dot{\theta}^2 \tag{13.13}$$

ポテンシャルエネルギーは,

$$U=\frac{1}{2}kr^2\theta^2 \tag{13.14}$$

自由振動における角変位は式 (13.1) と同様に次式で表される.

$$\theta=\Theta\sin\omega_n t \tag{13.15}$$

角速度は,

$$\dot{\theta}=\omega_n\Theta\cos\omega_n t \tag{13.16}$$

式 (13.15) および式 (13.16) をそれぞれ式 (13.13) および式 (13.14) に代入すると,

$$T=\frac{1}{2}(I_O+mr^2)\omega_n^2\Theta^2\cos^2\omega_n t \tag{13.17}$$

$$U=\frac{1}{2}kr^2\Theta^2\sin^2\omega_n t \tag{13.18}$$

式 (13.17) および式 (13.18) の最大値は，それぞれ次のようになる.

$$T_{\max}=\frac{1}{2}(I_O+mr^2)\omega_n^2\Theta^2 \tag{13.19}$$

$$U_{\max}=\frac{1}{2}kr^2\Theta^2 \tag{13.20}$$

式 (13.19) および式 (13.20) を式 (13.9) に代入すると,

$$\frac{1}{2}(I_O+mr^2)\omega_n^2\Theta^2=\frac{1}{2}kr^2\Theta^2 \tag{13.21}$$

固有円振動数は,

$$\omega_n=\sqrt{\frac{kr^2}{I_O+mr^2}} \tag{13.22}$$

13.1.3　連続体の振動

図 13.3 に示す密度が ρ，断面積が A，曲げ剛性が EI で，長さが l である一

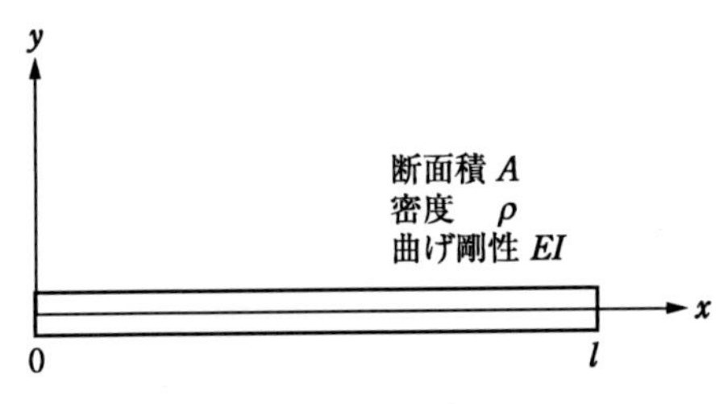

図 13.3　はり

様なはりの曲げ振動を例として，固有円振動数を求める方法を示す．この場合のはりの運動エネルギーは，

$$T=\frac{1}{2}\int_0^l \rho A\left(\frac{\partial y}{\partial t}\right)^2 dx \tag{13.23}$$

ポテンシャルエネルギーは，

$$U=\frac{1}{2}\int_0^l EI\left(\frac{\partial^2 y}{\partial x^2}\right)^2 dx \tag{13.24}$$

自由振動は式 (7.32) のようになるが，式 (13.1) と同様に次式で表す．

$$y=Y(x)\sin\omega_n t \tag{13.25}$$

式 (13.25) から，

$$\frac{\partial y}{\partial t}=\omega_n Y(x)\cos\omega_n t \tag{13.26}$$

式 (13.26) および式 (13.25) をそれぞれ式 (13.23) および式 (13.24) に代入すると，

$$T=\frac{1}{2}\omega_n^2\cos^2\omega_n t\int_0^l \rho A\{Y(x)\}^2 dx \tag{13.27}$$

$$U=\frac{1}{2}\sin^2\omega_n t\int_0^l EI\left\{\frac{\partial^2 Y(x)}{\partial x^2}\right\}^2 dx \tag{13.28}$$

それぞれ最大値は次のようになる．

$$T_{\max}=\frac{1}{2}\omega_n^2\int_0^l \rho A\{Y(x)\}^2 dx \tag{13.29}$$

$$U_{\max} = \frac{1}{2}\int_0^l EI\left\{\frac{\partial^2 Y(x)}{\partial x^2}\right\}^2 dx \tag{13.30}$$

式 (13.29) および式 (13.30) を式 (13.9) に代入すると，

$$\frac{1}{2}\omega_n{}^2\int_0^l \rho A\{Y(x)\}^2 dx = \frac{1}{2}\int_0^l EI\left\{\frac{\partial^2 Y(x)}{\partial x^2}\right\}^2 dx \tag{13.31}$$

したがって，

$$\omega_n{}^2 = \frac{\displaystyle\int_0^l EI\left\{\frac{\partial^2 Y(x)}{\partial x^2}\right\}^2 dx}{\displaystyle\int_0^l \rho A\{Y(x)\}^2 dx} \tag{13.32}$$

式 (13.32) の分子の偏微分は全微分とすることができる．また，一様なはりでは ρ，A，EI は一定であるから，

$$\omega_n{}^2 = \frac{\displaystyle EI\int_0^l \left\{\frac{d^2 Y(x)}{dx^2}\right\}^2 dx}{\displaystyle\rho A\int_0^l \{Y(x)\}^2 dx} \tag{13.33}$$

例題 13.1　**図 13.4** に示す長さが l，密度が ρ，断面積が A，曲げ剛性が EI である片持ちばりの自重によるたわみが次式で与えられ，これを式 (13.33) の $Y(x)$ として 1 次固有円振動数を求めよ．

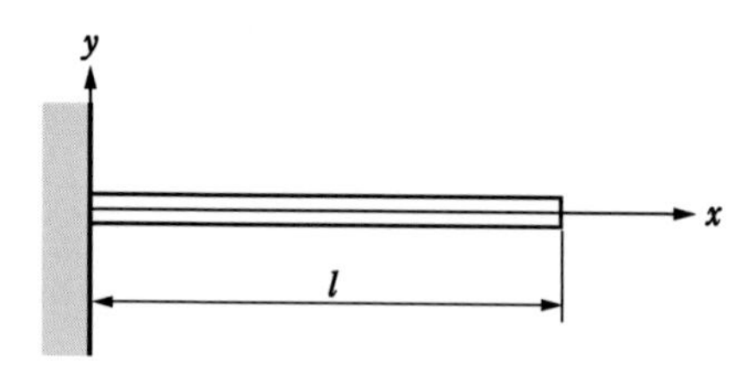

図 13.4　片持ちばり

$$Y(x) = \frac{\rho Ag}{24EI}(x^4 - 4lx^3 + 6l^2x^2)$$

解

$$\frac{d^2Y(x)}{dx^2} = \frac{\rho Ag}{2EI}(x^2 - 2lx + l^2)$$

であるから，式 (13.33) は次式のようになる.

$$\omega_n{}^2=\frac{144EI\int_0^l(x^2-2lx+l^2)^2dx}{\rho A\int_0^l(x^4-4lx^3+6l^2x^2)^2dx}$$

$$=\frac{144EI\int_0^l(x^4+4l^2x^2+l^4-4lx^3-4l^3x+2l^2x^2)\,dx}{\rho A\int_0^l(x^8+16l^2x^6+36l^4x^4-8lx^7-48l^3x^5+12l^2x^6)\,dx}$$

$$=\frac{144EI\left[\frac{x^5}{5}+\frac{4}{3}l^2x^3+l^4x-lx^4-2l^3x^2+\frac{2}{3}l^2x^3\right]_0^l}{\rho A\left[\frac{1}{9}x^9+\frac{16}{7}l^2x^7+\frac{36}{5}l^4x^5-lx^8-8l^3x^6+\frac{12}{7}l^2x^7\right]_0^l}$$

$$=\frac{144EI\left(\frac{3+20+15-15-30+10}{15}\right)l^5}{\rho A\left(\frac{35+720+2268-315-2520+540}{315}\right)l^9}$$

$$=\frac{144EI\left(\frac{1}{5}\right)l^5}{\rho A\left(\frac{728}{315}\right)l^9}$$

$$=\frac{12.46EI}{l^4}\frac{EI}{\rho A}$$

したがって，

$$\omega_n=\frac{3.53}{l^2}\sqrt{\frac{EI}{\rho A}}$$

1 次固有円振動数の厳密解は，例題 7. 3 の式 (18) で $\lambda_1=1.875$ であることから，

$$\omega_n=\frac{3.516}{l^2}\sqrt{\frac{EI}{\rho A}}$$

となり，厳密解とよく合う.

13.2　ラグランジュの方程式

ニュートンの運動の第2法則から，

$$m\ddot{x} = F_x \tag{13.34}$$

変位 x が次のように n 個の変数で表されるものとする．

$$x = x(q_1,\ q_2,\ \cdots\cdots,\ q_n) \tag{13.35}$$

ここで，q_1, q_2, ……, q_n を一般化座標とよぶ．式 (13.34) の両辺に $\partial x/\partial q_i$ を乗じると，

$$m\ddot{x}\frac{\partial x}{\partial q_i} = F_x\frac{\partial x}{\partial q_i} \tag{13.36}$$

式 (13.35) を t で微分すると，

$$\dot{x} = \frac{\partial x}{\partial q_i}\dot{q}_1 + \frac{\partial x}{\partial q_2}\dot{q}_2 + \cdots\cdots + \frac{\partial x}{\partial q_n}\dot{q}_n \tag{13.37}$$

さらに，一般化速度 $\dot{q}_i$ で偏微分すると，

$$\frac{\partial \dot{x}}{\partial \dot{q}_i} = \frac{\partial x}{\partial q_i} \tag{13.38}$$

したがって，

$$\ddot{x}\frac{\partial x}{\partial q_i} = \ddot{x}\frac{\partial \dot{x}}{\partial \dot{q}_1} = \frac{d}{dt}\left(\dot{x}\frac{\partial \dot{x}}{\partial \dot{q}_i}\right) - \dot{x}\frac{d}{dt}\left(\frac{\partial x}{\partial q_i}\right) \tag{13.39}$$

さらに，

$$\frac{d}{dt}\left(\frac{\partial x}{\partial q_i}\right) = \frac{\partial^2 x}{\partial q_1 \partial q_i}\dot{q}_1 + \frac{\partial^2 x}{\partial q_2 \partial q_i}\dot{q}_2 + \cdots\cdots + \frac{\partial^2 x}{\partial q_n \partial q_i}\dot{q}_n \tag{13.40}$$

式 (13.37) を q_i で偏微分すると，

$$\frac{\partial \dot{x}}{\partial q} = \frac{\partial^2 x}{\partial q_1 \partial q_i}\dot{q}_1 + \frac{\partial^2 x}{\partial q_2 \partial q_i}\dot{q}_2 + \cdots\cdots + \frac{\partial^2 x}{\partial q_n \partial q_i}\dot{q}_n \tag{13.41}$$

式 (13.40) と式 (13.41) の右辺は等しいから，

$$\frac{d}{dt}\left(\frac{\partial x}{\partial q_i}\right) = \frac{\partial \dot{x}}{\partial q} \tag{13.42}$$

したがって，式 (13.39) は，

$$\ddot{x}\frac{\partial x}{\partial q_i}=\frac{d}{dt}\left\{\frac{\partial}{\partial \dot{q}_i}\left(\frac{1}{2}\dot{x}^2\right)\right\}-\frac{\partial}{\partial q_i}\left(\frac{1}{2}\dot{x}^2\right) \tag{13.43}$$

式 (13.43) の両辺に m を乗じると，式 (13.36) の左辺は，

$$m\ddot{x}\frac{\partial x}{\partial q_i}=\frac{d}{dt}\left\{\frac{\partial}{\partial \dot{q}_i}\left(\frac{1}{2}m\dot{x}^2\right)\right\}-\frac{\partial}{\partial q_i}\left(\frac{1}{2}m\dot{x}^2\right) \tag{13.44}$$

ここで，運動エネルギーが，

$$T=\frac{1}{2}m\dot{x} \tag{13.45}$$

であることから，

$$m\ddot{x}\frac{\partial x}{\partial q_i}=\frac{d}{dt}\left(\frac{\partial T}{\partial \dot{q}_i}\right)-\frac{\partial T}{\partial q_i} \tag{13.46}$$

q_i が dq_i 変化するときに一般化力 Q_i によってなされる仕事は，

$$\delta W=F_x\frac{\partial x}{\partial q_i}\delta q_i=Q_i\delta q_i \tag{13.47}$$

となる．式 (13.46) および式 (13.47) を用いると，式 (13.36) は，

$$\frac{d}{dt}\left(\frac{\partial T}{\partial \dot{q}_i}\right)-\frac{\partial T}{\partial q_i}=Q_i \quad (i=1,\ 2,\ \cdots\cdots,\ n) \tag{13.48}$$

ポテンシャル関数 U を用いると，Q_i が保存力のとき，

$$Q_i=-\frac{\partial U}{\partial q_i} \tag{13.49}$$

したがって，式 (13.48) は，

$$\frac{d}{dt}\left(\frac{\partial T}{\partial \dot{q}_i}\right)-\frac{\partial T}{\partial q_i}+\frac{\partial U}{\partial q_i}=0 \quad (i=1,\ 2,\ \cdots\cdots,\ n) \tag{13.50}$$

非保存力 Q_i' が作用するときは，

$$\frac{d}{dt}\left(\frac{\partial T}{\partial \dot{q}_i}\right)-\frac{\partial T}{\partial q_i}+\frac{\partial U}{\partial q_i}=Q_i' \quad (i=1,\ 2,\ \cdots\cdots,\ n) \tag{13.51}$$

式 (13.50) および式 (13.51) をラグランジュの方程式 (Lagrangian equation) とよぶ．

13.3　ラグランジュの方程式の応用例

ラグランジュの方程式を用いて運動方程式を導く例を示す．

例題 13.2　**図13.5**に示す1自由度系の運動方程式を導け．

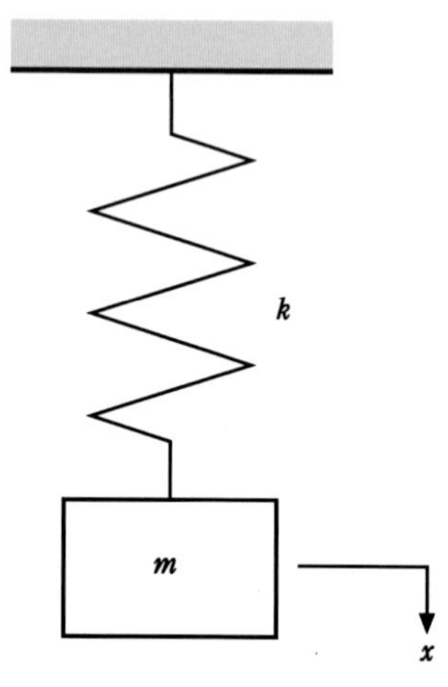

図13.5　1自由度系

解

運動エネルギーは，

$$T=\frac{1}{2}m\dot{x}^2$$

ポテンシャルエネルギーは，

$$U=\frac{1}{2}kx^2$$

この場合は x が一般化座標であるから，式(13.50)は，

$$\frac{d}{dt}\frac{\partial}{\partial \dot{x}}\left(\frac{1}{2}m\dot{x}^2\right)-\frac{\partial}{\partial x}\left(\frac{1}{2}m\dot{x}^2\right)+\frac{\partial}{\partial x}\left(\frac{1}{2}kx^2\right)=\frac{d}{dt}(m\dot{x})+kx$$

$$=m\ddot{x}+kx=0$$

したがって，減衰のない1自由度系の運動方程式が得られる．

例題　**13.3**　**図 13.6** に示す単振り子の運動方程式を導け．

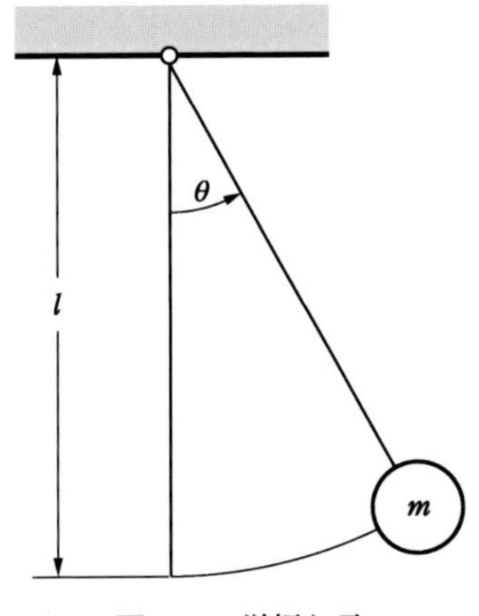

図 13.6　単振り子

解

運動エネルギーは，

$$T = \frac{1}{2} ml^2\dot{\theta}^2$$

ポテンシャルエネルギーは，

$$U = mgl(1-\cos\theta)$$

この場合は θ が一般化座標であるから，式 (13.50) は，

$$\frac{d}{dt}\frac{\partial}{\partial\dot{\theta}}\left(\frac{1}{2}ml^2\dot{\theta}^2\right) - \frac{\partial}{\partial\theta}\left(\frac{1}{2}ml^2\dot{\theta}^2\right) + \frac{\partial}{\partial\theta}\{mgl(1-\cos\theta)\}$$

$$= \frac{d}{dt}(ml^2\dot{\theta}) + mgl\sin\theta$$

$$= ml^2\ddot{\theta} + mgl\sin\theta = 0$$

したがって，単振り子の運動方程式が得られる．

例題　**13.4**　**図 13.7** に示す水平方向に動く 1 自由度系の質点に単振り子が取り付けられている系の運動方程式を求めよ．

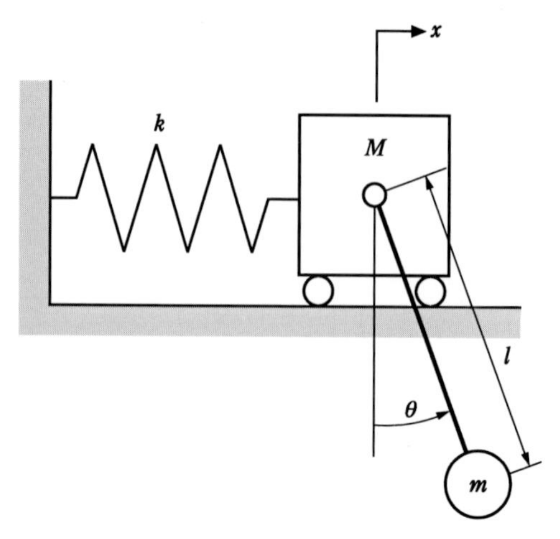

図 13.7　1自由度系に取り付けられた単振り子

解

運動エネルギーは,

$$T=\frac{1}{2}M\dot{x}^2+\frac{1}{2}m(\dot{x}+l\dot{\theta})^2$$

ポテンシャルエネルギーは,

$$U=\frac{1}{2}kx^2+mgl(1-\cos\theta)$$

一般化座標は x および θ であるから，式 (13.50) は,

$$\frac{d}{dt}\frac{\partial}{\partial\dot{x}}\left\{\frac{1}{2}M\dot{x}^2+\frac{1}{2}m(\dot{x}+l\dot{\theta})^2\right\}-\frac{\partial}{\partial x}\left\{\frac{1}{2}M\dot{x}^2+\frac{1}{2}m(\dot{x}+l\dot{\theta})^2\right\}$$

$$+\frac{\partial}{\partial x}\left\{\frac{1}{2}kx^2+mgl(1-\cos\theta)\right\}=0$$

$$\frac{d}{dt}\frac{\partial}{\partial\dot{\theta}}\left\{\frac{1}{2}M\dot{x}^2+\frac{1}{2}m(\dot{x}+l\dot{\theta})^2\right\}-\frac{\partial}{\partial\theta}\left\{\frac{1}{2}M\dot{x}^2+\frac{1}{2}m(\dot{x}+l\dot{\theta})^2\right\}$$

$$+\frac{\partial}{\partial\theta}\left\{\frac{1}{2}kx^2+mgl(1-\cos\theta)\right\}=0$$

したがって,

$$
\left.\begin{aligned}
&\frac{d}{dt}\{M\dot{x}+m(\dot{x}+l\dot{\theta})\}+kx=M\ddot{x}+m(\ddot{x}+l\ddot{\theta})+kx=0\\
&\frac{d}{dt}\{ml(\dot{x}+l\dot{\theta})\}+mg\sin\theta=ml(\ddot{x}+l\ddot{\theta})+mgl\sin\theta=0
\end{aligned}\right\}
$$

さらに整理すると,

$$
\left.\begin{aligned}
&(M+m)\ddot{x}+ml\ddot{\theta}+kx=0\\
&\ddot{x}+l\ddot{\theta}+g\sin\theta=0
\end{aligned}\right\}
$$

コラム

エネルギーを用いた振動解析で，運動エネルギーとポテンシャルエネルギーの最大値が等しいことを利用して固有振動数を求める方法，ラグランジュの運動方程式を用いて運動方程式を求める方法について学んだ．前者については固有振動数を求めるための近似解析法によく用いられている．後者は複雑な振動系の運動方程式を導くために用いられている．

第13章で学んだこと

○エネルギー保存則

運動エネルギーの最大値＝ポテンシャルエネルギーの最大値

固有振動数が求まる

○ラグランジュの方程式　運動方程式が求まる

第 13 章　演 習 問 題

1. **問題図 13.1** に示すおもりと滑車からなる系の固有円振動数を求めよ.

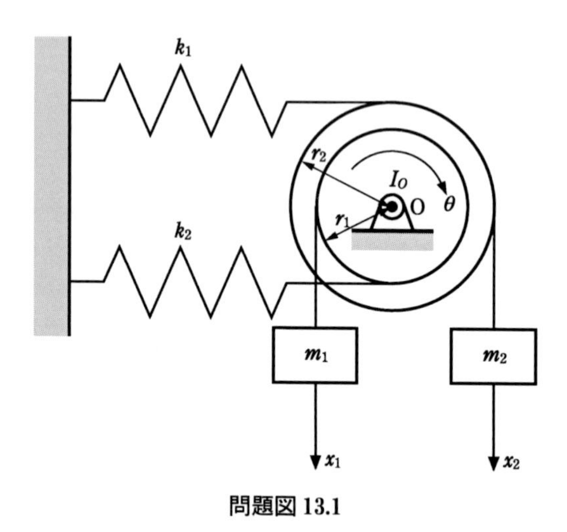

問題図 13.1

2. 両端が固定支持され，長さが l，曲げ剛性が EI，断面積が A，密度が ρ であるはりの自重によるたわみが次式で与えられることを利用して，曲げ振動の 1 次の固有円振動数を求めよ.

$$Y(x)=\frac{\rho gAl^4}{24EI}\left(\frac{x^2}{l^2}-\frac{2x^3}{l^3}+\frac{x^4}{l^4}\right)$$

また，はりの中央部に集中荷重 W が加わる場合のたわみが次式で与えられることを利用して曲げ振動の 1 次の固有円振動数を求め，比較せよ.

$$Y(x)=\begin{cases}\dfrac{Wl^3}{6EI}\left\{\dfrac{x^2}{l^2}-\dfrac{4x^3}{3l^3}\right\} & ;\ 0\leqq x\leqq\dfrac{l}{2}\\[2ex] \dfrac{Wl^3}{6EI}\left\{\dfrac{(l-x)^2}{l^2}-\dfrac{4(l-x)^3}{3l^3}\right\} & ;\ \dfrac{l}{2}\leqq x\leqq l\end{cases}$$

3. **問題図 13.2** に示す 2 つの振り子の運動方程式をラグランジュの運動方程式を用いて求めよ.

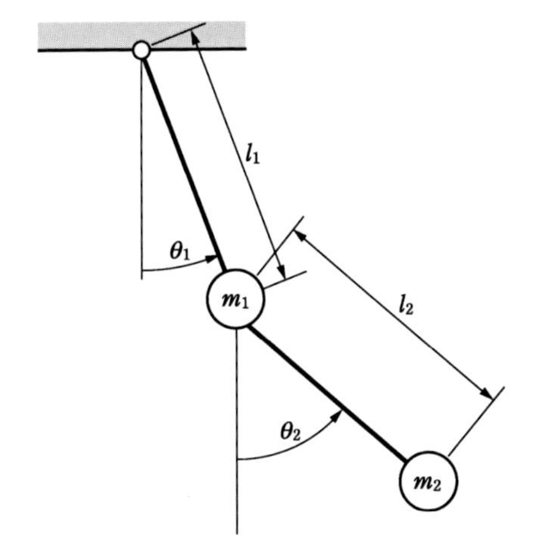

問題図 13.2

演習問題解答

第1章

1. $x=e^{\lambda t}$, $\dfrac{dx}{dt}=\lambda e^{\lambda t}$, $\dfrac{d^2x}{dt^2}=\lambda^2 e^{\lambda t}$ をそれぞれの式に代入する．

(1)　$(\lambda^2+6\lambda+9)e^{\lambda t}=0$

両辺を $e^{\lambda t}$ で割ると，

$$\lambda^2+6\lambda+9=0$$

解は，

$$\lambda^2+6\lambda+9=(\lambda+3)^2=0$$

したがって，

$$\lambda=-3$$

重根であるので，表 1.1 から，

$$x=(C_1+C_2t)e^{-3t}$$

(2)　$(2\lambda^2+4\lambda+3)e^{\lambda t}=0$

両辺を $e^{\lambda t}$ で割ると，

$$2\lambda^2+4\lambda+3=0$$

解は，

$$\lambda=\frac{-2\pm\sqrt{2}\,i}{2}$$

したがって，

$$\lambda_1=-1+\frac{\sqrt{2}}{2}i,\ \lambda_2=-1-\frac{\sqrt{2}}{2}i$$

虚根であるので，表 1.1 から，

$$x=e^{-t}\left(C_1\cos\frac{\sqrt{2}}{2}t+C_2\sin\frac{\sqrt{2}}{2}t\right)$$

(3)　$(3\lambda^2+5\lambda+2)e^{\lambda t}=0$

両辺を $e^{\lambda t}$ で割ると，

$$3\lambda^2+5\lambda+2=0$$

解は，

$$3\lambda^2+5\lambda+2=(3\lambda+2)(\lambda+1)=0$$

したがって，

$$\lambda_1 = -\frac{2}{3},\ \lambda_2 = -1$$

異なる 2 実根であるので，表 1.1 から，

$$x = C_1 e^{-\frac{2}{3}t} + C_2 e^{-t}$$

2. 式 (1.12) を使う．

$$|\boldsymbol{A}| = \begin{vmatrix} 2 & 2 & 3 & 4 \\ -1 & 2 & 1 & -2 \\ 3 & -1 & 2 & 1 \\ -2 & 1 & -2 & -3 \end{vmatrix}$$

$$= 2\begin{vmatrix} 2 & 1 & -2 \\ -1 & 2 & 1 \\ 1 & -2 & -3 \end{vmatrix} - 2\begin{vmatrix} -1 & 1 & -2 \\ 3 & 2 & 1 \\ -2 & -2 & -3 \end{vmatrix}$$

$$+3\begin{vmatrix} -1 & 2 & -2 \\ 3 & -1 & 1 \\ -2 & 1 & -3 \end{vmatrix} - 4\begin{vmatrix} -1 & 2 & 1 \\ 3 & -1 & 2 \\ -2 & 1 & -2 \end{vmatrix}$$

$$= 2\times(-12+1-4+4-3+4) - 2\times(6-2+12-8+9-2)$$

$$+3\times(-3-4-6+4+18+1) - 4\times(-2-8+3-2+12+2)$$

$$= -20-30+30-20 = -40$$

3. $|z| = \sqrt{2^2+3^2} = \sqrt{13}$，$|w| = \sqrt{4^2+(-1)^2} = \sqrt{17}$

したがって式 (1.33) から，

$$\left|\frac{z}{w}\right| = \frac{\sqrt{13}}{\sqrt{17}} = 0.87$$

偏角は式 (1.34) から，

$$\arg\left(\frac{z}{w}\right) = \tan^{-1}\left\{\frac{3\times4-2\times(-1)}{2\times4+3\times(-1)}\right\} = \tan^{-1}\left(\frac{14}{5}\right) = 70.3^\circ \quad (1.23\ \mathrm{rad})$$

第 2 章

1. 式 (2.9) から，固有円振動数は，

$$\omega_n = \sqrt{\frac{1\,000}{5}} = 14.1\ \ \mathrm{rad/s}$$

式 (2.21) から固有振動数は,

$$f_n = \frac{\omega_n}{2\pi} = 2.25\ \text{Hz}$$

式 (2.22) から固有周期は,

$$T_n = \frac{1}{f_n} = 0.44\ \text{s}$$

2. **解答図 2.2** のように棒が θ 回転した状態を考える.

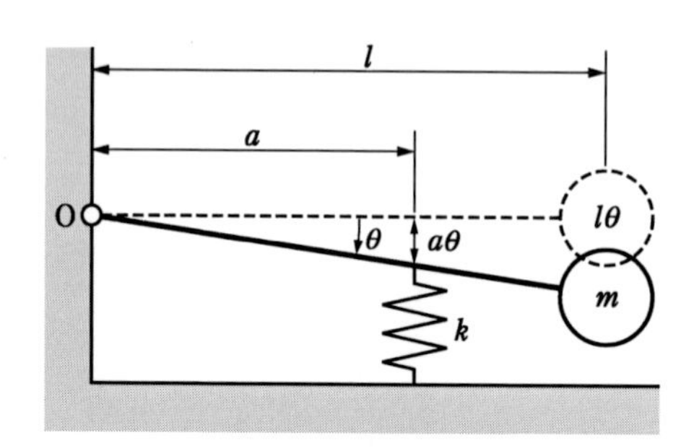

解答図 2.2

θ が小さいとおもりやばねの運動は直線運動で近似することができる. おもりは $l\theta$ 移動し, ばねは $a\theta$ 縮む.

おもりの移動によって生じる慣性力は $ml\ddot{\theta}$, ばねによって生じる力は $ka\theta$ であり, θ を減らす方向に作用する. それぞれの力によるモーメントを考えると, 式 (2.39) は次のようになる.

$$ml\ddot{\theta} \times l = -ka\theta \times a$$

したがって, 運動方程式は,

$$ml^2\ddot{\theta} + ka^2\theta = 0$$

両辺を ml^2 で割ると,

$$\ddot{\theta} + \frac{ka^2}{ml^2}\theta = 0$$

式 (2.43) と同様に考えると, 固有円振動数は,

$$\omega_n = \sqrt{\frac{ka^2}{ml^2}}$$

3. 式 (2.56) から減衰比は,

$$\zeta = \frac{500}{2\sqrt{20 \times 3 \times 10^6}} = 0.032$$

式 (2.9) から固有円振動数は，

$$\omega_n = \sqrt{\frac{3\times 10^6}{20}} = 387\ \mathrm{rad/s}$$

式 (2.72) から減衰固有円振動数は，

$$\omega_d = \sqrt{1-0.032^2}\times 387 = 387\ \mathrm{rad/s}$$

第3章

1. ばねによる力は質点と入力の相対変位に比例し，減衰による抵抗は質点の速度に比例する．いずれの力も仮定している変位の方向と反対方向に作用する．したがって，運動方程式は，

$$m\ddot{x} = -c\dot{x} - k(x-y)$$

この式から，

$$m\ddot{x} + c\dot{x} + k(x-y) = 0 \tag{1}$$

両辺を m で割り，入力の項を右辺に移項すると，

$$\ddot{x} + 2\zeta\omega_n\dot{x} + \omega_n^2 x = \omega_n^2 y \tag{2}$$

入力を $y = Y\sin\omega t$ とすると運動方程式は，

$$\ddot{x} + 2\zeta\omega_n\dot{x} + \omega_n^2 x = \omega_n^2 Y\sin\omega t \tag{3}$$

定常振動 x_s に着目する．x_s は次式で与えられる．

$$x_s = A\cos\omega t + B\sin\omega t \tag{4}$$

式 (4)を t で微分すると，

$$\dot{x}_s = -\omega A\sin\omega t + \omega B\cos\omega t \tag{5}$$

式 (5)を t で微分すると，

$$\ddot{x}_s = -\omega^2 A\cos\omega t - \omega^2 B\sin\omega t \tag{6}$$

式 (4)，式 (5) および式 (6) をそれぞれ式 (3) の x，$\dot{x}$ および $\ddot{x}$ に代入すると，

$$\begin{aligned}
&-\omega^2 A\cos\omega t - \omega^2 B\sin\omega t - 2\zeta\omega_n\omega A\sin\omega t + 2\zeta\omega_n\omega B\cos\omega t \\
&+\omega_n^2 A\cos\omega t + \omega_n^2 B\sin\omega t \\
&= \{(\omega_n^2-\omega^2)A + 2\zeta\omega_n\omega B\}\cos\omega t + \{-2\zeta\omega_n\omega A + (\omega_n^2-\omega^2)B\}\sin\omega t \\
&= \omega_n^2 Y\sin\omega t
\end{aligned} \tag{7}$$

式 (7) は恒等式であるから，両辺の $\sin\omega t$ と $\cos\omega t$ の係数が等しくなければならない．したがって，次の連立方程式が成り立つ．

$$\left.\begin{aligned}
&(\omega_n^2-\omega^2)A + 2\zeta\omega_n\omega B = 0 \\
&-2\zeta\omega_n\omega A + (\omega_n^2-\omega^2)B = \omega_n^2 Y
\end{aligned}\right\} \tag{8}$$

式 (8) を解くと,

$$\left.\begin{aligned} A &= \frac{-2\zeta\omega_n^3\omega}{(\omega_n^2-\omega^2)^2+(2\zeta\omega_n\omega)^2}Y \\ B &= \frac{(\omega_n^2-\omega^2)\omega_n^2}{(\omega_n^2-\omega^2)^2+(2\zeta\omega_n\omega)^2}Y \end{aligned}\right\} \tag{9}$$

式 (4) を次式のように書く.

$$\begin{aligned} x_s &= A\cos\omega t + B\sin\omega t \\ &= \sqrt{A^2+B^2}\left(\frac{B}{\sqrt{A^2+B^2}}\sin\omega t + \frac{A}{\sqrt{A^2+B^2}}\cos\omega t\right) \\ &= X\sin(\omega t+\phi) \end{aligned} \tag{10}$$

X および ϕ は次式で与えられる.

$$\left.\begin{aligned} X &= \frac{\sqrt{(-2\zeta\omega_n^3\omega)^2+(\omega_n^2-\omega^2)^2\omega_n^4}}{(\omega_n^2-\omega^2)^2+(2\zeta\omega_n\omega)^2}Y \\ &= \frac{\omega_n^2\sqrt{(2\zeta\omega_n\omega)^2+(\omega_n^2-\omega^2)^2}}{(\omega_n^2-\omega^2)^2+(2\zeta\omega_n\omega)^2}Y \\ &= \frac{\omega_n^2}{\sqrt{(\omega_n^2-\omega^2)^2+(2\zeta\omega_n\omega)^2}}Y \\ \phi &= \tan^{-1}\frac{A}{B} = \tan^{-1}\left\{\frac{-2\zeta\omega_n^3\omega}{(\omega_n^2-\omega^2)\omega_n^2}\right\} = -\tan^{-1}\left(\frac{2\zeta\omega_n\omega}{\omega_n^2-\omega^2}\right) \end{aligned}\right\} \tag{11}$$

2. 固有円振動数 ω_n は,

$$\omega_n = \sqrt{\frac{k}{m}} = \sqrt{\frac{9\times10^5}{10}} = 300 \ \ \text{rad/s}$$

減衰比 ζ は,

$$\zeta = \frac{c}{2\sqrt{mk}} = \frac{300}{2\sqrt{10\times9\times10^5}} = 0.05$$

入力の円振動数 ω は,

$$\omega = 2\pi f = 2\pi\times60 = 377 \ \ \text{rad/s}$$

定常振動応答の振幅は式 (3.11) の第 1 式から,

$$X = \frac{1}{\sqrt{(300^2-377^2)^2+(2\times0.05\times300\times377)^2}}\times\frac{1\,000}{10} = 1.87\times10^{-3}\ \text{m}$$

位相角は式 (3.11) の第 2 式から,

$$\phi = -\tan^{-1}\left(\frac{2\times0.05\times300\times377}{300^2-377^2}\right) = -\tan^{-1}\left(\frac{11\,310}{-52.1}\right) = -168°$$

3. 式 (3.28) の第1式から,

$$\frac{X}{Y} = \sqrt{\frac{1+\left(0.1\times\frac{\omega}{\omega_n}\right)^2}{\left\{1-\left(\frac{\omega}{\omega_n}\right)^2\right\}^2+\left(0.1\times\frac{\omega}{\omega_n}\right)^2}} \leqq 2$$

この式から,

$$1+\left(0.1\times\frac{\omega}{\omega_n}\right)^2 \leqq 4\left\{\left[1-\left(\frac{\omega}{\omega_n}\right)^2\right]^2+\left(0.1\times\frac{\omega}{\omega_n}\right)^2\right\}$$

$$1+0.01\times\left(\frac{\omega}{\omega_n}\right)^2 \leqq 4-8\times\left(\frac{\omega}{\omega_n}\right)^2+4\times\left(\frac{\omega}{\omega_n}\right)^4+0.04\times\left(\frac{\omega}{\omega_n}\right)^2$$

$$4\times\left(\frac{\omega}{\omega_n}\right)^4-7.97\times\left(\frac{\omega}{\omega_n}\right)^2+3 \geqq 0$$

したがって,

$$\left(\frac{\omega}{\omega_n}\right)^2 \geqq \frac{7.97+\sqrt{7.97^2-48}}{8} \text{ または } \left(\frac{\omega}{\omega_n}\right)^2 \leqq \frac{7.97-\sqrt{7.97^2-48}}{8}$$

であるから,

$$\frac{\omega}{\omega_n} \geqq 1.22 \text{ または } 0 < \frac{\omega}{\omega_n} \leqq 0.710$$

また, $\omega/\omega_n = f/f_n$ であるから,

$$\frac{f}{f_n} \geqq 1.22 \text{ または } 0 < \frac{f}{f_n} \leqq 0.710$$

$f_n = 20$ Hz であるから,

$$f \geqq 24.4 \text{ Hz または } 0 \text{ Hz} < f \leqq 14.2 \text{ Hz}$$

4. 式 (3.29) から,

$$Q = \frac{1}{1.063-0.922} = 7.09$$

したがって, 式 (3.32) から,

$$\zeta = \frac{1}{2\times7.09} = 0.07$$

第 4 章

1. 問題図 4.2 の入力は**解答図 4.1** に示す 2 つの入力の和で与えられる．2 つの関数は次式で表される．

$$f_1(t)=\begin{cases}0 & ;\ t<0\\ F_1 & ;\ t\geqq 0\end{cases}$$

$$f_2(t)=\begin{cases}0 & ;\ t<t_0\\ F_2-F_1 & ;\ t\geqq t_0\end{cases}$$

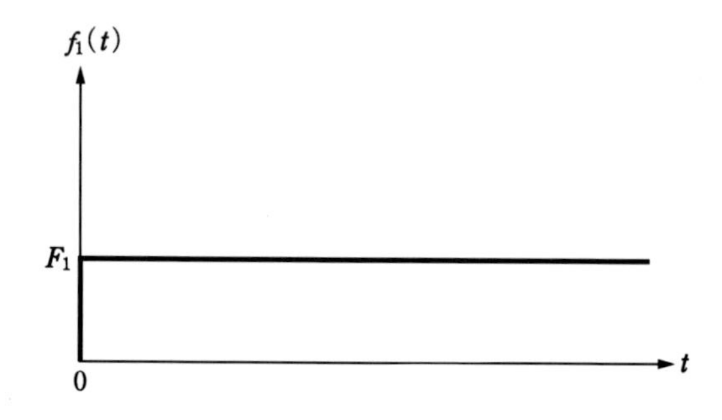

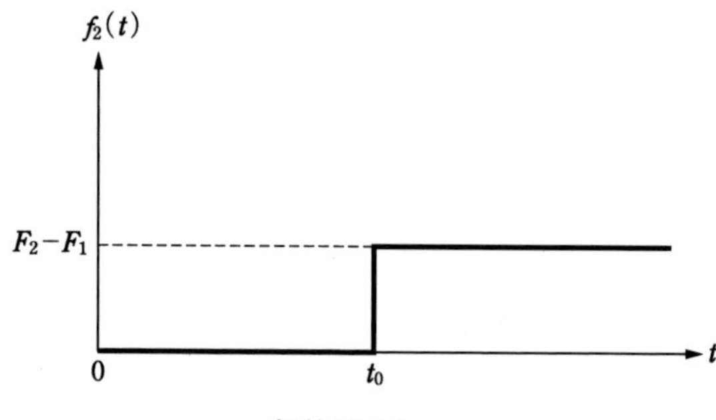

解答図 4.1

$0\leqq t<t_0$ のとき，

$$x_1=\int_0^t \frac{1}{m\omega_n}\sin\omega_n(t-\tau)\cdot f_1(\tau)d\tau$$

$$=\frac{F_1}{m\omega_n}\int_0^t \sin\omega_n(t-\tau)d\tau$$

$$=\frac{F_1}{m\omega_n}\left[\frac{1}{\omega_n}\cos\omega_n(t-\tau)\right]_0^t$$

$$=\frac{F_1}{m\omega_n^2}(1-\cos\omega_n t)$$

$$=\frac{F_1}{k}(1-\cos\omega_n t)$$

$t_0 \geqq t$ のとき，$f_2(t)$ に対する応答は，

$$x_2=\int_{t_0}^{t}\frac{1}{m\omega_n}\sin\omega_n(t-\tau)\cdot f_2(\tau)d\tau$$

$$=\frac{F_2-F_1}{m\omega_n}\left[\frac{1}{\omega_n}\cos\omega_n(t-\tau)\right]_{t_0}^{t}$$

$$=\frac{F_2-F_1}{m\omega_n^2}\{1-\cos\omega_n(t-t_0)\}$$

$$=\frac{F_2-F_1}{k}\{1-\cos\omega_n(t-t_0)\}$$

$t_0 \geqq t$ のとき，$f_1(t)$ に対する応答と $f_2(t)$ に対する応答の和，すなわち x_1+x_2 となる．したがって，

$$\left.\begin{aligned}&x=\frac{F_1}{k}(1-\cos\omega_n t) &&;\ 0\leqq t\leqq t_0\\&x=\frac{F_1}{k}(1-\cos\omega_n t)+\frac{F_2-F_1}{k}\{1-\cos\omega_n(t-t_0)\} &&;\ t>t_0\end{aligned}\right\}$$

2. 式 (4.9) から，

$$x=\int_0^t\frac{1}{m\omega_n}\sin\omega_n(t-\tau)a\tau d\tau$$

$$=\frac{a}{m\omega_n}\int_0^t\sin\omega_n(t-\tau)\tau d\tau$$

$$=\frac{a}{m\omega_n^2}\Big[\tau\cos\omega_n(t-\tau)\Big]_0^t-\frac{a}{m\omega_n^2}\int_0^t\cos\omega_n(t-\tau)d\tau$$

$$=\frac{a}{m\omega_n^2}t+\frac{a}{m\omega_n^3}\Big[\sin\omega_n(t-\tau)\Big]_0^t$$

$$=\frac{a}{m\omega_n^2}t-\frac{a}{m\omega_n^3}\sin\omega_n t \qquad (m\omega_n^2=k)$$

$$=\frac{a}{k}\left(t-\frac{1}{\omega_n}\sin\omega_n t\right)$$

3. $0\leqq t<t_0$ のとき，問題 2 から，

$$x=\frac{b}{k}\left(t-\frac{1}{\omega_n}\sin\omega_n t\right)$$

一方，$t \geqq t_0$ のときに $f(t)$ は**解答図 4.2** に示す 2 つの入力の和で与えられる．2 つの関数は次式で表される．

$$f_1(t)=\begin{cases}0 & ; \quad t<0 \\ bt & ; \quad t \geqq 0\end{cases}$$

$$f_2(t)=\begin{cases}0 & ; \quad t<t_0 \\ -b(t-t_0) & ; \quad t \geqq t_0\end{cases}$$

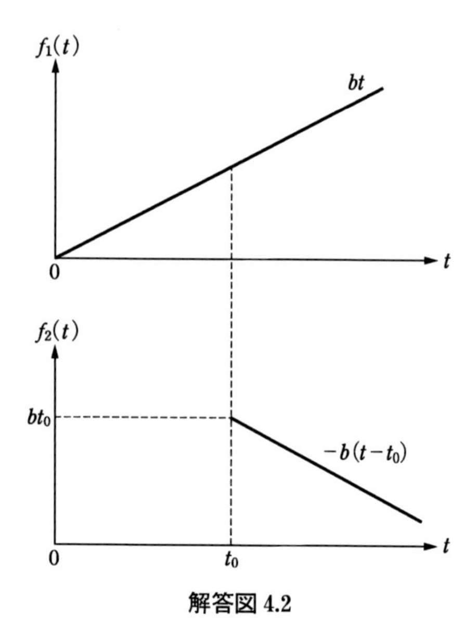

解答図 4.2

$f_1(t)$ に対する応答は，

$$x_1=\frac{b}{k}\left(t-\frac{1}{\omega_n}\sin\omega_n t\right)$$

$f_2(t)$ に対する応答は，

$$x_2=\int_{t_0}^{t}\frac{1}{m\omega_n}\sin\omega_n(t-\tau)(-b\tau)d\tau$$

$$=\frac{-b}{m\omega_n}\int_{t_0}^{t}\sin\omega_n(t-\tau)\tau d\tau$$

$$= \frac{-b}{m\omega_n^2}[\tau\cos\omega_n(t-\tau)]_{t_0}^{t} - \frac{-b}{m\omega_n^2}\int_{t_0}^{t}\cos\omega_n(t-\tau)d\tau$$

$$= \frac{-b}{m\omega_n^2}\{t-t_0\cos\omega_n(t-t_0)\} + \frac{-b}{m\omega_n^3}[\sin\omega_n(t-\tau)]_{t_0}^{t}$$

$$= \frac{-b}{m\omega_n^2}\{t-t_0\cos\omega_n(t-t_0)\} - \frac{-b}{m\omega_n^3}\sin\omega_n(t-t_0) \qquad (m\omega_n^2 = k)$$

$$= \frac{-b}{k}\left\{t-t_0\cos\omega_n(t-t_0) - \frac{1}{\omega_n}\sin\omega_n(t-t_0)\right\}$$

$t \geqq t_0$ のとき，$f_1(t)$ に対する応答と $f_2(t)$ に対する応答の和，すなわち x_1+x_2 となる．したがって，

$$\left.\begin{aligned} &x = x_1 = \frac{b}{k}\left(t-\frac{1}{\omega_n}\sin\omega_n t\right) && ;\ 0 \leqq t \leqq t_0 \\ &x = x_1+x_2 \\ &\ = \frac{b}{k}\left(t-\frac{1}{\omega_n}\sin\omega_n t\right) - \frac{b}{k}\left\{t-t_0\cos\omega_n(t-t_0) - \frac{1}{\omega_n}\sin\omega_n(t-t_0)\right\} && ;\ t > t_0 \end{aligned}\right\}$$

第 5 章

1. 運動方程式は次のようになる．

$$\left.\begin{aligned} m\ddot{x}_1 + 2kx_1 + k(x_1-x_2) = 0 \\ m\ddot{x}_2 + k(x_2-x_1) + 2kx_2 = 0 \end{aligned}\right\} \qquad (1)$$

式 (1) に式 (5.10) および式 (5.11) を代入すると，

$$\left.\begin{aligned} &-m\omega^2X_1\cos(\omega t-\beta) + 2kX_1\cos(\omega t-\beta) \\ &\quad + kX_1\cos(\omega t-\beta) - kX_2\cos(\omega t-\beta) = 0 \\ &-m\omega^2X_2\cos(\omega t-\beta) + kX_2\cos(\omega t-\beta) \\ &\quad - kX_1\cos(\omega t-\beta) + 2kX_2\cos(\omega t-\beta) = 0 \end{aligned}\right\}$$

両辺を $\cos(\omega t-\beta)$ で割って整理すると，

$$\left.\begin{aligned} (3k-m\omega^2)X_1 - kX_2 = 0 \\ -kX_1 + (3k-m\omega^2)X_2 = 0 \end{aligned}\right\} \qquad (2)$$

行列を用いて表すと，

$$\begin{bmatrix} 3k-m\omega^2 & -k \\ -k & 3k-m\omega^2 \end{bmatrix}\begin{bmatrix} X_1 \\ X_2 \end{bmatrix} = \begin{bmatrix} 0 \\ 0 \end{bmatrix}$$

上式が成り立つためには次式で示される行列式が 0 でなければならない．すなわち，

$$\begin{vmatrix} 3k - m\omega^2 & -k \\ -k & 3k - m\omega^2 \end{vmatrix} = 0$$

行列式を計算すると，

$$(3k - m\omega^2)^2 - k^2$$
$$= m^2\omega^4 - 6mk\omega^2 + 8k^2 = 0$$

したがって，

$$\omega^2 = \frac{3mk \mp \sqrt{9m^2k^2 - 8m^2k^2}}{m^2}$$

$$= (3 \mp 1)\frac{k}{m}$$

となる．小さい解を $\omega_{\mathrm{I}}{}^2$，大きい解を $\omega_{\mathrm{II}}{}^2$ とおくと，

$$\left.\begin{aligned} \omega_{\mathrm{I}}{}^2 &= 2\frac{k}{m} \\ \omega_{\mathrm{II}}{}^2 &= 4\frac{k}{m} \end{aligned}\right\}$$

これらの平方根をとると，

$$\left.\begin{aligned} \omega_{\mathrm{I}} &= 1.41\sqrt{\frac{k}{m}} \\ \omega_{\mathrm{II}} &= 2\sqrt{\frac{k}{m}} \end{aligned}\right\} \tag{3}$$

また，式 (2) の第 1 式から，

$$\frac{X_2}{X_1} = \frac{3k - m\omega^2}{k} = \frac{3k/m - \omega^2}{k/m} \tag{4}$$

式 (4) の ω に ω_{I} および ω_{II} を代入するとⅠ次およびⅡ次の固有振動モードは，

$$\left.\begin{aligned} r_{\mathrm{I}} &= \frac{X_2{}^{\mathrm{I}}}{X_1{}^{\mathrm{I}}} = 1 \\ r_{\mathrm{II}} &= \frac{X_2{}^{\mathrm{II}}}{X_1{}^{\mathrm{II}}} = -1 \end{aligned}\right\} \tag{5}$$

2. 問題 1 から $r_{\mathrm{I}} = 1$，$r_{\mathrm{II}} = -1$ であり，式 (5.25) から，

$$\left.\begin{aligned} x_1 &= X_1{}^{\mathrm{I}}\cos(\omega_{\mathrm{I}}t - \beta_{\mathrm{I}}) + X_1{}^{\mathrm{II}}\cos(\omega_{\mathrm{II}}t - \beta_{\mathrm{II}}) \\ x_2 &= X_1{}^{\mathrm{I}}\cos(\omega_{\mathrm{I}}t - \beta_{\mathrm{I}}) - X_1{}^{\mathrm{II}}\cos(\omega_{\mathrm{II}}t - \beta_{\mathrm{II}}) \end{aligned}\right\} \tag{1}$$

また，

$$\left.\begin{aligned}\dot{x}_1 &= -\omega_{\mathrm{I}} X_1{}^{\mathrm{I}} \sin(\omega_{\mathrm{I}} t-\beta_{\mathrm{I}})-\omega_{\mathrm{II}} X_1{}^{\mathrm{II}} \sin(\omega_{\mathrm{II}} t-\beta_{\mathrm{II}})\\ \dot{x}_2 &= -\omega_{\mathrm{I}} X_1{}^{\mathrm{I}} \sin(\omega_{\mathrm{I}} t-\beta_{\mathrm{I}})+\omega_{\mathrm{II}} X_1{}^{\mathrm{II}} \sin(\omega_{\mathrm{II}} t-\beta_{\mathrm{II}})\end{aligned}\right\} \tag{2}$$

式 (1) に $t=0$ を代入すると,

$$\left.\begin{aligned}X_1{}^{\mathrm{I}} \cos\beta_{\mathrm{I}}+X_1{}^{\mathrm{II}} \cos\beta_{\mathrm{II}} &= 0\\ X_1{}^{\mathrm{I}} \cos\beta_{\mathrm{I}}-X_1{}^{\mathrm{II}} \cos\beta_{\mathrm{II}} &= 0\end{aligned}\right\}$$

両式から,

$$\left.\begin{aligned}X_1{}^{\mathrm{I}} \cos\beta_{\mathrm{I}} &= 0\\ X_1{}^{\mathrm{II}} \cos\beta_{\mathrm{II}} &= 0\end{aligned}\right\} \tag{3}$$

式 (2)に $t=0$ を代入すると,

$$\left.\begin{aligned}\omega_{\mathrm{I}} X_1{}^{\mathrm{I}} \sin\beta_{\mathrm{I}}+\omega_{\mathrm{II}} X_1{}^{\mathrm{II}} \sin\beta_{\mathrm{II}} &= 0\\ \omega_{\mathrm{I}} X_1{}^{\mathrm{I}} \sin\beta_{\mathrm{I}}-\omega_{\mathrm{II}} X_1{}^{\mathrm{II}} \sin\beta_{\mathrm{II}} &= 0.4\end{aligned}\right\}$$

両式から,

$$\left.\begin{aligned}\omega_{\mathrm{I}} X_1{}^{\mathrm{I}} \sin\beta_{\mathrm{I}} &= 0.2\\ \omega_{\mathrm{II}} X_1{}^{\mathrm{II}} \sin\beta_{\mathrm{II}} &= -0.2\end{aligned}\right\} \tag{4}$$

問題1から,

$$\left.\begin{aligned}\omega_{\mathrm{I}} &= 1.41\sqrt{\frac{k}{m}}\\ \omega_{\mathrm{II}} &= 2\sqrt{\frac{k}{m}}\end{aligned}\right\}$$

$m=10\,\mathrm{kg}$, $k=16\,000\,\mathrm{N/m}$ であるから,

$$\left.\begin{aligned}\omega_{\mathrm{I}} &= 56.4\ \mathrm{rad/s}\\ \omega_{\mathrm{II}} &= 80\ \mathrm{rad/s}\end{aligned}\right\}$$

式 (4) は次のようになる.

$$\left.\begin{aligned}X_1{}^{\mathrm{I}} \sin\beta_{\mathrm{I}} &= 3.55\times10^{-3}\\ X_1{}^{\mathrm{II}} \sin\beta_{\mathrm{II}} &= -2.50\times10^{-3}\end{aligned}\right\} \tag{5}$$

式 (1) を展開すると,

$$\left.\begin{aligned}x_1 &= X_1{}^{\mathrm{I}}(\cos\omega_{\mathrm{I}} t\cos\beta_{\mathrm{I}}+\sin\omega_{\mathrm{I}} t\sin\beta_{\mathrm{I}})+X_1{}^{\mathrm{II}}(\cos\omega_{\mathrm{II}} t\cos\beta_{\mathrm{II}}+\sin\omega_{\mathrm{II}} t\sin\beta_{\mathrm{II}})\\ x_2 &= X_1{}^{\mathrm{I}}(\cos\omega_{\mathrm{I}} t\cos\beta_{\mathrm{I}}+\sin\omega_{\mathrm{I}} t\sin\beta_{\mathrm{I}})-X_1{}^{\mathrm{II}}(\cos\omega_{\mathrm{II}} t\cos\beta_{\mathrm{II}}+\sin\omega_{\mathrm{II}} t\sin\beta_{\mathrm{II}})\end{aligned}\right\} \tag{6}$$

式 (6) に式 (3) および式 (5) を代入すると,

$$\left.\begin{aligned}x_1 &= (3.55\sin 56.4t-2.50\sin 80t)\times10^{-3}\,[\mathrm{m}]\\ x_2 &= (3.55\sin 56.4t+2.50\sin 80t)\times10^{-3}\,[\mathrm{m}]\end{aligned}\right\}$$

3. 式 (5.34) から，ω/ω_1 が 0.9 のとき，

$$\left.\begin{aligned}\frac{X_{s1}}{X_{st1}} &= \frac{1-1^2\times0.9^2}{(1+0.1\times1^2-0.9^2)(1-1^2\times0.9^2)-0.1\times1^2} = \frac{0.19}{-0.0449} = -4.23\\ \frac{X_{s2}}{X_{st1}} &= \frac{1}{(1+0.1\times1^2-0.9^2)(1-1^2\times0.9^2)-0.1\times1^2} = \frac{1}{-0.0449} = -22.3\end{aligned}\right\}$$

ω/ω_1 が 1.1 のとき，

$$\left.\begin{aligned}\frac{X_{s1}}{X_{st1}} &= \frac{1-1^2\times1.1^2}{(1+0.1\times1^2-1.1^2)(1-1^2\times1.1^2)-0.1\times1^2} = \frac{-0.21}{-0.0769} = 2.73\\ \frac{X_{s2}}{X_{st1}} &= \frac{1}{(1+0.1\times1^2-1.1^2)(1-1^2\times1.1^2)-0.1\times1^2} = \frac{1}{-0.0769} = -13.0\end{aligned}\right\}$$

負の符号がついているものは入力に対して位相が反転していることを示している．

4. $b=0.5$ m，$h=1$ m である．式 (5.64) から，

$$I_O = \frac{200\times(0.5^2+1^2)}{3} = 83.3\ \mathrm{kgm^2}$$

式 (5.63) から，

$$\left.\begin{aligned}\omega_x{}^2 &= \frac{2\times50\,000}{200} = 500\\ \omega_\theta{}^2 &= \frac{2\times50\,000\times1^2+2\times30\,000\times0.5^2}{83.3} = 1\,381\end{aligned}\right\}$$

式 (5.67) から，

$$\left.\begin{aligned}\omega_{\mathrm{I}}{}^2 &= \frac{(500+1\,381)-\sqrt{(500-1\,381)^2+\dfrac{12\times500^2}{0.5^2+1}}}{2} = 49.5\\ \omega_{\mathrm{II}}{}^2 &= \frac{(500+1\,381)+\sqrt{(500-1\,381)^2+\dfrac{12\times500^2}{0.5^2+1}}}{2} = 1\,830\end{aligned}\right\}$$

したがって，

$$\left.\begin{aligned}\omega_{\mathrm{I}} &= 7.04\ \mathrm{rad/s}\\ \omega_{\mathrm{II}} &= 42.8\ \mathrm{rad/s}\end{aligned}\right\}$$

式 (5.68) から，

$$\left.\begin{aligned} r_{\mathrm{I}} &= \frac{X^{\mathrm{I}}}{h\Theta^{\mathrm{I}}} = \frac{-500}{500-49.5} = -1.11 \\ r_{\mathrm{II}} &= \frac{X^{\mathrm{II}}}{h\Theta^{\mathrm{II}}} = \frac{-500}{500-1\,830} = 0.376 \end{aligned}\right\}$$

第6章

1. 運動方程式は，例題 5.3 の式 (1) で $m = m_1 = m_2$，$k = k_1 = k_2$ とおくと，

$$\left.\begin{aligned} m\ddot{x}_1 + kx_1 + k(x_1 - x_2) = 0 \\ m\ddot{x}_2 + k(x_2 - x_1) + kx_2 = 0 \end{aligned}\right\}$$

であるから，

$$\begin{bmatrix} m & 0 \\ 0 & m \end{bmatrix}\begin{bmatrix} \ddot{x}_1 \\ \ddot{x}_2 \end{bmatrix} + \begin{bmatrix} 2k & -k \\ -k & 2k \end{bmatrix}\begin{bmatrix} x_1 \\ x_2 \end{bmatrix} = \begin{bmatrix} 0 \\ 0 \end{bmatrix}$$

したがって，

$$\boldsymbol{M} = \begin{bmatrix} 100 & 0 \\ 0 & 100 \end{bmatrix},\ \boldsymbol{K} = \begin{bmatrix} 8\times10^5 & -4\times10^5 \\ -4\times10^5 & 8\times10^5 \end{bmatrix},\ \boldsymbol{\phi}_{\mathrm{I}} = \begin{bmatrix} 1 \\ 1 \end{bmatrix},\ \boldsymbol{\phi}_{\mathrm{II}} = \begin{bmatrix} 1 \\ -1 \end{bmatrix}$$

これらの行列とベクトルを用いると，

$$M_{\mathrm{I}} = \boldsymbol{\phi}_{\mathrm{I}}{}^T\boldsymbol{M}\boldsymbol{\phi}_{\mathrm{I}} = [1 \quad 1]\begin{bmatrix} 100 & 0 \\ 0 & 100 \end{bmatrix}\begin{bmatrix} 1 \\ 1 \end{bmatrix} = [100 \quad 100]\begin{bmatrix} 1 \\ 1 \end{bmatrix} = 100+100 = 200\ \mathrm{kg}$$

$$M_{\mathrm{II}} = \boldsymbol{\phi}_{\mathrm{II}}{}^T\boldsymbol{M}\boldsymbol{\phi}_{\mathrm{II}} = [1 \quad -1]\begin{bmatrix} 100 & 0 \\ 0 & 100 \end{bmatrix}\begin{bmatrix} 1 \\ -1 \end{bmatrix} = [100 \quad -100]\begin{bmatrix} 1 \\ -1 \end{bmatrix}$$

$$= 100+100 = 200\ \mathrm{kg}$$

$$K_{\mathrm{I}} = \boldsymbol{\phi}_{\mathrm{I}}{}^T\boldsymbol{K}\boldsymbol{\phi}_{\mathrm{I}} = [1 \quad 1]\begin{bmatrix} 8\times10^5 & -4\times10^5 \\ -4\times10^5 & 8\times10^5 \end{bmatrix}\begin{bmatrix} 1 \\ 1 \end{bmatrix} = [4\times10^5 \quad 4\times10^5]\begin{bmatrix} 1 \\ 1 \end{bmatrix}$$

$$= 4\times10^5 + 4\times10^5 = 8\times10^5\ \mathrm{N/m}$$

$$K_{\mathrm{II}} = \boldsymbol{\phi}_{\mathrm{II}}{}^T\boldsymbol{K}\boldsymbol{\phi}_{\mathrm{II}} = [1 \quad -1]\begin{bmatrix} 8\times10^5 & -4\times10^5 \\ -4\times10^5 & 8\times10^5 \end{bmatrix}\begin{bmatrix} 1 \\ -1 \end{bmatrix}$$

$$= [12\times10^5 \quad -12\times10^5]\begin{bmatrix} 1 \\ -1 \end{bmatrix} = 12\times10^5 + 12\times10^5 = 2.4\times10^6\ \mathrm{N/m}$$

2. 問題 1 から，$M_{\mathrm{I}} = 200$ kg，$M_{\mathrm{II}} = 200$ kg，$K_{\mathrm{I}} = 8\times10^5$ N/m，$K_{\mathrm{II}} = 2.4\times10^6$ N/m であるから，I 次の固有円振動数は，

$$\omega_{\mathrm{I}} = \sqrt{\frac{K_{\mathrm{I}}}{M_{\mathrm{I}}}} = \sqrt{\frac{8\times10^5}{200}} = 63.2\ \mathrm{rad/s}$$

$$\omega_{\rm II} = \sqrt{\frac{K_{\rm II}}{M_{\rm II}}} = \sqrt{\frac{2.4\times10^6}{200}} = 110 \text{ rad/s}$$

また，

$$\boldsymbol{\phi}_{\rm I} = \begin{bmatrix} 1 \\ 1 \end{bmatrix},\ \boldsymbol{\phi}_{\rm II} = \begin{bmatrix} 1 \\ -1 \end{bmatrix}$$

である．さらに，入力の円振動数は $\omega = 2\pi\times20 = 126$ rad/s であるから，

$$\boldsymbol{F} = \begin{bmatrix} 0 \\ 2\,500\sin 126t \end{bmatrix}$$

式 (6.21) から，

$$\left.\begin{aligned} F_{\rm I} &= [1 \quad 1]\begin{bmatrix} 0 \\ 2\,500\sin 126t \end{bmatrix} = 2\,500\sin 126t \\ F_{\rm II} &= [1 \quad -1]\begin{bmatrix} 0 \\ 2\,500\sin 126t \end{bmatrix} = -2\,500\sin 126t \end{aligned}\right\}$$

これらを式 (6.23) に代入すると，

$$\begin{bmatrix} x_1 \\ x_2 \end{bmatrix} = \frac{2\,500\sin 126t}{8\times10^5-200\times126^2}\begin{bmatrix} 1 \\ 1 \end{bmatrix} - \frac{2\,500\sin 126t}{2.4\times10^6-200\times126^2}\begin{bmatrix} 1 \\ -1 \end{bmatrix}$$

$$= \begin{bmatrix} 2.17\times10^{-3}\sin 126t \\ -4.28\times10^{-3}\sin 126t \end{bmatrix}$$

したがって，$x_1 = 2.17\times10^3\sin 126t$〔m〕，$x_2 = -4.28\times10^{-3}\sin 126t$〔m〕

第 7 章

1. 式 (7.69) から，

$$Y(x) = D_1\cos\beta x + D_2\sin\beta x + D_3\cosh\beta x + D_4\sinh\beta x \qquad (1)$$

単純支持ばりの境界条件は，両端で変位とモーメントが 0 であるから，

$$x = 0 \text{ で } Y(0) = 0 \qquad (2)$$

$$x = 0 \text{ で } EI\left.\frac{d^2Y(x)}{dx^2}\right|_{x=0} = 0 \text{ したがって，} \left.\frac{d^2Y(x)}{dx^2}\right|_{x=0} = 0 \qquad (3)$$

$$x = l \text{ で } Y(l) = 0 \qquad (4)$$

$$x = l \text{ で } EI\left.\frac{d^2Y(x)}{dx^2}\right|_{x=l} = 0 \text{ したがって，} \left.\frac{d^2Y(x)}{dx^2}\right|_{x=l} = 0 \qquad (5)$$

式 (1) を微分すると次式が得られる．

$$\frac{d^2Y(x)}{d^2x}=\beta^2(-D_1\cos\beta x-D_2\sin\beta x+D_3\cosh\beta x+D_4\sinh\beta x) \tag{6}$$

式 (1) および式 (6) に式 (2) から式 (5) の境界条件を用いると，次の式が得られる．

$$D_1+D_3=0 \tag{7}$$

$$-D_1+D_3=0 \tag{8}$$

$$D_1\cos\beta l+D_2\sin\beta l+D_3\cosh\beta l+D_4\sinh\beta l=0 \tag{9}$$

$$-D_1\cos\beta l-D_2\sin\beta l+D_3\cosh\beta l+D_4\sinh\beta l=0 \tag{10}$$

式 (7) および式 (8) から，$D_1=D_3=0$ であるから，式 (9) および式 (10) は，

$$D_2\sin\beta l+D_4\sinh\beta l=0 \tag{11}$$

$$-D_2\sin\beta l+D_4\sinh\beta l=0 \tag{12}$$

式 (11) および式 (12) から，$D_2\sin\beta l=D_4\sinh\beta l=0$ である．$\sinh\beta l$ は $\beta l=0$ 以外では 0 にはならないから，$D_4\sinh\beta l=0$ では $D_4=0$ でなければならない．一方，D_2 も 0 であると，振動しないことになってしまうから，$D_2\neq 0$ である．したがって，$D_2\sin\beta l=0$ であるためには $\sin\beta l=0$ でなければならない．この関係から，

$$\beta l=i\pi \quad (i=1,\ 2,\ 3,\ \cdots\cdots) \tag{13}$$

したがって，式 (7.62) および (7.63) の関係から，i 次の固有円振動数は，

$$\omega_i=\frac{(i\pi)^2}{l^2}\sqrt{\frac{EI}{\rho A}} \quad (i=1,\ 2,\ 3,\ \cdots\cdots)$$

$D_1=D_3=D_4=0$ であるから，i 次の固有振動モードは式 (1) から，

$$Y_i(x)=d_i\sin\beta x=d_i\sin\frac{i\pi x}{l} \quad (i=1,\ 2,\ 3,\ \cdots\cdots)$$

2. 自由端ではトルクが 0 である．式 (7.18) から，

$$\frac{\partial\theta}{\partial x}=0 \tag{1}$$

で表される．式 (7.32) と同様に，

$$\theta=Y(x)G(t) \tag{2}$$

また，

$$Y(x)=A\cos\frac{\omega}{c}x+B\sin\frac{\omega}{c}x \tag{3}$$

式 (3) を用いると，式 (1) と式 (2) から，

$$\frac{dY(x)}{dx}=\frac{\omega}{c}\left(-A\sin\frac{\omega}{c}x+B\cos\frac{\omega}{c}x\right) \tag{4}$$

$x=0$ で $\dfrac{dY(x)}{dx}=0$ であるから，$B=0$ である．また，$x=l$ で $Y(x)=0$ であるから，式 (3) から，

$$A\cos\frac{\omega}{c}l=0 \tag{5}$$

$A=0$ であると振動しないことになるので $A\neq 0$ である．したがって，

$$\cos\frac{\omega}{c}l=0 \tag{6}$$

したがって，

$$\frac{\omega_i}{c}l=\frac{\pi}{2}+i\pi \quad (i=0,\ 1,\ 2,\ \cdots\cdots) \tag{7}$$

i 次の固有円振動数は，

$$\omega_i=\frac{\pi c}{l}\left(\frac{1}{2}+i\right) \quad (i=0,\ 1,\ 2,\ \cdots\cdots) \tag{8}$$

$B=0$ であり，式 (3)に式 (8) を代入すると固有振動モードは，

$$Y_i(x)=A_i\cos\frac{\pi}{l}\left(\frac{1}{2}+i\right)x \qquad (i=0,\ 1,\ 2,\ \cdots\cdots) \tag{9}$$

（**解答図 7.1** に固有振動モードを示す．）

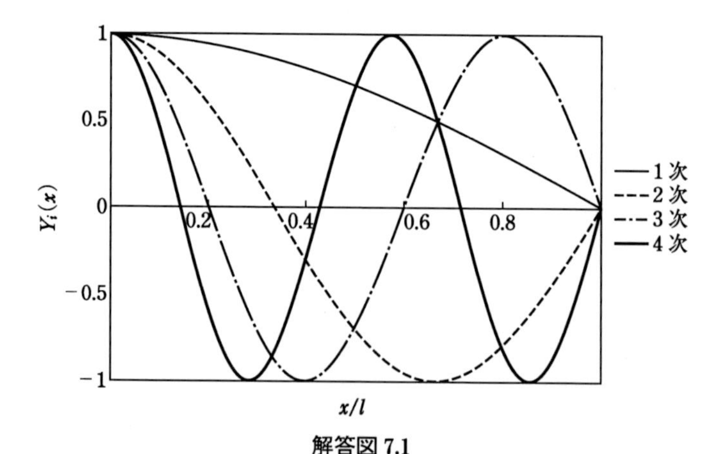

解答図 7.1

3. 縦振動の伝播速度は式 (7.15) から，

$$c_2=\sqrt{\frac{E}{\rho}}=\sqrt{\frac{70\times10^9}{2\,500}}\fallingdotseq 5\,290\ \mathrm{m/s}$$

せん断振動の伝播速度は式 (7.30) から，

$$c_4=\sqrt{\frac{G}{\rho}}=\sqrt{\frac{25\times10^9}{2\,500}}\fallingdotseq 3\,160\ \mathrm{m/s}$$

第8章

1. はりの中央部のたわみを δ とすると，

$$\delta=\frac{Mg}{192EI}l^3$$

等価的なばね定数 k は，

$$k=\frac{Mg}{\delta}=\frac{192EI}{l^3}$$

したがって，固有円振動数は，

$$\omega_n=\sqrt{\frac{k}{M}}=\sqrt{\frac{192EI}{Ml^3}}$$

式 (8.9) から危険速度は，

$$N_e=\frac{60}{2\pi}\sqrt{\frac{192EI}{Ml^3}}\quad \text{〔rpm〕}$$

2. 回転の角速度は，

$$\omega=\frac{2\pi\times200}{60}=20.9\ \mathrm{rad/s}$$

式 (8.19) の第1式から，

$$\frac{0.5\times0.02\times20.9^2}{|k-20.9^2\times10|}\leqq 0.002$$

$$\frac{4.37}{|k-4\,370|}\leqq 0.002$$

$k\geqq 4\,370$ のとき，

$$4.37\leqq 0.002(k-4\,370)$$

$$k\geqq 6\,555\ \mathrm{N/m}$$

$k<4\,370$ のとき，

$$4.37\leqq 0.002(4\,370-k)$$

$$0<k<2\,185\ \mathrm{N/m}$$

3. 図 8.9 との対応を考える．

$m_1 r_1 = 6\text{gcm}$, $m_2 r_2 = 7\text{gcm}$, $l_A = 25\text{mm}$, $l_1 = 45\text{mm}$, $l_2 = 110\text{mm}$, $l_B = 125\text{mm}$, $l = 150\text{mm}$ である．

式 (8.21) から，

$$\left.\begin{aligned} 6\cos 60^\circ + 7\cos 210^\circ + U_A\cos\theta_A + U_B\cos\theta_B = 0 \\ 6\sin 60^\circ + 7\sin 210^\circ + U_A\sin\theta_A + U_B\sin\theta_B = 0 \end{aligned}\right\}$$

であるので，

$$\left.\begin{aligned} U_A\cos\theta_A + U_B\cos\theta_B = 3.062 \\ U_A\sin\theta_A + U_B\sin\theta_B = -1.696 \end{aligned}\right\} \qquad (1)$$

式 (8.22) から，

$$\left.\begin{aligned} 45\times 6\cos 60^\circ + 110\times 7\cos 210^\circ + 25U_A\cos\theta_A + 125U_B\cos\theta_B = 0 \\ 45\times 6\sin 60^\circ + 110\times 7\sin 210^\circ + 25U_A\sin\theta_A + 125U_B\sin\theta_B = 0 \end{aligned}\right\}$$

となるから，

$$\left.\begin{aligned} 25U_A\cos\theta_A + 125U_B\cos\theta_B = 531.8 \\ 25U_A\sin\theta_A + 125U_B\sin\theta_B = 151.2 \end{aligned}\right\} \qquad (2)$$

式 (1) および式 (2) から $U_A\cos\theta_A$, $U_A\sin\theta_A$, $U_B\cos\theta_B$ および $U_B\sin\theta_B$ を求めると，

$$U_A\cos\theta_A = -1.491\ \text{gcm}$$

$$U_A\sin\theta_A = -3.632\ \text{gcm}$$

$$U_B\cos\theta_B = 4.552\ \text{gcm}$$

$$U_B\sin\theta_B = 1.936\ \text{gcm}$$

式 (8.24) から，

$$U_A = \sqrt{(-1.491)^2 + (-3.632)^2} = 3.926\ \text{gcm}$$

$$U_B = \sqrt{4.552^2 + 1.936^2} = 4.947\ \text{gcm}$$

両端面の外周に付加する質量は，半径が 3 cm であることから，A 面に付加する質量は，

$$m_A = \frac{U_A}{3} = 1.31\ \text{g}$$

B 面に付加する質量は，

$$m_B = \frac{U_B}{3} = 1.65\ \text{g}$$

質量を付加する位置の x 軸からの角度は，

$$\theta_A = \tan^{-1}\left(\frac{U_A\sin\theta_A}{U_A\cos\theta_A}\right) = \tan^{-1}\left(\frac{-3.632}{-1.491}\right) = 248^\circ$$

$$\theta_B = \tan^{-1}\left(\frac{U_B \sin\theta_B}{U_B \cos\theta_B}\right) = \tan^{-1}\left(\frac{1.936}{4.552}\right) = 23°$$

第9章

1. 問題図 9.1 のモデルで，$x \geqq 0$ の領域で考えると運動方程式は，

$$\begin{cases} m\ddot{x} = 0 & ; 0 \leqq x < d \quad (1) \\ m\ddot{x} + k(x-d) = 0 & ; x \geqq d \quad (2) \end{cases}$$

式 (2) は次のように書くことができる．

$$m\ddot{x} + kx = kd \tag{3}$$

特解を $x = A$ とおいて式 (3) に代入すると，

$$kA = kd$$

したがって，

$$A = d$$

式 (3) の解は次のようになる．

$$x = c_1 \cos\omega_1 t + c_2 \sin\omega_1 t + d \tag{4}$$

ここで，

$$\omega_1 = \sqrt{\frac{k}{m}}$$

$t = 0$ で静止状態で $x = X_{\max}$ の位置から振動が始まるとすると，

$$X_{\max} = c_1 + d$$

したがって，

$$c_1 = X_{\max} - d \tag{5}$$

また，式 (4) から，

$$\dot{x} = \omega_1(-c_1 \sin\omega_1 t + c_2 \cos\omega_1 t) \tag{6}$$

$t = 0$ で $\dot{x} = 0$ であるから，$c_2 = 0$ であるので，式 (5) を式 (4) に代入すると，

$$x = (X_{\max} - d)\cos\omega_1 t + d \tag{7}$$

$x = d$ となるときの時刻を t_1 とすると，式 (7) から，

$$(X_{\max} - d)\cos\omega_1 t = 0$$

t_1 は次式で与えられる．

$$t_1 = \frac{1}{\omega_1}\frac{\pi}{2} \tag{8}$$

t_1 のときの速度 $\dot{x}_1$ は式 (5) と式 (6) および式 (8) から，

$$\dot{x}_1 = -\omega_1(X_{\max} - d)\sin\omega_1 t_1$$

$$= -\omega_1(X_{\max}-d) \tag{9}$$

$x=d$ となったときを改めて $t=0$ とおくと，このときの速度は $\dot{x}_1$ である．力は作用しないから，式 (1) の解は，

$$x = \dot{x}_1 t \tag{10}$$

$x=0$ となる時刻を t_2 とすると，式 (10) から，

$$-d = -\omega_1(X_{\max}-d)t_2 \tag{11}$$

したがって，

$$t_2 = \frac{d}{\omega_1(X_{\max}-d)} \tag{12}$$

t_1+t_2 が固有周期 T_n の 1/4 であるから，

$$T_n = 4(t_1+t_2)$$

したがって，式 (8) および式 (12) から，

$$\omega_n = \frac{2\pi}{T_n} = \frac{\pi}{2(t_1+t_2)} = \frac{\pi}{2}\frac{1}{\dfrac{1}{\omega_1}\dfrac{\pi}{2}+\dfrac{d}{\omega_1(X_{\max}-d)}} = \frac{\omega_1}{1+\dfrac{2d}{\pi(X_{\max}-d)}}$$

2. 定常振動が次式で表されるものとする．

$$x_s = X_s\sin(\omega t-\phi)$$

速度は，

$$\dot{x}_s = \omega X_s\cos(\omega t-\phi)$$

振動 1 サイクル中に速度の自乗に比例する抵抗によって吸収されるエネルギーは，

$\dot{x}_s \geqq 0$ のときの積分範囲が $-\dfrac{\pi}{2\omega}+\dfrac{\phi}{\omega} \leqq t \leqq \dfrac{\pi}{2\omega}+\dfrac{\phi}{\omega}$ であることから，

$$W_a = 2\int_{-\frac{\pi}{2\omega}+\frac{\phi}{\omega}}^{\frac{\pi}{2\omega}+\frac{\phi}{\omega}} c\dot{x}_s{}^2\cdot\dot{x}_s\,dt = 2\int_{-\frac{\pi}{2\omega}+\frac{\phi}{\omega}}^{\frac{\pi}{2\omega}+\frac{\phi}{\omega}} c\omega^3X_s{}^3\cos^3(\omega t-\phi)\,dt$$

$$= 2c\omega^3X_s{}^3\int_{-\frac{\pi}{2\omega}+\frac{\phi}{\omega}}^{\frac{\pi}{2\omega}+\frac{\phi}{\omega}} \frac{\cos 3(\omega t-\phi)+3\cos(\omega t-\phi)}{4}\,dt$$

$$= 2c\omega^3X_s{}^3\left[\frac{\sin 3(\omega t-\phi)}{12\omega}+\frac{3\sin(\omega t-\phi)}{4\omega}\right]_{-\frac{\pi}{2\omega}+\frac{\phi}{\omega}}^{\frac{\pi}{2\omega}+\frac{\phi}{\omega}}$$

$$= 2c\omega^3X_s{}^3\left(-\frac{1}{12\omega}-\frac{1}{12\omega}+\frac{3}{4\omega}+\frac{3}{4\omega}\right)$$

$$= \frac{8c\omega^2}{3}X_s{}^3$$

式 (9.54) から，振動 1 サイクル中に等価減衰係数によって吸収されるエネルギーは，

$$W_e = \pi C_{eq} \omega X_s{}^2$$

ここで，$W_a = W_e$ とおくと，

$$\frac{8c\omega^2}{3} X_s{}^3 = \pi C_{eq} \omega X_s{}^2$$

であるから，

$$C_{eq} = \frac{8c\omega X_s}{3\pi}$$

第 10 章

1. 問題図 10.1 の関数は次式のように表される．

$$f(t) = \begin{cases} \dfrac{2a}{T}(t+T) - a \;;\; -\dfrac{T}{2} \leqq t \leqq 0 \\[2ex] \dfrac{2a}{T} t - a \qquad\quad ;\; 0 \leqq t \leqq \dfrac{T}{2} \end{cases}$$

$f(t)$ は奇関数だから，式 (10.15) から，$a_0 = 0$，$a_n = 0$ である．また，

$$b_n = \frac{4}{T}\int_0^{T/2} f(t) \sin n\omega t dt = \frac{4}{T}\int_0^{T/2}\left(\frac{2a}{T}t - a\right)\sin n\omega t dt$$

$$= \left[\frac{-8a}{T^2} t \frac{\cos n\omega t}{n\omega}\right]_0^{T/2} + \int_0^{T/2} \frac{8a}{T^2}\frac{\cos n\omega t}{n\omega} dt + \left[\frac{4a}{T}\frac{\cos n\omega t}{n\omega}\right]_0^{T/2}$$

$$= \frac{-4a}{T}\frac{\cos\dfrac{n\omega T}{2}}{n\omega} + \left[\frac{8a}{T^2}\frac{\sin n\omega t}{n^2\omega^2}\right]_0^{T/2} + \frac{4a}{T}\frac{\cos\dfrac{n\omega T}{2}}{n\omega} - \frac{4a}{T}\frac{1}{n\omega}$$

$$= \frac{8a}{T^2}\frac{\sin\dfrac{n\omega T}{2}}{n^2\omega^2} - \frac{4a}{T}\frac{1}{n\omega}$$

$$= \frac{2a\omega^2}{\pi^2}\frac{\sin n\pi}{n^2\omega^2} - \frac{2a\omega}{\pi}\frac{1}{n\omega}$$

$$= -\frac{2a}{n\pi}$$

式 (10.1) から，

$$f(t) = -\frac{2a}{\pi}\left(\sin \omega t + \frac{1}{2}\sin 2\omega t + \frac{1}{3}\sin 3\omega t + \frac{1}{4}\sin 4\omega t + \frac{1}{5}\sin 5\omega t \cdots\cdots\right)$$

解答図 10.1 にフーリエ級数で得られた波形を示す．項数が増えるにつれて問題図

10.1 の関数に近づく．

2. 問題 1 から，

$$f(t)=-\frac{2a}{\pi}\left(\sin\omega t+\frac{1}{2}\sin 2\omega t+\frac{1}{3}\sin 3\omega t+\frac{1}{4}\sin 4\omega t+\frac{1}{5}\sin 5\omega t\cdots\cdots\right)$$

であるから，運動方程式は，

$$m\ddot{x}+c\dot{x}+kx=-\frac{2a}{\pi}\left(\sin\omega t+\frac{1}{2}\sin 2\omega t+\frac{1}{3}\sin 3\omega t+\frac{1}{4}\sin 4\omega t\cdots\cdots\right)$$

式 (10.23) から，

$$x_s=-\frac{2a}{\pi}\sum_{n=1}^{\infty}X_{sn}\sin(n\omega t+\phi_n)$$

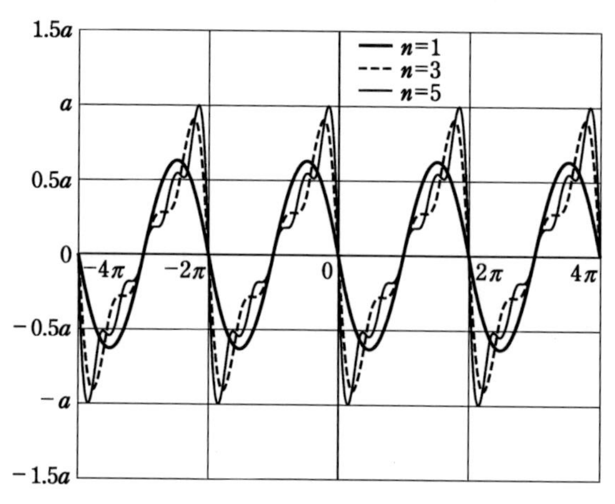

解答図 10.1

ここで，

$$\left.\begin{aligned}X_{sn}&=\frac{1}{\sqrt{\left\{1-\left(\dfrac{n\omega}{\omega_n}\right)^2\right\}^2+\left(2\zeta\dfrac{n\omega}{\omega_n}\right)^2}}\frac{1}{kn}\\ \phi&=-\tan^{-1}\left\{\frac{2\zeta\dfrac{n\omega}{\omega_n}}{1-\left(\dfrac{n\omega}{\omega_n}\right)^2}\right\}\end{aligned}\right\}$$

第 11 章

1. **問題図 11.1** の確率密度関数は次式で表される.

$$p(x)=\begin{cases}0 & ;x<0\\ x & ;0\leqq x<1\\ 2-x & ;1\leqq x<2\\ 0 & ;x\geqq 2\end{cases}$$

期待値は, 式 (11.8) から,

$$E[X]=\int_{-\infty}^{\infty}xp(x)dx=\int_0^1 x\cdot xdx+\int_1^2 x(2-x)dx$$

$$=\left[\frac{x^3}{3}\right]_0^1+\left[x^2-\frac{x^3}{3}\right]_1^2=\frac{1}{3}+4-\frac{8}{3}-1+\frac{1}{3}=3-2=1$$

自乗平均値は, 式 (11.9) から,

$$E[X^2]=\int_{-\infty}^{\infty}x^2p(x)dx=\int_0^1 x^2\cdot xdx+\int_1^2 x^2(2-x)dx$$

$$=\left[\frac{x^4}{4}\right]_0^1+\left[\frac{2x^3}{3}-\frac{x^4}{4}\right]_1^2$$

$$=\frac{1}{4}+\frac{16}{3}-4-\frac{2}{3}+\frac{1}{4}=\frac{14}{3}-4+\frac{1}{2}=\frac{7}{6}\fallingdotseq 1.17$$

分散は, 式 (11.3) から,

$$\mathrm{Var}[X]=E[X^2]-E[X]^2=1.17-1^2=0.17$$

標準偏差は, 式 (11.4) から,

$$\sigma_X=\sqrt{\mathrm{Var}[X]}=\sqrt{0.17}=0.41$$

2. $x(t)$ は次式で表される.

$$x(t)=\begin{cases}0 & ;t<-1\\ t+1 & ;-1\leqq t<0\\ 1-t & ;0\leqq t<1\\ 0 & ;t\geqq 1\end{cases}$$

$x(t)$ のフーリエ変換は, 式 (11.13) から,

$$X(\omega)=\frac{1}{2\pi}\int_{-\infty}^{\infty}x(t)e^{-i\omega t}dt=\frac{1}{2\pi}\int_{-1}^{0}(t+1)e^{-i\omega t}dt+\frac{1}{2\pi}\int_0^1(1-t)e^{-i\omega t}dt$$

ここで,

$$\int_{-1}^{0}(t+1)e^{-i\omega t}dt=\left[-\frac{te^{-i\omega t}}{i\omega}\right]_{-1}^{0}+\int_{-1}^{0}\frac{e^{-i\omega t}}{i\omega}dt-\left[\frac{e^{-i\omega t}}{i\omega}\right]_{-1}^{0}$$

$$=-\frac{e^{i\omega}}{i\omega}+\left[\frac{e^{-i\omega t}}{\omega^2}\right]_{-1}^{0}-\frac{1}{i\omega}+\frac{e^{i\omega}}{i\omega}$$

$$=-\frac{e^{i\omega}}{i\omega}+\frac{1}{\omega^2}-\frac{e^{i\omega}}{\omega^2}-\frac{1}{i\omega}+\frac{e^{i\omega}}{i\omega}$$

$$=\frac{1}{\omega^2}-\frac{e^{i\omega}}{\omega^2}-\frac{1}{i\omega}$$

また,

$$\int_{0}^{1}(1-t)e^{-i\omega t}dt=\left[-\frac{e^{-i\omega t}}{i\omega}\right]_{0}^{1}+\left[\frac{te^{-i\omega t}}{i\omega}\right]_{0}^{1}-\int_{0}^{1}\frac{e^{-i\omega t}}{i\omega}dt$$

$$=-\frac{e^{-i\omega}}{i\omega}+\frac{1}{i\omega}+\frac{e^{-i\omega}}{i\omega}-\left[\frac{e^{-i\omega t}}{\omega^2}\right]_{0}^{1}$$

$$=-\frac{e^{-i\omega}}{i\omega}+\frac{1}{i\omega}+\frac{e^{-i\omega}}{i\omega}-\frac{e^{-i\omega}}{\omega^2}+\frac{1}{\omega^2}$$

$$=\frac{1}{i\omega}-\frac{e^{-i\omega}}{\omega^2}+\frac{1}{\omega^2}$$

したがって,

$$X(\omega)=\frac{1}{2\pi}\int_{-\infty}^{\infty}x(t)e^{-i\omega t}dt$$

$$=\frac{1}{2\pi}\left(\frac{1}{\omega^2}-\frac{e^{i\omega}}{\omega^2}-\frac{1}{i\omega}+\frac{1}{i\omega}-\frac{e^{-i\omega}}{\omega^2}+\frac{1}{\omega^2}\right)$$

$$=\frac{1}{\pi\omega^2}-\frac{1}{2\pi}\left(\frac{e^{i\omega}+e^{-i\omega}}{\omega^2}\right)$$

$$=\frac{1}{\pi\omega^2}-\frac{1}{2\pi}\frac{\cos\omega+i\sin\omega+\cos\omega-i\sin\omega}{\omega^2}$$

$$=\frac{1}{\pi\omega^2}(1-\cos\omega)$$

解答図 11.2 に $X(\omega)$ を示す.

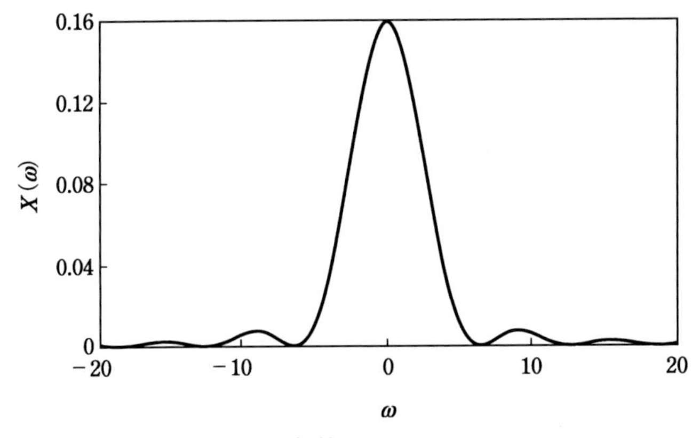

解答図 11.2

3. 式 (11.39) から，

$$\sigma_X{}^2=\frac{\pi S_0}{2\zeta\omega_n{}^3}$$

$S_0=20\ \mathrm{m^2/s^4/rad/s}$， $\zeta=0.05$， $\omega_n=2\pi\times10=62.8\ \mathrm{rad/s}$ であるから，これらの値を代入すると，

$$\sigma_X{}^2=\frac{\pi S_0}{2\zeta\omega_n{}^3}=\frac{20\pi}{2\times0.05\times62.8^3}=2.54\times10^{-3}\ \mathrm{m^2}$$

第 12 章

1. 式 (12.1) を使う．

(1) $\mathcal{L}(e^{-at})=\dfrac{1}{s+a}$

$$\mathcal{L}(e^{-at})=\int_0^\infty e^{-at}e^{-st}dt=\int_0^\infty e^{-(s+a)t}dt=\left[-\frac{e^{-(s+a)t}}{s+a}\right]_0^\infty=\frac{1}{s+a}$$

(2) $\mathcal{L}(\sin\omega t)=\dfrac{\omega}{s^2+\omega^2}$

$$\mathcal{L}(\sin\omega t)=\int_0^\infty \sin\omega t\cdot e^{-st}dt$$

$$=\left[-\frac{1}{s}e^{-st}\sin\omega t\right]_0^\infty-\int_0^\infty-\frac{1}{s}e^{-st}\,\omega\cos\omega t dt$$

$$= \frac{\omega}{s}\int_0^{\infty} e^{-st}\cos \omega t dt$$

$$= \frac{\omega}{s}\left(\left[-\frac{1}{s}e^{-st}\cos \omega t\right]_0^{\infty} - \int_0^{\infty}\frac{1}{s}e^{-st}\omega \sin \omega t dt\right)$$

$$= \frac{\omega}{s}\left(\frac{1}{s} - \frac{\omega}{s}\int_0^{\infty} e^{-st}\sin \omega t dt\right)$$

$$= \frac{\omega}{s^2} - \frac{\omega^2}{s^2}\int_0^{\infty} e^{-st}\sin \omega t dt$$

$$= \frac{\omega}{s^2} - \frac{\omega^2}{s^2}\mathcal{L}(\sin \omega t)$$

したがって，

$$\mathcal{L}(\sin \omega t) + \frac{\omega^2}{s^2}\mathcal{L}(\sin \omega t) = \frac{s^2+\omega^2}{s^2}\mathcal{L}(\sin \omega t) = \frac{\omega}{s^2}$$

$$\mathcal{L}(\sin \omega t) = \frac{s^2}{s^2+\omega^2}\frac{\omega}{s^2} = \frac{\omega}{s^2+\omega^2}$$

2. 式を変形して，表 12.1 の公式を使う．

(1) $F(s) = \dfrac{2}{s^2+6s+13} = \dfrac{2}{(s+3)^2+2^2}$

$$f(t) = e^{-3t}\sin 2t$$

(2) $F(s) = \dfrac{s+2}{s^2+4s+5} = \dfrac{s+2}{(s+2)^2+1}$

$$f(t) = e^{-2t}\cos t$$

(3) $F(s) = \dfrac{s+4}{s^2+2s+5} = \dfrac{s+1}{(s+1)^2+2^2} + \dfrac{3}{2}\dfrac{2}{(s+1)^2+2^2}$

$$f(t) = e^{-t}\left(\cos 2t + \frac{3}{2}\sin 2t\right)$$

3. 運動方程式は，

$$m\ddot{x} = -c(\dot{x}-\dot{y}) - kx$$

したがって，

$$m\ddot{x} + c\dot{x} + kx = c\dot{y}$$

両辺をラプラス変換すると，

$$(ms^2+cs+k)X(s) = csY(s)$$

$$\frac{X(s)}{Y(s)}=\frac{cs}{ms^2+cs+k}Y(s)$$

$s=i\omega$ とおくと，

$$\frac{X(i\omega)}{Y(i\omega)}=\frac{ci\omega}{(k-m\omega^2)+ci\omega}$$

両辺の絶対値をとると，

$$\frac{|X(i\omega)|}{|Y(i\omega)|}=\sqrt{\frac{(c\omega)^2}{(k-m\omega^2)^2+(c\omega)^2}}$$

ここで，

$|X(i\omega)|=X$, $|Y(i\omega)|=Y$ であるから，定常振動の振幅は，

$$X=\frac{c\omega}{\sqrt{(k-m\omega^2)^2+(c\omega)^2}}Y$$

位相角は式 (1.34) から，

$$\phi=\tan^{-1}\frac{c\omega(k-m\omega^2)}{(c\omega)^2}=\tan^{-1}\frac{k-m\omega^2}{c\omega}$$

第 13 章

1. 質量が m_1 であるおもりの移動距離 x_1 と滑車の角変位 θ との間には，$x_1=r_1\theta$ の関係があり，質量が m_2 であるおもりの移動距離 x_2 と滑車の角変位 θ との間には，$x_2=r_2\theta$ の関係があるから，運動エネルギーは，

$$T=\frac{1}{2}I_O\dot{\theta}^2+\frac{1}{2}m_1\dot{x}_1{}^2+\frac{1}{2}m_2\dot{x}_2{}^2$$

$$=\frac{1}{2}I_O\dot{\theta}^2+\frac{1}{2}m_1r_1\dot{\theta}_1{}^2+\frac{1}{2}m_2r_2\dot{\theta}_2{}^2=\frac{1}{2}(I_O+m_1r_1{}^2+m_2r_2^2)\dot{\theta}^2 \qquad (1)$$

ポテンシャルエネルギーは，

$$U=\frac{1}{2}k_1r_1^2\theta^2+\frac{1}{2}k_2r_2^2\theta^2=\frac{1}{2}(k_1r_1{}^2+k_2r_2^2)\theta^2 \qquad (2)$$

自由振動における角変位を次式のようにおく．

$$\theta=\Theta\sin\omega_nt \qquad (3)$$

角速度は，

$$\dot{\theta}=\omega_n\Theta\cos\omega_nt \qquad (4)$$

式 (3) および式 (4) をそれぞれ式 (1) および式 (2) に代入すると，

$$T=\frac{1}{2}(I_O+m_1r_1^2+m_2r_2^2)\omega_n^2\Theta^2\cos^2\omega_n t \tag{5}$$

$$U=\frac{1}{2}(k_1r_1^2+k_2r_2^2)\Theta^2\sin^2\omega_n t \tag{6}$$

式 (5) および式 (6) の最大値は，それぞれ次のようになる．

$$T_{\max}=\frac{1}{2}(I_O+m_1r_1^2+m_2r_2^2)\omega_n^2\Theta^2 \tag{7}$$

$$U_{\max}=\frac{1}{2}(k_1r_1^2+k_2r_2^2)\Theta^2 \tag{8}$$

式 (7) および式 (8) を式 (13.9) に代入すると，

$$\frac{1}{2}(I_O+m_1r_1^2+m_2r_2^2)\omega_n^2\Theta^2=\frac{1}{2}(k_1r_1^2+k_2r_2^2)\Theta^2 \tag{9}$$

固有円振動数は，

$$\omega_n=\sqrt{\frac{k_1r_1^2+k_2r_2^2}{I_O+m_1r_1^2+m_2r_2^2}}$$

2.　$Y(x)=\dfrac{\rho gA}{24EI}(l^2x^2-2lx^3+x^4)$

となり，

$$\frac{d^2Y(x)}{dx^2}=\frac{\rho gA}{12EI}(l^2-6lx+6x^2)$$

であるから，式 (13.33) は次式のようになる．

$$\omega_n^2=\frac{\dfrac{(\rho gA)^2}{144EI}\displaystyle\int_0^l(l^2-6lx+6x^2)^2dx}{\dfrac{\rho A(\rho gA)^2}{576(EI)^2}\displaystyle\int_0^l(l^2x^2-2lx^3+x^4)^2dx}$$

$$=\frac{4EI\displaystyle\int_0^l(l^4+36l^2x^2+36x^4-12l^3x-72lx^3+12l^2x^2)dx}{\rho A\displaystyle\int_0^l(l^4x^4+4l^2x^6+x^8-4l^3x^5-4lx^7+2l^2x^6)dx}$$

$$=\frac{4EI\left[l^4x+12l^2x^3+\dfrac{36}{5}x^5-6l^3x^2-18lx^4+4l^2x^3\right]_0^l}{\rho A\left[\dfrac{1}{5}l^4x^5+\dfrac{4}{7}l^2x^7+\dfrac{1}{9}x^9-\dfrac{2}{3}l^3x^6-\dfrac{1}{2}lx^8+\dfrac{2}{7}l^2x^7\right]_0^l}$$

$$=\frac{4EI\left(\dfrac{5+60+36-30-90+20}{5}\right)l^5}{\rho A\left(\dfrac{126+360+70-420-315+180}{630}\right)l^9}$$

$$= \frac{4EI\left(\frac{1}{5}\right)l^5}{\rho A\left(\frac{1}{630}\right)l^9}$$

$$= \frac{504}{l^4}\frac{EI}{\rho A}$$

したがって，

$$\omega_n = \frac{22.45}{l^2}\sqrt{\frac{EI}{\rho A}}$$

はりの中央部に集中荷重 W が加わる場合のたわみを用いた計算では，

$$\omega_n{}^2 = \frac{EI\left[\int_0^{l/2}\left(\frac{W}{3EI}\right)^2(l-4x)^2dx + \int_{l/2}^{l}\left(\frac{W}{3EI}\right)^2(4x-3l)^2dx\right]}{\rho A\left[\int_0^{l/2}\left(\frac{W}{18EI}\right)^2(3x^2l-4x^3)^2dx + \int_{l/2}^{l}\left(\frac{W}{18EI}\right)^2\{3(l-x)^2l-4(l-x)^3\}^2dx\right]}$$

分母の第 2 項の積分で $l-x=t$ とおくと，$dt=-dx$ であり，t に関する積分範囲は $l/2$ から 0 までとなる．したがって，

$$\omega_n{}^2 = \frac{\frac{W^2}{9EI}\left[\int_0^{l/2}(l^2-8lx+16x^2)dx + \int_{l/2}^{l}(16x^2-24lx+9l^2)dx\right]}{\rho A\left(\frac{W}{18EI}\right)^2\left[\int_0^{l/2}(9x^4l^2-24x^5l+16x^6)dx - \int_{l/2}^{0}(9t^4l^2-24t^5l+16t^6)dt\right]}$$

$$= \frac{36EI}{\rho A}\cdot\frac{\left[l^2x-4lx^2+\frac{16}{3}x^3\right]_0^{l/2} + \left[\frac{16}{3}x^3-12lx^2+9l^2x\right]_{l/2}^{l}}{\left[\frac{9}{5}x^5l^2-4x^6l+\frac{16}{7}x^7\right]_0^{l/2} - \left[\frac{9}{5}t^5l^2-4t^6l+\frac{16}{7}t^7\right]_{l/2}^{0}}$$

$$= \frac{36EI}{\rho A}\cdot\frac{\left(\frac{l^3}{2}-l^3+\frac{2}{3}l^3+\frac{16}{3}l^3-12l^3+9l^3-\frac{2}{3}l^3+3l^3-\frac{9}{2}l^3\right)}{\left(\frac{9}{160}l^7-\frac{1}{16}l^7+\frac{1}{56}l^7+\frac{9}{160}l^7-\frac{1}{16}l^7+\frac{1}{56}l^7\right)}$$

$$= \frac{6EI(3l^3-6l^3+4l^3+32l^3-72l^3+54l^3-4l^3+18l^3-27l^3)}{\frac{1}{1\,120}\rho A(63l^7-70l^7+20l^7+63l^7-70l^7+20l^7)}$$

$$= \frac{6\,720EI\times 2l^3}{26\rho Al^7}$$

したがって，

$$\omega_n = \frac{22.74}{l^2}\sqrt{\frac{EI}{\rho A}}$$

(参考)

1 次固有円振動数の厳密解は，

$$\omega_n = \frac{22.37}{l^2}\sqrt{\frac{EI}{\rho A}}$$

である．したがって，自重によるたわみを用いたほうが精度がよい．

3. 運動エネルギーは，

$$T = \frac{1}{2}m_1(l_1\dot{\theta}_1)^2 + \frac{1}{2}m_2(l_1\dot{\theta}_1 + l_2\dot{\theta}_2)^2$$

ポテンシャルエネルギーは，

$$U = m_1 g l_1(1-\cos\theta_1) + m_2 g\{l_1(1-\cos\theta_1) + l_2(1-\cos\theta_2)\}$$

一般化座標は x および θ であるから，式 (13.50) は，

$$\frac{d}{dt}\frac{\partial}{\partial\dot{\theta}_1}\left\{\frac{1}{2}m_1(l_1\dot{\theta}_1)^2+\frac{1}{2}m_2(l_1\dot{\theta}_1+l_2\dot{\theta}_2)^2\right\}-\frac{\partial}{\partial\theta_1}\left\{\frac{1}{2}m_1(l_1\dot{\theta}_1)^2+\frac{1}{2}m_2(l_1\dot{\theta}_1+l_2\dot{\theta}_2)^2\right\}$$
$$+\frac{\partial}{\partial\theta_1}[m_1 g l_1(1-\cos\theta_1)+m_2 g\{l_1(1-\cos\theta_1)+l_2(1-\cos\theta_2)\}]=0$$

$$\frac{d}{dt}\frac{\partial}{\partial\dot{\theta}_2}\left\{\frac{1}{2}m_1(l_1\dot{\theta}_1)^2+\frac{1}{2}m_2(l_1\dot{\theta}_1+l_2\dot{\theta}_2)^2\right\}-\frac{\partial}{\partial\theta_2}\left\{\frac{1}{2}m_1(l_1\dot{\theta}_1)^2+\frac{1}{2}m_2(l_1\dot{\theta}_1+l_2\dot{\theta}_2)^2\right\}$$
$$+\frac{\partial}{\partial\theta_2}[m_1 g l_1(1-\cos\theta_1)+m_2 g\{l_1(1-\cos\theta_1)+l_2(1-\cos\theta_2)\}]=0$$

したがって，

$$\left.\begin{aligned}&\frac{d}{dt}\{m_1 l_1^2\dot{\theta}_1+m_2(l_1^2\dot{\theta}_1+l_1 l_2\dot{\theta}_2)\}+m_1 g l_1\sin\theta_1+m_2 g l_1\sin\theta_1=0\\&\frac{d}{dt}\{m_2(l_1 l_2\dot{\theta}_1+l_2^2\dot{\theta}_2)\}+m_2 g l_2\sin\theta_2=0\end{aligned}\right\}$$

となるから，

$$\left.\begin{aligned}&m_1 l_1^2\ddot{\theta}_1+m_2 l_1^2\ddot{\theta}_1+m_2 l_1 l_2\ddot{\theta}_2+m_1 g l_1\sin\theta_1+m_2 g l_1\sin\theta_1=0\\&m_2 l_1 l_2\ddot{\theta}_1+m_2 l_2^2\ddot{\theta}_2+m_2 g l_2\sin\theta_2=0\end{aligned}\right\}$$

さらに整理すると，

$$\left.\begin{aligned}&(m_1 l_1^2+m_2 l_1^2)\ddot{\theta}_1+m_2 l_1 l_2\ddot{\theta}_2+(m_1+m_2)g l_1\sin\theta_1=0\\&m_2 l_1 l_2\ddot{\theta}_1+m_2 l_2^2\ddot{\theta}_2+m_2 g l_2\sin\theta_2=0\end{aligned}\right\}$$

索　引

【あ行】

【か行】

【さ行】

【た行】

【な行】

【は行】

【ま行】

【ら行】

■著者紹介

青木　繁（あおき・しげる）

昭和 51 年　東京都立大学工学部機械工学科卒業
　同　年　東京都立大学工学部機械工学科助手
昭和 60 年　工学博士（東京都立大学）
昭和 62 年　東京都立工業高等専門学校機械工学科講師
平成 2 年　東京都立工業高等専門学校機械工学科助教授
平成 13 年　東京都立工業高等専門学校機械工学科教授
平成 18 年　東京都立産業技術高等専門学校ものづくり工学科教授
平成 19 年　日本機械学会フェロー
平成 31 年　東京都立産業技術高等専門学校名誉教授

専　　門　機械力学，耐震設計，振動利用技術

所属学会　日本機械学会，土木学会，日本地震工学会，日本塑性加工学会

わかりやすい **振動工学の基礎**　定価はカバーに表示してあります

2008 年 2 月 10 日　初版発行
2022 年 4 月 15 日　3 版発行
2023 年 3 月 31 日　4 版発行

© 著 者　青　木　　繁

発行者　小　林　大　作

著者承認
検印省略

発行所　日本工業出版株式会社
〒113-8610　東京都文京区本駒込6-3-26
TEL（03）3944-1181（代）
FAX（03）3944-6826
https://www.nikko-pb.co.jp/

分類	機械

落丁・乱丁本はお取替えいたします

ISBN978-4-8190-3504-0　C3053